W0251380

c-kit
c-met
c-ret
c-ros
Cadherine (z.B. E-Cadherin = Uvomorulin)
cdc2-Protein (Cell division cycle)
Chox (Chicken homeobox gene)
cNR-1
CNTF (Ciliary neurotrophic factor)
cSnR
Cyclin

delta [***-1***]
dHAND ([d-] Heart and neural crest derived)
dlx 3

eHAND ([e-] Heart and neural crest derived)
EGF (Epidermal growth factor)
Emx [***-1, -2***]
Endothelin [-1]
engrailed [***-1***]
Eph
Epimorphin
EpoR-Gen (Erythropoetinrezeptor-Gen)
eyeless (= ***small*** = ***aniridia*** = ***Pax-6***)

FGF (Fibroblast growth factor) [-1, -2, -3, -4, -5, -6, -7, -8]
FGFR (Fibroblast growth factor receptor) [-1]
Flectin
Follistatin
fringe

G1N
GAP (GTPase activating protein oder Growth activating proteins) [-43]
GATA [-4]
GATA [-1]
GDF [-8] (Growth and differentiation factor)
Globin-Gene
Gnot [***-1***]
gooseberry
goosecoid

Bodo Christ • Franz Wachtler

Medizinische Embryologie

Weitere Titel für Medizinstudenten bei Ullstein Medical

Beilmann/Buchta/Horn-Teka/Kubitza (Hrsg.)
Fit fürs Physikum
Das GK1-Repetitorium für die mündliche und die schriftliche Prüfung
1997. 896 Seiten, 325 teils farbige Abb., 84 Tab.
Format 17.0 x 24.0 cm. Hardcover
ISBN 3-86126-146-4

Grunewald/Kressel/Neuhuber (Hrsg.)
Röntgenanatomie 2.0
Interaktives Lernprogramm der Anatomie in Röntgenbild, CT und MRI
1997. Mehr als 800 voll befundete Aufnahmen
CD-ROM (Windows)
ISBN 3-86126-920-1

Romrell/Lanier/Ross/von Hagens
Der menschliche Körper
Schnittanatomie und Tomographie
2., vollständig überarbeitete Auflage
1996. 228 Seiten, 130 Farbabb.,
132 Computer- und Kernspintomogramme
Format 25.5 x 35.5 cm. Hardcover
ISBN 3-86126-122-7

Ross/Rohen/Lütjen-Drecoll (Hrsg.)
Atlas der Histologie
Mikroskopische Anatomie und Histologie des Menschen
2., vollständig überarbeitete Auflage
1995. 288 Seiten, 133 meist farb. Bildtafeln in 381 Einzeldarstellungen
Format 21.5 x 27,9 cm. Hardcover
ISBN 3-86126-097-2

Dirk W. Höper
Histologie
Ein Prüfungsleitfaden
1996. 240 Seiten
Format 14.5 x 21.5 cm. Softcover
ISBN 3-86126-103-0

Benz/Diez
Chemie für Mediziner
1996. 608 Seiten, 88 s/w Abb., 38 Tab.
Format 14.5 x 21.5 cm. Softcover
ISBN 3-86126-102-2

Informationen über unsere Neuerscheinungen finden Sie im Internet unter http://www.ullsteinmedical.de

Bodo Christ   Franz Wachtler

Medizinische Embryologie

Molekulargenetik • Morphologie • Klinik

Unter Mitarbeit von
Christian Wilhelm

ULLSTEIN
MEDICAL

Prof. Dr. med. Bodo E. A. Christ, Anatomisches Institut, Albert-Ludwigs-Universität, Freiburg

Prof. Dr. med. Franz Wachtler, Histologisch-Embryologisches Institut der Universität Wien

PD Dr. med. Christian Wilhelm, Universitätsfrauenklinik Freiburg

Die Deutsche Bibliothek-cip-Einheitsaufnahme
Christ, Bodo:
Medizinische Embryologie : Molekulargenetik, Morphologie, Klinik /
Bodo Christ ; Franz Wachtler. Unter Mitarb. von Christian Wilhelm. -
Wiesbaden : Ullstein Medical, 1998
ISBN 3-86126-163-4

©Ullstein Medical Verlagsgesellschaft mbH & Co.
Wiesbaden, 1998

Einbandabbildung: 32 Tage alter Embryo
Aufnahme Prof. Dr. K.V. Hinrichsen †, Bochum

Lektorat: Regina Pawolka
Redaktion: Dr. med. Uta Landgraf, Freiburg
Herstellung: Detlef Mädje
Zeichnungen: Jens Burlefinger, Freiburg
Bildbearbeitung: Andreas Schollmayer, Wiesbaden
Typographie: Hans-Heinrich Ruta, Stuttgart
Satz: FEMOSET Satz & Repro GmbH, Wiesbaden
Druck und Verarbeitung: MediaPrint
Informationstechnologie

Printed in Germany

ISBN 3-86126-163-4

Die Verfasser haben größte Mühe darauf verwandt, daß die medizinischen Angaben, insbesondere zu Medikamenten, ihren Dosierungen und Applikationen, dem jeweiligen Wissensstand bei Fertigstellung des Werkes entsprechen. Da jedoch die Medizin als Wissenschaft ständig im Fluß ist, da menschliche Irrtümer und Druckfehler nie völlig auszuschließen sind, übernimmt der Verlag für derartige Angaben keine Gewähr. Jeder Anwender ist daher dringend aufgefordert, alle Angaben in eigener Verantwortung auf ihre Richtigkeit zu prüfen.

Die Wiedergabe von Gebrauchsnamen, Handelsnamen oder Warenbezeichnungen in diesem Werk berechtigt auch ohne besondere Kennzeichnung nicht zu der Annahme, daß solche Namen im Sinne der Warenzeichen-Markenschutz-Gesetzgebung als frei zu betrachten wären und daher von jedermann benutzt werden dürfen.

Dieses Werk einschließlich aller seiner Teile ist urheberrechtlich geschützt. Jede Verwertung außerhalb der engen Grenzen des Urheberrechts ist ohne Zustimmung des Verlages unzulässig und strafbar. Das gilt insbesondere für Vervielfältigungen, Übersetzungen, Mikroverfilmung und die Einspeicherung und Verarbeitung in elektronischen Systemen.

Wir widmen dieses Buch dem Andenken an den Humanembryologen
und Zauberer Erich Blechschmidt

Das Werk ist im Wirken bei sich selbst, nicht im Ergebnis.
Die Frucht ist in der Blüte.

Meister Eckhart

Inhalt

Vorwort

Die letzten Jahre haben im Bereich der Entwicklungsbiologie und der Embryologie große Umwälzungen mit sich gebracht. Heute läßt sich Entwicklung als genetisch gesteuerter Vorgang begreifen. Diese Revolution ist bis jetzt an deutschen Lehrbüchern der medizinischen Embryologie und Entwicklungsbiologie weitgehend unbemerkt vorübergegangen. Diesem Mangel will dieses Buch abhelfen, da die Autoren davon überzeugt sind, daß man die morphologische Entwicklung einschließlich der Fehlbildungen nicht verstehen kann, wenn man die genetischen und molekularen Mechanismen nicht kennt.

Es wurden neben einer knappen deskriptiven Darstellung der Embryonalentwicklung des Menschen Daten berücksichtigt, die zwar an verschiedenen Tiermodellen erhoben wurden, aber dennoch Allgemeingültigkeit besitzen dürften. Das Buch schließt mit Ultraschallbefunden an normalen und fehlgebildeten menschlichen Embryonen.

An vielen Orten wurde und wird eine Straffung des medizinischen Curriculums erwogen oder ist bereits durchgeführt. Auch dieser Tatsache will dieses Buch insofern Rechnung tragen, als daß es so kurz (und auch so kostengünstig) wie möglich gehalten wurde, ohne auf Unabdingbares zu verzichten. Dies bedingte auch, daß die Gewichtung der Inhalte in diesem Buch vom derzeitigen Stand der Forschung und von persönlichen Interessen der Verfasser mit beeinflußt wurde.

Aus unserer Unterrichtserfahrung ist der Zugang zum Fach Entwicklungsbiologie über die Sprache leichter als über Abbildungen. Daher wurde das Abbildungsmaterial bewußt auf ein Mindestmaß beschränkt, und es wurden alle deskriptiven Details, die im jeweiligen Zusammenhang keine Rolle spielen, weggelassen.

Wir haben wissenschaftliche Erkenntnisse bis Mitte 1997 in den Text integriert. Daher hat dieses Buch den Charakter einer Momentaufnahme eines in stürmischer Bewegung begriffenen wissenschaftlichen Fortschrittes. Manches in diesem Buch mag daher bald widerlegt oder überholt sein. Für alle konstruktive Kritik sind wir dankbar.

Dem Verlag danken wir für die gute und flexible Zusammenarbeit und wünschen, daß dieses Buch ein wenig von der Faszination widerspiegeln kann, die wir bei der Beschäftigung mit Embryologie und Entwicklungsbiologie jahrzehntelang ungebrochen verspürt haben.

Unser Dank geht auch an Frau PD Dr. Beate Brand-Saberi, Herrn PD Dr. Jörg Wilting, Herrn Dr. Christian Schöfer und Frau Dr. Klara Weipoltshammer, die verschiedene Abschnitte des Buches gelesen und durch Anregungen bereichert haben.

Schließlich danken wir Frau Heike Bowe (Freiburg), die bei der Bearbeitung des Textes engagiert mitgearbeitet hat.

Freiburg und Wien im Februar 1998
Die Verfasser

Kapitel 1

Grundlagen der Entwicklungsbiologie

1.1 Was ist Entwicklungsbiologie?

Unter **Entwicklungsbiologie** (Developmental biology) versteht man in einem sehr breiten Sinne die Veränderung von Lebewesen im Lauf ihres Lebenszyklus, von der Entstehung bis zur Fortpflanzungsfähigkeit. Man könnte und sollte den Begriff noch weiter fassen, nämlich als Entwicklung von der Zeugung bis zum Tod eines Individuums, der nicht nur im philosophischen, sondern auch im naturwissenschaftlichen Sinne als das Ziel einer Entwicklung begriffen werden kann. Einerseits lehrt die Beobachtung unserer belebten Umwelt, daß die Lebensspanne von Individuen im allgemeinen begrenzt ist, andererseits spielt, wie später deutlich werden wird, der (programmierte) Tod von Zellen und Geweben im Laufe der Individualentwicklung eine bedeutende Rolle.

Unter **Embryologie** versteht man die Entwicklung eines Individuums von der Entstehung, z.B. der Zeugung, bis zur Geburt oder bis zum Schlüpfen aus dem Ei. Diese Grenze ist insofern willkürlich, als daß die Entwicklung mit der Geburt oder dem Schlüpfen nicht beendet wird. Beim Menschen findet zum Beispiel die Entwicklung der Alveolen der Lunge und die Entwicklung der Kleinhirnrinde erst nach der Geburt statt.

Medizinische Embryologie ist die Lehre von der Entwicklung des Menschen unter besonderer Berücksichtigung medizinisch relevanter Aspekte, insbesondere der **Teratologie**, der Lehre von Fehlbildungen, also mißglückter Entwicklung. Die medizinische Embryologie beschränkt sich häufig auf die **deskriptive Embryologie**, beschreibt also morphologische Veränderungen. Eines der Ziele dieses Buches ist es, über das bloße Beschreiben hinauszugehen und auch die zellulären und molekularen Mechanismen der Entwicklung darzustellen, die durch die **experimentelle Embryologie** und die **Entwicklungsgenetik** erforscht wurden, um auf diese Weise die morphologische Entwicklung verständlich zu machen. Die experimentelle Embryologie stört durch Manipulationen an Embryonen die normale Entwicklung, um aus den beobachteten Veränderungen im Ablauf der Entwicklung Rückschlüsse auf die Normalentwicklung zu ziehen. Die Entwicklungsgenetik geht von der Erkenntnis aus, daß Entwicklung ein genetisch gesteuerter Prozeß ist, und untersucht die Beziehung zwischen Erbgut und Entwicklung.

1.2 Embryonen und Feten

Ein werdender Mensch im Mutterleib oder ein Vogel, der sich in einem Ei entwickelt, werden anfangs als Embryo, später als Fetus bezeichnet. Der Embryo ist in einem Entwicklungsstadium, in dem Organe angelegt werden. Bei einem Fetus sind die Organe und Organsysteme bereits angelegt. Da verschiedene Organe und Organsysteme zu sehr unterschiedlichen Zeitpunkten angelegt werden, läßt sich die Grenze zwischen „Embryo“ und „Fetus“ weder sachlich noch zeitlich eindeutig ziehen und hat auch keine biologische Relevanz. Beim Menschen werden die ersten zwei Monate der Entwicklung im allgemeinen als Embryonalperiode bezeichnet, die darauffolgende Phase bis zur Geburt als Fetalperiode. Im Lichte des oben Ausgeführten werden wir uns nicht immer strikt an die Unterscheidung zwischen Embryo und Fetus halten.

Aus der befruchteten Eizelle geht nicht nur der Embryo selbst hervor, sondern auch die Hüllen (Eihäute) und der größte Teil des Mutterkuchens (Plazenta) sowie die Nabelschnur. Die Gesamtheit aller Strukturen, die aus einer befruchteten Eizelle hervorgehen, wird als **Konzeptus** bezeichnet.

1.3 Weltbild und Grundfragen der Entwicklungsbiologie

„Das Genom enthält ein genaues Programm, nach dem sich die Lebewesen entwickeln. Die Frage, wie aus der linearen Information, die in der Reihenfolge der Nukleotidbausteine der DNA gespeichert ist, ein dreidimensionaler Organismus entsteht, ist eine der Grundfragen der Entwicklungsbiologie.“

Walter J. Gehring,
bedeutender Entwicklungsgenetiker, Biozentrum Basel

„If you had a complete copy of a dinosaur's DNA and the genetic code, you still would not be able to make a dinosaur – or even determine what one looked like."

GERALD M. EDELMAN,
Nobelpreis für Medizin und Physiologie, 1972

Diese beiden Zitate stecken in gewisser Weise das Weltbild der Entwicklungsbiologie ab. Im letzten Jahrzehnt hat sich herausgestellt, daß der Körperbauplan durch die Expression einer bestimmten Klasse von Genen festgelegt und gesteuert wird. Zu diesen **Entwicklungskontrollgenen** gehören insbesondere die **Homöoboxgene**, auf die im folgenden noch genauer eingegangen wird. Die grundlegenden Mechanismen, wie diese Gene funktionieren, ist in einer großen Klasse von Lebewesen, von Pflanzen bis hin zum Menschen, gleich.

Die Expression dieser Gene hat etwa die gleiche Funktion wie das Aussenden von Signalen. Diese müssen, damit sie Wirkung zeigen, auch von jemandem empfangen und beachtet werden, um zu einer Verhaltensänderung zu führen. Diese Signalempfänger sind letztlich die Zellen von Embryonen, die ihrerseits Träger der Entwicklung sind.

Zellen von Embryonen entwickeln sich jedoch nicht unabhängig voneinander, sondern befinden sich in einem ständigen Dialog mit ihrer embryonalen Umwelt, anderen Zellen und der extrazellulären Matrix.

Um das Phänomen „Entwicklung" auf **molekularer Ebene** zu verstehen, muß man also einerseits die entwicklungsrelevanten Gene und andererseits die Signalmechanismen von sich entwickelnden Zellen kennen.

Mit Hilfe dieser Kenntnisse sucht man Antwort auf folgende Fragen:

- Wie kommt es, daß sich aus einer einzelnen Zelle viele verschiedene Zelltypen entwickeln (**Zelldiversifikation**)?
- Wie kommt es dazu, daß sich diese Zellen in einem bestimmten räumlichen Muster anordnen (**Musterbildung**)?

1.4 Entwicklungsgenetik

1.4.1 Differenzierung – ein genetisches Phänomen

Alle somatischen Zellen eines normalen menschlichen oder tierischen Individuums (mit Ausnahme von einigen Lymphozytensubpopulationen) enthalten die gleiche DNA, also die gleichen Gene. Trotzdem unterscheiden sich Zellen in ihrer Form und Funktion deutlich, mit anderen Worten, sie sind **differenziert**. Was differenzierte Zellen unterscheidet, ist, daß unterschiedliche Gene exprimiert werden. So wird z.B. in einer Epithelzelle das Gen für Zytokeratin, in einer Muskelzelle das Gen für muskeltypisches Myosin exprimiert. Bei der Expression eines Gens wird der dem Gen entsprechende Abschnitt der DNA transkribiert, d.h. in RNA übersetzt. Bei den meisten Genen wird diese RNA auch in Proteine translatiert, und nur bei wenigen Klassen von Genen (z.B. rRNA-Genen) erfüllt die transkribierte RNA eine biologische Funktion und wird nicht in ein Protein translatiert. Differenzierung beruht also auf **unterschiedlicher (differentieller) Genexpression**. In der Embryonalentwicklung spielt diese differentielle Genexpression eine große Rolle, da in allen Zellen die für die differenzierten, adulten Zellen typischen Genexpressionsmuster irgendwann einmal eingeschaltet werden müssen.

Manche Gene bleiben nur für eine genau definierte Zeitspanne an einem genau definierten Ort eingeschaltet und werden dann wieder ausgeschaltet. Ein Beispiel dafür sind die Gene für die **Isoformen des Globins.** Diese Proteinanteile des Hämoglobinmoleküls haben verschiedene physiologische Eigenschaften und werden von unterschiedlichen Genen kodiert, die nacheinander ein- und wieder ausgeschaltet werden. In einem bestimmten Entwicklungsstadium des Embryos ist auf diese Weise in seinen roten Blutzellen jeweils eine Hämoglobinvariante vorhanden, die diesem Entwicklungsstadium angepaßt ist.

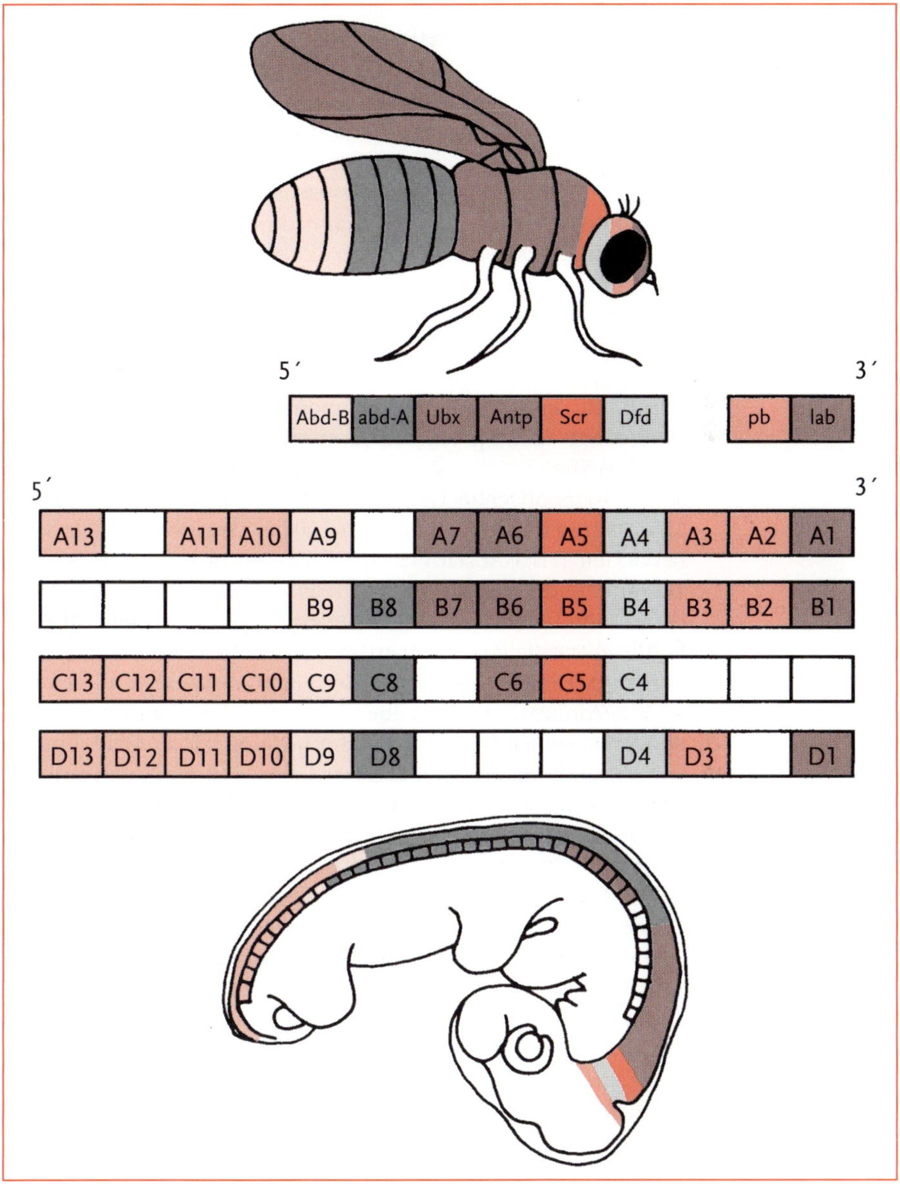

Abb. 1: Expression von Homöoboxgenen bei *Drosophila melanogaster* und beim Säuger. Oben sind die Gene für Drosophila angegeben. So steht *lab* für *labial* und entspricht *Hox-A1*, *Hox-B1* und *Hox-D1*; pb bedeutet *proboseipedia* und entspricht *Hox-A2* und *Hox-B2* usw.

1.4.2 Homöoboxgene steuern die Entwicklung

Schon seit dem Beginn dieses Jahrhunderts ist bei der Taufliege **Drosophila melanogaster** eine Klasse von vererbten Fehlbildungen bekannt, die man als **homöotische Fehlbildungen** bezeichnet. Der Name leitet sich vom griechischen Wort für „ähnlich" ab. Homöotische Fehlbildungen sind dadurch gekennzeichnet, daß sie an einer Körperstelle eine Struktur bilden, die ähnlich einer Struktur an einer anderen Körperstelle ist. Ein Beispiel dafür ist die **Antennapediamißbildung**, bei der anstelle einer Antenne am Kopf einer Taufliege ein Bein gebildet wird. Homöotische Fehlbildungen werden durch Gendefekte in homöotischen Genen verursacht. Es lag nahe anzunehmen, daß diese Gene in der Embryonalentwicklung eine Rolle spielen. Diese Vermutung hat sich bestätigt.

Die homöotischen Gene gehören zu den **Homöoboxgenen**. Der Name Homöobox bezeichnet dabei einen hochgradig konservierten DNA-Abschnitt von 183 Basenpaaren. „Konserviert" bedeutet in diesem Zusammenhang, daß man identische DNA-Abschnitte bei vielen verschiedenen Lebewesen findet, daß sie somit über eine lange Zeitspanne der Evolution erhalten geblieben sind. Die 183 Basenpaare der Homöoboxgene kodieren ein aus 61 Aminosäuren bestehendes Proteinsegment, das die besondere Eigenschaft besitzt, daß es spezifisch an DNA binden kann und die Expression anderer Gene, darunter auch anderer Homöoboxgene, steuern kann. Man nennt dieses Proteinsegment Homöodomäne oder **Helix-turn-helix-Motiv**. Die Genprodukte der Homöoboxgene wirken somit als Transkriptionsfaktoren.

Für die Homöoboxgene hat sich folgende Schreibweise eingebürgert: *Drosophila melanogaster*: ***HOM***; Maus: ***Hox***; Mensch: ***HOX***; Huhn: ***Chox***; Krallenfrosch: ***XHox***; Gene werden immer kursiv geschrieben, z. B. ***HoxA-9***, die von ihnen kodierten Proteine in gerader Schrift: **HoxA-9**.

Die Homöoboxgene steuern die Entwicklung hierarchisch, d. h. Gene einer höheren Regulationsebene lösen die Expression der Homöoboxgene einer niedereren Ebene aus, diese wieder einer darunterliegenden Ebene und so fort. Besonders gut erforscht ist diese Steuerungshierarchie bei *Drosophila melanogaster*. Es besteht jedoch kein Zweifel darüber, daß auch in anderen Lebewesen Homöoboxgene nach hierarchischen Prinzipien organisiert sind.

Die Expressionsgebiete von Homöoboxgenen sind dabei häufig räumlich auf bestimmte Strukturen begrenzt, für deren Entwicklung sie zuständig sind. Oftmals wirken mehrere Homöoboxgene einer Steuerungsebene in kombinatorischer Weise zusammen. So sind die Achsen der Extremitäten und der Wirbelsäule durch individualspezifische Expressionsmuster von Homöoboxgenen eindeutig spezifiziert. Diese Spezifikation wird als ***Hox-Code*** bezeichnet.

Man hat bis jetzt bei einer großen Anzahl von Lebewesen, von Pflanzen bis zum Menschen, Homöoboxgene entdeckt, die für die Steuerung von Entwicklungsvorgängen zuständig sind. Überraschend dabei ist, daß nicht nur die Sequenz, sondern auch die Funktion mancher Homöoboxgene im Lauf der Evolution erhalten geblieben ist. So nimmt beispielsweise das Gen ***eyeless***, das bei Säugetieren ***aniridia*** heißt, bei Insekten ebenso wie bei Säugetieren eine entscheidende Rolle bei der Entwicklung von Augen wahr.

Bei *Drosophila melanogaster* sind die Homöoboxgene in einer bestimmten Reihenfolge auf einem Chromosom angeordnet, während bei den Säugern die homologen Homöoboxgene in vier Komplexen (Clusters; ***HoxA***, ***HoxB***, ***HoxC*** und ***HoxD***) auf vier verschiedenen Chromosomen (beim Menschen 2, 7, 12, 17) lokalisiert sind. Die Reihenfolge der Gene in allen vier ***Hox***-Komplexen des Menschen ist identisch mit der Reihenfolge der Gene im ***HOM***-Komplex der Fliege *(siehe Abb. 1)*. Daraus kann geschlossen werden, daß die vier ***Hox***-Komplexe durch Verdopplungen des ***HOM***-Komplexes entstanden sind. Die Expression der ***HOM***- sowie der ***Hox***-Gene erfolgt in kraniokaudaler Folge entlang der Körperachse und entspricht der Reihenfolge der Genlokalisation in den ***HOM***- und ***Hox***-Komplexen.

Eine andere Gruppe von Entwicklungskontrollgenen, die den Homöoboxgenen in Struktur und Funktion verwandt sind, sind die ***Pax*-Gene** (**Pa**ired-bo**x**-Gene, *siehe Kap. 7 „Mesoderm", 7.2 „Somiten"*).

1.4.3 Wie untersucht man, welche Rolle Gene bei der Entwicklung spielen?

Nachweis der Expression eines Gens

Zum Nachweis, daß ein bestimmtes Gen zu einem bestimmten Zeitpunkt an einem bestimmten Ort exprimiert wird, kann man das translatierte Protein z.B. durch spezifische Antikörper in einem mikroskopischen Präparat nachweisen. Häufiger wird jedoch die transkribierte mRNA mittels **In-situ-Hybridisierung** nachgewiesen.

Einsträngige mRNA bildet mit komplementär aufgebauter RNA Hybride. Diese komplementär aufgebaute DNA nennt man Antisense-Sonde. Damit man die Hybride später mittels Autoradiographie oder immunhistochemischer Methoden nachweisen kann, verwendet man bei der Herstellung der Antisense-Sonde Nukleotide, die entweder radioaktiv markiert oder mit Markern (Digoxigenin, Biotin) konjugiert sind.

Mit der In-situ-Hybridisierung können auch Gene auf den Chromosomen lokalisiert werden. Nukleinsäuren, die in Doppelsträngen vorliegen, zerfallen oberhalb einer bestimmten Temperatur in Einzelstränge (**Denaturierung**). Kühlt man die Einzelstränge unter eine bestimmte Temperatur ab, so lagern sie sich unter Wiederherstellung der Basenkomplementarität wieder aneinander (**Renaturierung**). Führt man einen derartigen Zyklus von De- und Renaturierung z.B. eines Chromosomenpräparates in Gegenwart von markierten Nukleinsäureabschnitten (**Proben oder Sonden**), die eine Sequenzhomologie mit irgendeinem DNA-Abschnitt im Chromosomenpräparat aufweisen, durch, so entstehen auch doppelsträngige DNA-Abschnitte, an denen die Moleküle der Sonde beteiligt sind. An denjenigen Stellen des Chromosomenpräparates, an denen eine Sequenzhomologie zwischen Chromosomenpräparat und Sonde besteht, bilden die Sondenmoleküle mit der DNA im Chromosomenpräparat Doppelstränge – es entsteht ein Hybrid. Da die Moleküle der Sonde markiert sind, lassen sie sich dort, wo sie durch die Bildung von Hybriden im Chromosomenpräparat immobilisiert worden sind, nachweisen, z. B. durch Fluoreszenzverfahren oder Enzymreaktionen.

Mittels der Methode der In-situ-Hybridisierung läßt sich also Zeit und Ort der Expression eines Gens nachweisen.

Untersuchung der Wirkung eines Gens auf die Entwicklung: Knock-out-Mäuse

Um den Effekt eines Gens auf die Entwicklung zu studieren, hat sich eine Methode als besonders fruchtbar erwiesen, nämlich die Ausschaltung ganz spezifischer Gene in sogenannten Knock-out-

Mäusen. Dabei stellt man ein DNA-Molekül (**Vektor**) her, das mit Sequenzen in dem auszuschaltenden Gen homolog ist. Durch **homologe Rekombination** wird dieser Vektor in das Gen eingebaut, das dadurch in seiner Nukleinsäuresequenz so verändert wird, daß es nicht mehr ordnungsgemäß transkribiert werden kann. Man führt **derartige gezielte Mutagenesen (Site directed mutagenesis)** üblicherweise an embryonalen Stammzellen der Maus durch, die in Blastozysten implantiert werden. Diese wiederum werden in die Gebärmütter von Muttertieren implantiert und von diesen ausgetragen. Es entwickeln sich Mäuse, bei denen das entsprechende Gen inaktiv ist.

Aus der Analyse der Entwicklung kann auf die Bedeutung des jeweiligen Gens geschlossen werden.

1.4.4 Transkriptionsfaktoren

Für die differentielle Genexpression muß die Zelle „wissen", welche Gene sie zu exprimieren hat. Sie muß diese Information vermittelt bekommen und darauf mit der Expression bestimmter Gene reagieren. Die differentielle Genexpression wird zu einem großen Teil von Transkriptionsfaktoren reguliert. Dies sind Proteine, in vielen Fällen Proteinkomplexe, die in der Lage sind, die Expression bestimmter Gene zu beeinflussen. Allen diesen Transkriptionsfaktoren ist gemeinsam, daß sie sich an spezifischen Stellen der DNA anlagern können und dadurch die Transkription ganz bestimmter Gene beeinflussen können. Transkriptionsfaktoren werden üblicherweise auf ein äußeres Signal hin in Zellen gebildet. Sie wirken entweder in der Zelle, in der sie produziert werden, oder sie führen zur Bildung von Signalmolekülen, die von anderen Zellen aufgenommen werden und dort wirken.

Eine besonders wichtige und interessante Gruppe derartiger Transkriptionsfaktoren sind die Produkte der oben erwähnten **Homöoboxgene**.

Ein weiteres Beispiel für solche Transkriptionsfaktoren sind die **myogenen Determinationsfaktoren** wie etwa **myf-5** und **myoD**. Es handelt sich dabei um Proteine, die in den Zellen, die sich zu quergestreifter Skelettmuskulatur entwickeln, auf äußere Signale hin exprimiert werden und für den Ablauf des myogenen Entwicklungsprogramms erforderlich sind. Unter dem Einfluß von myogenen Determinationsfaktoren entwickeln sich in vitro auch Zellen, die sich normalerweise nicht zu Skelettmuskulatur entwickeln würden (z. B. Fibroblasten), zu quergestreifter Skelettmuskulatur. In vivo dagegen können nur die präsumptiven Muskelzellen auf die entsprechenden äußeren Signale hin myogene Determinationsfaktoren bilden und sich in weiterer Folge zu Muskulatur differenzieren.

Dies bedeutet, daß bereits vor der Expression der myogenen Determinationsfaktoren in den praesumptiven Muskelzellen die Weichen in Richtung „Entwicklung zu Muskulatur" gestellt sein müssen. Diese Zellen müssen also einerseits für äußere Signale empfänglich werden und andererseits als Reaktion auf diese äußeren Signale das Entwicklungsprogramm für Muskulatur starten. Man kann mit Sicherheit davon ausgehen, daß auch dieser tatsächliche Determinationsschritt durch die Expression spezifischer Gene auf äußere oder innere Signale hin erfolgt.

1.4.5 Signale zwischen Zellen – Steuerung der Genexpression von außen – Signalmoleküle

Sonic hedgehog – ein wichtiges Signalmolekül

Signale, die von Zellen ausgesandt werden, um in anderen Zellen eine spezifische Antwort auszulösen, spielen eine entscheidende Rolle in der Entwicklung. Daher gilt der Rolle der Signalmoleküle großes Interesse. Ein derartiges Signalmolekül ist das Protein **Sonic hedgehog (Shh)**. Es wird einerseits an der Oberfläche von Zellen exprimiert, andererseits kann ein Teil des Moleküls proteolytisch abgespalten werden, vom Ort seiner Entstehung wegdiffundieren, einen räumlichen Konzentrationsgradienten aufbauen und auf weit entfernte Zellen wirken.

Sonic hedgehog wirkt als Signalmolekül bei höchst unterschiedlichen Entwicklungsvorgängen. Unter anderem wirkt es „ventralisierend" auf das ZNS, ist an der Entwicklung der dorsoventralen Polarität von Somiten, den ersten segmentalen Einheiten entlang der Körperlängsachse *(siehe Abb. 8)*, beteiligt, etabliert die Individualität von Fingern und spielt auch eine noch nicht genau bekannte Rolle bei der Entwicklung der Zähne und des

Auges. Dabei trägt Sonic hedgehog keine für den jeweiligen Entwicklungskontext zelltypspezifische Information. So kann beispielsweise durch Transplantation eines Primitivknotens *(siehe Abb. 5)* in eine Extremitätenanlage die Entwicklung eines zusätzlichen Fingers ausgelöst werden. Diese **Unspezifität von Signalmolekülen** in der Entwicklung scheint nicht auf Sonic hedgehog beschränkt zu sein, sondern kann auch bei Molekülen der **Fibroblast growth factors** (**Fibroblastenwachstumsfaktoren**, **FGFs**) und **Bone morphogenetic proteins** (**BMPs**) beobachtet werden.

Daraus ergibt sich eine wichtige Schlußfolgerung: Die Spezifität der Signalantwort in denjenigen Zellen, die von einem Signalmolekül erreicht werden, liegt nicht in den Signalmolekülen selbst, sondern in den Zielzellen, die sie erreichen. Diese Spezifität wird in vielen Fällen durch die Expression von **spezifischen Oberflächenrezeptoren** erreicht, an die die Signalmoleküle andocken und über verschiedene Signalkaskaden die Genexpression im Inneren von Zellen modifizieren.

Wachstumsfaktoren

Relativ gut erforscht sind die Wachstumsfaktoren und ihre Rezeptoren. Beispiele für derartige Wachstumsfaktoren sind der **Platelet-derived growth factor** (**PDGF**), die Gruppe der **Fibroblastenwachstumsfaktoren** (**FGF**), der **epidermalen Wachstumsfaktoren** (**EGF**), der **insulinähnlichen Wachstumsfaktoren** etc. Insgesamt sind bisher etwa 80 Wachstumsfaktoren isoliert worden. Entgegen dem Namen bewirken Wachstumsfaktoren nicht nur das Wachstum von Zellen, sondern können ein großes Spektrum von Verhaltensänderungen von Zellen auslösen, wie etwa Migration, Differenzierung etc. Wachstumsfaktoren wirken zelltypspezifisch, da sie einerseits zelltypspezifische Rezeptoren exprimieren und andererseits lokal begrenzt wirken.

Signalmoleküle wirken oft zusammen

Der beschriebene Mechanismus („Signalmoleküle wirken auf empfängliche Zellen") setzt voraus, daß Zellen beim Eintreffen eines Signalmoleküls für dieses empfänglich sind. Dies wird dadurch erreicht, daß mehrere Signalmoleküle gemeinsam (kombinatorisch) eine bestimmte Entwicklungsleistung an einem bestimmten Ort auslösen, indem sie entweder zeitlich hintereinander oder in unterschiedlichen räumlichen Gradienten auftreten. So wird zum Beispiel die Expression der Gene für die bereits erwähnten myogenen Determinationsfaktoren in Somitenzellen durch das Zusammenwirken der Signalmoleküle **Wnt** und **Sonic hedgehog** ausgelöst. Auch der **Wachstumsfaktor TGF-β (Transforming growth factor** β) wirkt offensichtlich gemeinsam mit anderen Wachstumsfaktoren.

Zelladhäsionsmoleküle

Zellen heften sich sowohl aneinander als auch an Komponenten der extrazellulären Matrix. Diese sehr spezifischen Adhäsionsprozesse werden von verschiedenen membranständigen Proteinen bewirkt. Auch diese zelltypspezifischen Interaktionen lassen sich als Informationsprozeß interpretieren, der während der Entwicklung zur Anwendung kommt.

Eine Molekülklasse adhäsiver Proteine sind die **Integrine**. Sie spielen beispielsweise eine Rolle, wenn Sehnen-Muskel-Verbindungen entstehen und wenn sich ein Auge entwickelt.

Eine weitere große Gruppe derartiger Moleküle sind die Mitglieder der **Immunglobulin-Superfamilie (Immunoglobuline superfamily**). Die Mitglieder dieser Familie sind an zellulären Erkennungsprozessen im weitesten Sinne beteiligt. Ein Vertreter dieser Gruppe ist das **Neural cell adhesion molecule (NCAM**). NCAM erkennt NCAM an anderen Zellen (homophile Erkennung).

Auch die **Cadherine** gehören zu der Gruppe der Zellerkennungsmoleküle bzw. Zellverbindungsmoleküle. Sie bewirken, daß sich gleichartige Zellen erkennen. So wird beispielsweise das Erkennen und die Fusion von Myoblasten von Cadherinen vermittelt.

Die extrazelluläre Matrix als Informationsträger

Verschiedene Komponenten der extrazellulären Matrix sind für das Ablaufen von Entwicklungsvorgängen erforderlich und können in diesem Sinne als Informationsträger aufgefaßt werden. **Fibronektin** dient als Substrat für die Wanderung von Zellen bei der Gastrulation, bei der aus der zweiblättrigen Keimscheibe ein dreischichtiger Embryo hervorgeht. Es wird durch spezifische Oberflächenrezeptoren von Zellen erkannt. Fibronektin und **Laminin** sind an der Wanderung von Neuralleistenzellen beteiligt, Mukopolysaccharide ermöglichen die Wanderung von Myoblasten.

1.5 Entwicklungsbiologie und Evolutionsbiologie

Der Begriff „Entwicklung" taucht in der Biologie in zwei unterschiedlichen Zusammenhängen auf: einerseits als Entwicklung von Lebewesen im Laufe ihrer individuellen Lebenszyklen (Entwicklungsbiologie) und andererseits als Entwicklung belebter Materie im Laufe erdgeschichtlicher Perioden (Evolutionsbiologie). So wenig beide Entwicklungsphänomene auf den ersten Blick miteinander zu tun haben, so springt doch bei beiden Prozessen eine Zunahme an Komplexität im Laufe der jeweiligen Entwicklung ins Auge. Im Gefolge der Akzeptanz der Evolutionstheorie von Darwin formulierte Ernst Haeckel in den sechziger Jahren des vorigen Jahrhunderts das **biogenetische Grundgesetz**, das besagt, daß die Ontogenese eine kurze Rekapitulation der Phylogenese sei. Durch die Erkenntnisse der Genetik und insbesondere der Entwicklungsgenetik, aber auch durch die Erkenntnisse der deskriptiven und experimentellen Embryologie ist dieses Haeckel-Gesetz widerlegt und überholt. Dennoch besteht ein enger Kontext zwischen Embryonalentwicklung und Evolution: Lebewesen verändern sich im Laufe der Evolution dadurch, daß sich ihre Embryonalentwicklung ändert.

Das Weltbild der Entwicklungsbiologie ist heute durch die Erkenntnis geprägt, daß Gene die Entwicklung von Lebewesen steuern und bedingen. Die Differenzierung von Zellen läßt sich auf genetischer Ebene als differentielle Genexpression verstehen. Differentielle Genexpression wird durch Transkriptionsfaktoren, Signalmoleküle und Oberflächenrezeptoren für Signalmoleküle gesteuert. Die Embryonalentwicklung hängt mit der Evolution insofern zusammen, als daß evolutionäre Änderungen durch Veränderungen der Embryonalentwicklung entstehen.

KAPITEL 2

Frühentwicklung

2.1 Fertilisation

Voraussetzung für die Entstehung neuen menschlichen Lebens ist die Verschmelzung von mütterlicher Ei- und väterlicher Samenzelle, die Befruchtung oder Fertilisation. Durch den Prozeß der **Meiose** oder Reifeteilung werden im Rahmen der Gametogenese aus normalen somatischen diploiden Körperzellen haploide Ei- bzw. Samenzellen. Diese Geschlechtszellen enthalten jede für sich eine ganz individuelle Mischung der Genome der Vorfahren. Durch die Verschmelzung von Ei- und Samenzelle entsteht ein individuelles neues diploides Genom. Dies ist die **genetische Basis für die Individualität** des Menschen.

Geschlechtszellen sind jedoch mehr als bloße Transportvehikel für genetisches Material. **Samenzellen (Spermien)** sind mit Zilien ausgestattet, mittels derer sie sich im weiblichen Genitaltrakt bewegen, sowie mit einem enzymatischen Bohrer, dem **Akrosom**, mit dem sie in die Eizelle eindringen können. **Eizellen** gehören mit einem Durchmesser von ca. 150 μm zu den größten Zellen des menschlichen Körpers. Sie sind deshalb so groß, weil sie Bau- und Betriebsstoffe für die ersten Phasen der Embryonalentwicklung enthalten.

Spermien werden während der fertilen Lebensperiode von Männern, die von der Pubertät bis zum Lebensende reicht, dauernd in großer Anzahl produziert. Während einer Ejakulation werden üblicherweise bis zu 100 Millionen Spermien abgegeben. Beträgt die Anzahl an Spermien pro Ejakulat weniger als 20 Millionen, kann Infertilität auftreten. Aus unbekannten Gründen scheint die durchschnittliche Anzahl von Spermien im Ejakulat derzeit weltweit abzunehmen.

Eizellen werden während des Ovarialzyklus in Abständen von etwa 28 Tagen durch den Prozeß der Ovulation für eine Befruchtung bereitgestellt. Für eine erfolgreiche Befruchtung müssen Ei- und Samenzelle in einem relativ kleinen zeitlichen Fenster zusammentreffen, da Spermien im weiblichen Genitaltrakt maximal etwa drei Tage befruchtungsfähig bleiben, und eine Eizelle nur maximal einen Tag lang nach der Ovulation befruchtbar ist. Dies mag einer der Gründe sein, warum die Fertilität des Menschen relativ niedrig ist.

Bei der **Ovulation** werden Eizellen, die von einer Basalmembran (**Zona pellucida**) und einer zellulären Hülle aus Granulosazellen (**Corona radiata**) umgeben sind, in das kleine Becken abgegeben und in der Regel von der **Tuba uterina** aufgenommen. Im Rahmen des Ovarialzyklus werden jeweils mehrere Eizellen zur Ovulation stimuliert. Im allgemeinen gelangt jedoch pro Zyklus nur eine einzige Eizelle zur Ovulation. Samenzellen werden relativ rasch durch den Uterus transportiert, bereits einige Minuten nach einer Ejakulation können Spermien in der Tuba uterina nachgewiesen werden. In der Pars ampullaris der Tuba uterina erfolgt die Begegnung und eventuelle Verschmelzung von Ei- und Samenzellen.

2.2 Aktivierung, Kapazitation und Akrosomreaktion

In Hoden und Nebenhoden sind Spermien unbeweglich. Bei der Ejakulation werden die Spermien mit dem Sekret der Prostata und der Glandulae vesiculosae vermischt. Das Sekret der Glandulae vesiculosae ist alkalisch und reich an **Fruktose**. Durch die **Erhöhung des pH-Wertes** wird die Motilität der Spermien aktiviert, Fruktose ist die Hauptenergiequelle für diese Motilität. Das alkalische Milieu des Ejakulates bewirkt temporär auch eine Alkalisierung des normalerweise stark sauren Milieus der Vagina, das die Motilität von Spermien hemmen würde. Physiologischerweise kommen in der Vagina **Döderlein-Stäbchenbakterien** vor, die das Glykogen, das in den Epithelzellen der Vaginalschleimhaut gespeichert ist, zu Milchsäure metabolisieren. Aus diesem Grund ist das Vaginalmilieu stark sauer und hat eine gewisse bakterizide Eigenschaft. Die Döderlein-Stäbchen können mithin als Symbionten aufgefaßt werden.

Durch den Kontakt mit dem Sekret des Uterus werden Spermien kapazitiert, das heißt für die weiteren Vorgänge der Befruchtung (insbesondere die Akrosomreaktion) fähig gemacht. Bei dieser Kapazitation werden vermutlich **Glykoproteine** von

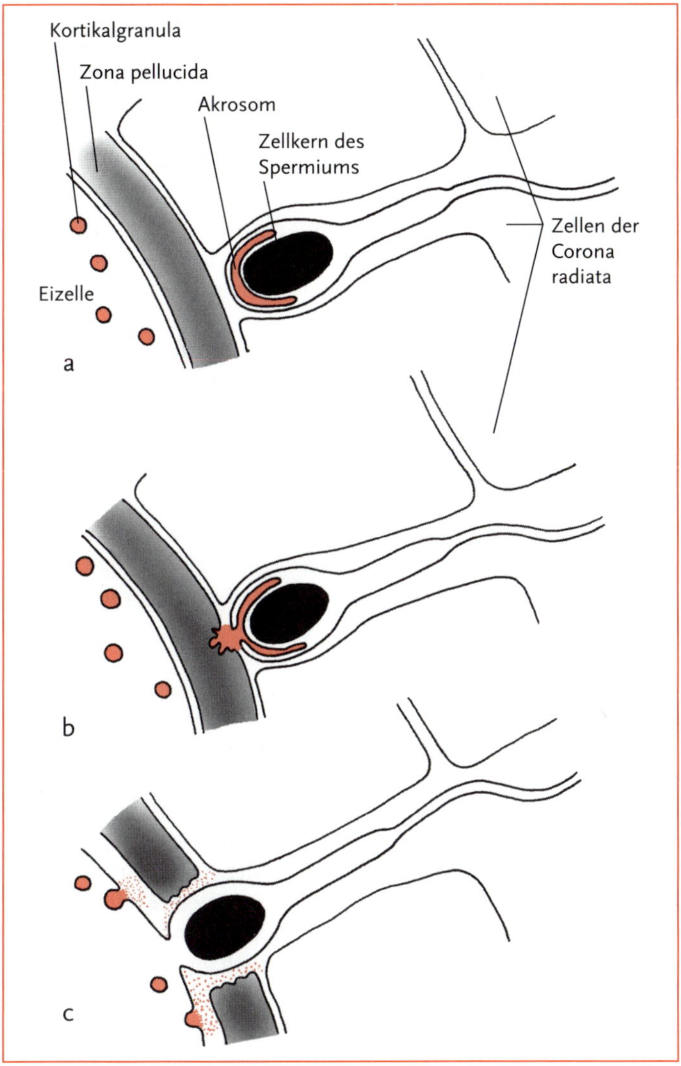

Abb. 2: Fertilisation
a Das Spermium durchdringt die Corona radiata
b Akrosomreaktion
c Kortikalreaktion und Fusion von Spermium und Eizelle

der Oberflächenmembran der Spermien entfernt. Ohne Kapazitation kommt es nicht zur Akrosomreaktion.

Bei der **In-vitro-Fertilisation**, bei der ja die Spermien nicht mit dem Uterussekret in Kontakt kommen, wird die Kapazitation durch Blutplasma bewerkstelligt.

Das Akrosom ist ein Vesikel, das kappenartig über dem Kern des Spermiums liegt. Wenn das Spermium die Corona radiata der Eizelle durchdrungen hat und sich an die Zona pellucida anlagert, verschmilzt die auf der konvexen Seite des Akrosoms liegende Membran mit der Oberflächenmembran des Spermiums und das Akrosom wird entleert. Diesen Prozeß, an dem spezifische Erkennungsmoleküle beteiligt sind, über deren Identität beim Menschen jedoch keine Klarheit herrscht, nennt man Akrosomreaktion. Inhaltsstoffe des Akrosoms werden auf diese Weise an die Oberfläche und in die unmittelbare Umgebung des Spermiums abgegeben.

Bei der Maus ist das Molekül, das für die Bindung der Spermien an die Zona pellucida verantwortlich ist, bekannt, es ist das filamentöse Glykoprotein ZP3.

Die Inhaltsstoffe des Akrosoms sind Enzyme, die die Hüllen der Eizelle zu durchdringen helfen. Beispiele für derartige Enzyme sind Akrosin (eine Protease) und Hyaluronidase. Durch die Aktivität dieser Enzyme und die Bewegungen des Spermiums durchdringt dieses die Zona pellucida und erreicht die Plasmamembran der Eizelle.

2.3 Fusion von Spermium und Eizelle

Die Verschmelzung von Ei- und Samenzelle erfolgt durch Fusion der beiden Plasmamembranen. Dadurch entsteht ein Synzytium, die **Zygote**. Obwohl die Mitochondrien der Spermien in die Eizelle mitaufgenommen werden, liefern sie offensichtlich keinen Beitrag zur Mitochondrienausstattung des entstehenden Embryos. Alle Mitochondrien eines Embryos wie auch die eines geborenen Menschen stammen ausschließlich von der Mutter. Dies hat insofern Bedeutung und Konsequenzen, als die **mitochondriale DNA** nicht der genetischen Rekombination unterliegt und ausschließlich maternal vererbt wird. Neben den klassischen Modi der Vererbung (nach Mendel) gibt es mithin noch eine **mitochondriale Vererbung**, bei der Information ausschließlich über die Mütter weitergegeben wird. Dies ist wichtig zu wissen, da es Erbkrankheiten gibt (z. B. Formen von Diabetes und Schwerhörigkeit), die auf diese Weise vererbt werden können.

Ähnliche genetische Phänomene finden durch das sogenannte **Imprinting** statt. Auch dabei wird genetische Information nur durch einen Elternteil weitergegeben, weil entweder das väterliche oder das mütterliche Allel eines Gens inaktiviert wird.

Vom Standpunkt der Zellbiologie aus betrachtet, die das Phänomen des Lebens auf zellulärer Ebene analysiert, beginnt neues menschliches Leben mit der Fusion von Ei- und Samenzelle zu einer neuen Zelle, der Zygote.

2.3.1 Polyspermieblock

Es gibt Mechanismen, die verhindern, daß mehr als nur ein Spermium eine Eizelle befruchtet. Man nennt sie Polyspermieblocks.

Beim **schnellen Polyspermieblock** löst das eindringende Spermium eine Depolarisation der Zelloberflächenmembran der Eizelle aus.

Wenn das Spermium in die Eizelle eingedrungen ist, verschmilzt eine spezielle Sorte von Vesikeln in der Eizelle, die Kortikalgranula, mit der Oberflächenmembran der Eizelle. Ihre Inhaltsstoffe gelangen in den Raum zwischen Zona pellucida und Oberflächenmembran der Eizelle. Ausgelöst wird diese **Kortikalreaktion** durch die Freisetzung von intrazellulärem Kalzium in der Eizelle. Die Kortikalgranula enthalten hydrolytische Enzyme, die das Anheften weiterer Spermien an die Oberflächenmembran der Eizelle verhindern, und Polysaccharide, die die Zona pellucida härten. Diesen Vorgang nennt man **langsamen Polyspermieblock** *(siehe Abb. 2)*.

Es ist fraglich, ob es beim Menschen den schnellen Polyspermieblock gibt, da einerseits In-vitro-Befruchtungen von Eizellen mit mehreren Spermien beobachtet werden können, und andererseits normalerweise zu jedem gegebenen Zeitpunkt die Anzahl der Spermien in der Nähe der Eizelle so gering ist, daß die Wahrscheinlichkeit, daß mehr als ein Spermium vor Ausbildung des langsamen Polyspermieblockes eine Eizelle befruchtet, sehr gering ist. Man könnte also von einem **statistischen Polyspermieblock** sprechen.

2.4 Aktivierung der Eizelle

Sobald das Spermium in die Eizelle eindringt, wird in der Eizelle eine Kaskade ausgelöst, die zum Beginn der Embryonalentwicklung führt. Das Startsignal für diesen Prozeß ist die Freisetzung von intrazellulärem Kalzium. Diese Aktivierung der Eizelle kann auch ohne Spermium erfolgen, etwa durch Einbringen von Eizellen in kalziumreiche Medien oder durch Anstechen mit einem spitzen Instrument. In diesem Falle wird ein **parthenogenetisches Entwicklungsprogramm** ausgelöst. Bei Säugetieren und wohl auch beim Menschen kommt eine derartige parthenogenetische Entwicklung sehr früh zum Stillstand.

Durch die Aktivierung beendet die Eizelle die zweite meiotische Teilung, und es entsteht aus dem Zellkern der Eizelle der sogenannte **weibliche Vorkern**. Die DNA in den Zellkernen von Spermien weist eine besonders hohe Packungsdichte auf, was durch die Modifikation somatischer Histone sowie deren Ersatz durch spermienspezifische Proteine (Histone und Protamine) erreicht wird. In der Eizelle wird der Zellkern des ehemaligen Spermiums zum sogenannten **männlichen Vorkern**. Dabei werden diese spermientypischen, DNA-assoziierten Proteine durch normale, somatische Histone ersetzt. Morphologisch findet dies seinen Ausdruck in einem Anschwellen des männlichen Vorkerns bis zur Größe des weiblichen Vorkerns. Beide Vorkerne durchlaufen eine DNA-Reduplikation, wodurch die jeweils 23 Chromosomen ein zweites Chromatid erhalten. Die Vorkerne bewegen sich aufeinander zu, ihre Kernmembranen werden aufgelöst und sie verschmelzen miteinander. Damit ist die Bildung der Zygote abgeschlossen. Die DNA des Zellkerns der Zygote spiralisiert sich zu sichtbaren Chromosomen, und es findet eine somatische Mitose statt, die als **erste Furchungsteilung** bezeichnet wird. Dies geschieht beim Menschen etwa einen Tag nach der Befruchtung.

2.4.1 Genetische Besonderheiten der Zygote

Der männliche Vorkern und der Zellkern der Zygote sind **genetisch inaktiv**. Das heißt, ihre DNA wird nicht transkribiert. Trotzdem werden Proteine translatiert, wie etwa Histone oder Aktin.

Die mRNA, die diese Proteine kodiert, entsteht bereits während der Eizellreifung und wird in der Eizelle für den Fall einer Befruchtung (Aktivierung) als maternale **mRNA** gespeichert. Die ersten Phasen der Embryonalentwicklung unterliegen mithin der ausschließlichen Kontrolle durch das mütterliche Genom.

Dieses Stadium der Inaktivität des embryonalen Genoms und der Abhängigkeit vom mütterlichen Genom ist bei Säugetieren nur kurz und dauert bis zum Zwei- bis Vierzellstadium.

2.5 Morphologie und Steuerung der Furchung

Der Bezeichnung „Furchung" entstand, als man bei opaken, sich entwickelnden Amphibienembryonen die oberflächlichen Schnürfurchen beobachtete, die durch die Zellteilungen von befruchteten Eizellen hervorgerufen wurden, noch bevor man die Vorgänge im Inneren dieser Zellen erkennen konnte. Die Tochterzellen der Furchungsteilungen heißen **Blastomeren**. Ein Embryo im Stadium der Furchung wird als **Morula** (Maulbeere, unseren Himbeeren oder Brombeeren im Aussehen ähnlich) bezeichnet.

Der periodische Ablauf von mitotischen Zellteilungen wird durch die Interaktion und Phosphorylierung/Dephosphorylierung von zwei zytoplasmatischen Proteinen gesteuert, dem **Cyclin** und dem **cdc2-Protein** (**C**ell **d**ivision **c**ycle). Bei Lebewesen, bei denen sich das Zytoplasma der Furchungszellen nicht völlig trennt, wie etwa Insekten, verlaufen daher die Furchungsteilungen synchron und es gibt nur 2^n-Zell-Stadien (2, 4, 8, 16, etc.).

Da beim Menschen die Furchungszellen zytoplasmatisch voneinander getrennt werden, sind die Furchungen nicht synchronisiert. Die beiden ersten Blastomeren teilen sich meistens zu unterschiedlichen Zeitpunkten, was zur Existenz eines Dreizellstadiums führt. Die Furchungsteilungen finden statt, während die Eizelle in der Tube in Richtung Uterus transportiert wird. Die durchschnittliche Zellzyklusdauer ist mit 20 bis 24 Stunden relativ lang.

2.5.1 Genetische Besonderheiten während der Furchung

Wie oben erwähnt, unterliegen die ersten Furchungen der Kontrolle durch das maternale Genom. Der Übergang von der Kontrolle durch das maternale Genom auf die Kontrolle durch das embryonale Genom erfolgt nicht abrupt. So werden während der Furchung gleichzeitig maternale mRNAs translatiert und embryonale Gene exprimiert. In dem Maße, in dem das embryonale Genom aktiviert wird, beginnt, vom Standpunkt der Genetik aus betrachtet, neues menschliches Leben.

2.5.2 Imprinting

Alle Chromosomenabschnitte bis auf die, die auf den Geschlechtschromosomen liegen, sind beim Menschen in zwei Kopien vorhanden, einer väterlichen und einer mütterlichen. Bei vielen Genen wird nur eine der beiden Kopien exprimiert, die andere auf Dauer inaktiviert. Dabei hängt es davon ab, ob die Kopie eines derartigen Gens vom Spermium oder von der Eizelle in das embryonale Genom eingebracht wurde. Dieses Phänomen wird als (Genomic) Imprinting bezeichnet.

Das älteste bekannte Imprintingphänomen ist die Inaktivierung der meisten Gene eines X-Chromosoms in genetisch weiblichen Individuen (**Lyonisierung**). Dabei bleibt es nicht dem Zufall überlassen, welches der beiden X-Chromosomen inaktiviert wird. In extraembryonalen Geweben wird bevorzugt das paternale X-Chromosom inaktiviert, während im Embryo selbst die Inaktivierung entweder dem Zufall überlassen bleibt oder, worauf neuere Untersuchungen hindeuten, von komplexen gewebs- und positionsspezifischen Steuerungsmechanismen abhängen. Die Inaktivierung des X-Chromosoms unterliegt einem genetischen Steuerungsmechanismus, den ***XCE*-Genen** (**X-controlling elements**).

Die Lyonisierung ist insofern von Bedeutung, als dadurch jeder weibliche Organismus genetisch betrachtet ein **Mosaik** ist: In einem Teil der Zellen des Körpers werden Gene des väterlichen X-Chromosoms exprimiert, in einem anderen solche des mütterlichen. Ist ein derartiges Gen auf einem elterlichen X-Chromosom defekt, so kann dies zu einem Nebeneinander von gesunden und kranken Körperzellen führen.

Ein Beispiel für eine solche Erkrankung ist die **anhidrotische ektodermale Dysplasie**. Dabei ist ein X-chromosomales Gen defekt, das für die normale Entwicklung und Funktion von Schweißdrüsen erforderlich ist. Dies führt bei betroffenen weiblichen Individuen dazu, daß zwischen normaler Epidermis mit Schweißdrüsen landkartenartig begrenzte Hautareale ohne Schweißdrüsen liegen, die ekzematös verändert sind. Aus der Existenz, Anzahl und Größe dieser Areale können mehrere Schlüsse gezogen werden: Die Haut besteht aus räumlich zusammenhängenden Klonen von Zellen, und die X-Inaktivierung erfolgt zu einem Zeitpunkt der Entwicklung, zu dem die Anzahl der Zellen, aus denen sich später Epidermis differenziert, einige Dutzend betragen haben muß.

2.5.3 Eigenschaften von Blastomeren

Trennt man Blastomeren von tierischen Embryonen in frühen Furchungsstadien, so entwickelt sich aus jeder einzelnen Blastomere ein vollständiges Individuum. Das heißt, jede Blastomere ist in der Lage, sich zu einem vollständigen Individuum weiterzuentwickeln. Man nennt diese Eigenschaft von Blastomeren **Totipotenz**.

Auch beim Menschen gibt es ein Stadium, in dem die Blastomeren totipotent sind. Dieses Stadium reicht höchstwahrscheinlich bis zum Dreizellstadium. Das kann daraus geschlossen werden, daß zwar eineiige Zwillinge und eineiige Drillinge oft beschrieben wurden, es jedoch keinen gesicherten Bericht über eineiige Vierlinge gibt, während Geburten von mehreiigen Vierlingen, Fünflingen etc. gut dokumentiert sind. Man kann daher sagen, daß das menschliche Leben als Individuum erst nach dem Verlust der Totipotenz der Blastomeren (ca. mit dem Vierzellstadium) beginnt.

Untersuchungen an Mausembryonen im Stadium der Furchung ergeben, daß aus einzelnen Blastomeren nicht bloß bestimmte Zelltypen hervorgehen, sondern daß jede Blastomere im Prinzip alle Typen von Zellen und Geweben hervorbringen kann. Diese Gleichartigkeit an Entwicklungsmöglichkeiten wird als **Äquipotenz** bezeichnet.

2.5.4 Mosaik und Regulation

Gehen einzelne Blastomeren während der Furchung zugrunde, so führt dies nicht zu Defekten am Embryo. Die Aufgabe, die die zugrundegegangene Blastomere übernommen hätte, wird von anderen Blastomeren übernommen. Die Fähigkeit des Embryos, Defekte auf diese Weise zu beheben, wird als **Regulationsfähigkeit** bezeichnet. Im Gegensatz dazu steht das **Mosaikverhalten**, bei dem zugrundegegangene Zellen nicht durch andere ersetzt werden. An sich wäre der Ausdruck „Puzzle" besser zur Beschreibung dieses Prinzips der Entwicklung geeignet, da in einem Mosaik ein verlorengegangener Stein durch einen von ungefähr gleicher Form und Farbe ersetzt werden kann, ohne die Gesamtwirkung des Mosaiks zu beeinträchtigen. Bei einem verlorengegangenem Puzzlestein ist dies ebensowenig der Fall wie in einem Embryo, der sich nach dem Mosaikprinzip entwickelt.

Regulationsfähigkeit und Mosaikverhalten sind zwei unterschiedliche entwicklungsbiologische Strategien, die in verschiedenen Lebewesen in unterschiedlichem Ausmaß realisiert sind. Ein Lebewesen, das sich vorwiegend nach dem Mosaikprinzip entwickelt, ist der Wurm *Caenorhabditis elegans*. Der Mensch entwickelt sich vorwiegend nach dem Regulationsprinzip. Beide Strategien haben Vor- und Nachteile.

Embryonen, die sich nach dem **Regulationsprinzip** entwickeln, benötigen dazu länger als solche, die sich nach dem Mosaikprinzip entwickeln. Das erklärt sich daraus, daß im Zeitplan der Entwicklung zeitliche Puffer zum Einschieben zusätzlicher Zellzyklen vorhanden sein müssen. Außerdem benötigt die Informationsübertragung zwischen Zellen, die im Regulationsfall stattfinden muß, ebenso wie das „Umprogrammieren" einer Zelle zu einer Regulationsleistung Zeit. Logischerweise werden in Embryonen oder Entwicklungsvorgängen, die nach dem Regulationsprinzip erfolgen, die endgültigen Schicksale von Zellen relativ spät festgelegt (**determiniert**). Der Vorteil des Regulationsprinzips liegt in einem hohen Prozentsatz regelrecht geglückter Entwicklungen.

Embryonen oder Entwicklungsabläufe nach dem Mosaikprinzip sind gekennzeichnet durch eine rasche Entwicklung, frühe Determination und durch eine relativ hohe Anzahl fehlgebildeter Individuen. Eine Entwicklung nach dem **Mosaikprinzip** findet man bei Lebewesen, bei denen eine hohe Anzahl von Nachkommenschaft pro Generation produziert wird, die deswegen auch ohne die Betreuung der Eltern so schnell als möglich ein selbständiges und überlebensfähiges Entwicklungsstadium erreichen müssen.

2.6 Entwicklung der Morula zur Blastozyste

Etwa am vierten Tag nach der Befruchtung kommt es zur **Kompaktion**, bei der die in der Morula oberflächlich gelegenen Blastomeren sich epithelartig aneinanderschließen und vorübergehend Zellverbindungen (Gap junctions, Tight junctions) ausbilden. Durch Dehiszenz entsteht an einer Stelle zwischen den außen liegenden Blastomeren und denen im Inneren der Morula ein Hohlraum, die **Blastozystenhöhle**. Die äußeren Blastomeren werden in ihrer Gesamtheit als **Trophoblast** oder **äußere Zell-**

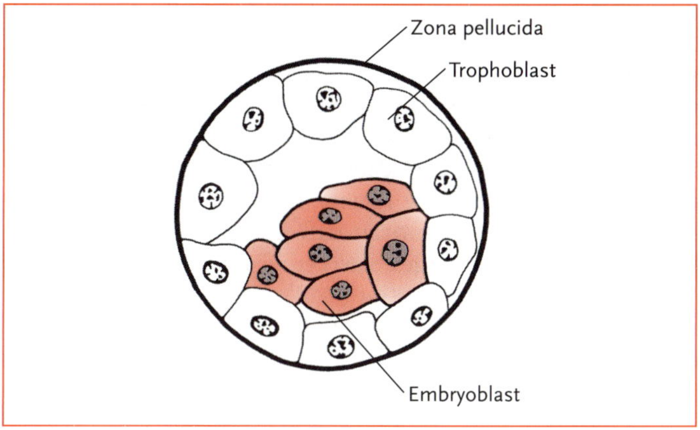

Abb. 3: Frühe Blastozyste mit konfluierenden Interzellularräumen

masse bezeichnet, die exzentrisch im Inneren liegenden Blastomeren als **Embryoblast** oder **innere Zellmasse**.

Mit dem Auftreten von Trophoblast und Embryoblast sind das erste Mal im Zuge der Entwicklung zwei Zellpopulationen entstanden, die sich in ihrem späteren Schicksal unterscheiden, d. h. unterschiedlich determiniert sind: Nur aus dem Embryoblasten entstehen embryonale Gewebe, während aus dem Trophoblasten nur extraembryonales, unter anderem plazentares Gewebe entsteht. Embryoblast und Trophoblast sind auch unterschiedlich differenziert, d. h. sie exprimieren unterschiedliche Gene: Der Trophoblast exprimiert beispielsweise menschliches Choriongonadotropin. Determination und Differenzierung sind zunächst labil.

Werden Trophoblastzellen in den Embryoblasten transplantiert, so verhalten sie sich ortsgemäß, d. h. Trophoblastzellen werden in einer Umgebung von Embryoblastzellen zu Embryoblastzellen. Dies gilt auch für die Transplantation von Embryoblastzellen in den Trophoblasten. Dies bedeutet, daß Zellen der Morula ihre Position (innen oder außen) erkennen und darauf entsprechend reagieren, indem sie zelltypspezifische Gene ein- und ausschalten.

2.6.1 Eigenschaften der Blastozyste

Alle bisher beschriebenen Phänomene der Entwicklung laufen in der Tuba uterina ab. Der Embryo befindet sich in der Zona pellucida. Diese ist von Zellen der Corona radiata umgeben, die im Laufe der Tubenpassage verlorengehen. Die metabolische Aktivität der Blastozyste ist relativ gering, die Zellzyklen dauern mit etwa 24 Stunden relativ lange. Bei der Analyse von Blastozysten fällt die hohe Anzahl toter Zellen auf. Die Tubenpassage scheint eine besonders gefährliche Periode für das Überleben von Embryonen zu sein. Man nimmt an, daß etwa 50 % aller Embryonen während der Tubenpassage absterben.

Am Beginn menschlichen Lebens steht die Fusion von Spermium und Eizelle, die Fertilisation. Die Zelle, die durch das Eindringen des Spermiums in die Eizelle entsteht, heißt Zygote; in ihr wird der Ablauf des Programms „Entwicklung" aktiviert. Mit den folgenden mitotischen Zellteilungen entsteht ein kugeliges Aggregat von Zellen, die Morula. Im Inneren der Morula entsteht die Blastozystenhöhle. Dadurch wird die Morula zur Blastozyste. In der Blastozyste lassen sich zwei Zellpopulationen unterscheiden: die außen liegende einschichtige Zellage des Trophoblasten und die exzentrisch im Inneren liegenden Zellen des Embryoblasten. Diese Entwicklung dauert etwa eine Woche und findet in der Tuba uterina statt.

2.7 Von der Implantation bis zur Entstehung der zweiblättrigen Keimscheibe

2.7.1 Implantation

Etwa eine Woche nach der Befruchtung erreicht die Blastozyste das Uteruslumen. Bei Tieren kann man beobachten, daß der Embryo, unmittelbar bevor er mit der Uterusschleimhaut Kontakt aufnimmt, aus der löchrig gewordenen Zona pellucida herausschlüpft. Die Kontaktaufnahme mit der Uterusschleimhaut (üblicherweise zervixfern an der Hinterwand des Uterus) erfolgt mit dem Teil des Trophoblasten, an dessen Innenseite der Embryoblast anliegt. Diejenigen Trophoblastzellen, die mit dem Epithel der Uterusschleimhaut in Berührung kommen, verschmelzen miteinander und bilden ein Synzytium, den **Synzytiotrophoblasten**. Der Synzytiotrophoblast bildet menschliches **Choriongonadotropin (HCG)**. Dieses erhält die Funktion des Corpus luteum graviditatis, das die Steroidhormone (Gestagene und Östrogene) produziert, die die Schwangerschaft erhalten.

Die Synthese von HCG im Synzytiotrophoblasten ist eines der ersten Beispiele für die **Differenzierung** von Zellen. Differenzierung von Zellen bedeutet stets Expression von Genen, die für eine bestimmte Art von Zellen typisch sind. Im konkreten Fall ist dies die Expression des HCG-Gens im Synzytiotrophoblasten.

Über die molekularen Mechanismen und die Steuerung der Implantation beim Menschen ist praktisch nichts bekannt, da sich dieser Prozeß der Beobachtung entzieht. Aufgrund der großen Unterschiede zwischen den verschiedenen Spezies ist es problematisch, die (gleichfalls wenigen) Ergebnisse aus Tierforschungen auf den Menschen zu übertragen.

2.7.2 Folgen der Implantation für Mutter und Kind

Durch die Implantation kommt es zu einer viel innigeren Kontaktaufnahme zwischen mütterlichem und kindlichem Organismus, als dies vor der Implantation der Fall war. Dies manifestiert sich in einer Reihe von Effekten, die durch die Interaktion zwischen Embryo und Mutter ausgelöst werden. Oben wurde bereits erwähnt, daß das HCG, das vom embryonalen Gewebe produziert wird, hormonelle Wirkungen auf den mütterlichen Organismus hat.

Sobald der Embryo mit dem mütterlichen Organismus Kontakt aufnimmt, verbessert sich auch seine Ernährungslage drastisch, und vor allem der Trophoblast wächst explosionsartig. Einerseits wächst er invasiv in das mütterliche Gewebe vor, wodurch die Blastozyste in die Tiefe der Uterusschleimhaut vordringt, andererseits vergrößert sich die Blastozystenhöhle stark durch die Proliferation des Synzytiotrophoblasten.

Der Embryo kann jetzt so schnell wachsen, weil ihm zum einen das Glykogen aus den Deziduazellen des Uterus zur Verfügung steht, und zum anderen bereits wenige Tage nach der Implantation mütterliches Blut in die Hohlräume des Trophoblasten, die sogenannten Trophoblastlakunen, einströmt. Damit beginnt die Entwicklung des Plazentarkreislaufes, der für eine ausreichende Versorgung des Embryos mit Sauerstoff in zunehmendem Maße erforderlich wird. Auf diesen Plazentarkreislauf wird später im Detail eingegangen.

2.7.3 Ein Embryo ist für die Mutter Fremdgewebe und umgekehrt

Rein statistisch betrachtet ist ein Embryo in etwa der Hälfte aller seiner Gene mit seiner Mutter identisch. Dies gilt auch für diejenigen Gene, die für die individualtypische Identität der Zellen eines Individuums verantwortlich sind. Diese Gene, die der **Immunglobulin-Superfamilie** angehören, kodieren für membranständige Proteine, die an den Oberflächen fast aller Körperzellen exprimiert werden und dem körpereigenen Immunsystem die Unterscheidung zwischen „selbst“ und „fremd“ ermöglichen. Es handelt sich dabei um den **Major histocompatibility complex (MHC)**. Der MHC löst unter anderem die Transplantatabstoßung nach Organtransplantationen aus.

Obwohl Zellen von Embryonen den MHC exprimieren und die Gewebsverträglichkeit zwischen Eltern und Kindern normalerweise für eine erfolgreiche Gewebs- oder Organtransplantation nicht ausreicht, wird ein Embryo von seiner Mutter nicht als Fremdgewebe erkannt und abgestoßen. Dieses Phänomen und viele andere Besonderheiten der immunologischen Interaktionen zwischen Kind und Mutter sind auch heute noch weitgehend unerklärt.

2.7.4 Implantationen am falschen Ort

Embryonen können sich auch außerhalb des Uteruslumens einnisten. Etwa 1 % aller diagnostizierten Schwangerschaften sind solche **ektopische Schwangerschaften**. Sie sind medizinisch von eminenter Bedeutung und zeigen, daß im Prinzip auch andere Gewebe als die Uterusschleimhaut für eine Implantation geeignet sind.

Eileiterschwangerschaft

Eileiterschwangerschaften (**Tubargraviditäten**) sind die mit Abstand häufigsten ektopischen Schwangerschaften. Abgelaufene Entzündungen der Tube erhöhen die Wahrscheinlichkeit für die Implantation einer Blastozyste. Die Frühentwicklung der Tubargraviditäten verläuft normal, im zweiten Monat der Schwangerschaft kommt es jedoch zu einer Ruptur der Tube. Dies kann zu einer lebensbedrohlichen Blutung der Mutter führen. Für den Embryo führt eine Tubargravidität in jedem Fall zum Tode.

Bauchhöhlenschwangerschaft

Das Peritoneum (parietale und viszerale) scheint im Prinzip überall eine Implantation zu erlauben, also z. B. in der Excavatio rectouterina, an der Oberfläche des Ovars, an der Serosa des Darms oder der Mesenterien. Bauchhöhlenschwangerschaften verlaufen weniger dramatisch als Tubargraviditäten. Zwar kann es auch im Verlauf von Bauchhöhlenschwangerschaften zu massiven Blutungen kommen, doch scheinen die Feten häufiger abzusterben und danach resorbiert zu werden als bei der Tubargravidität. Ausdruck dessen sind die sogenannten **Lithopädien**, die man gelegentlich im Abdomen von Frauen finden kann. Es sind dies zu irgendeinem Zeitpunkt abgestorbene und sukzessive verkalkte Feten. Bisweilen ist in diesen Lithopädien auch noch nach Jahrzehnten die innere Struktur bis hin zur Ultrastruktur (z. B. Sarkomere in der Skelettmuskulatur) erkennbar. In einigen (wenigen!) Fällen haben sich Feten im Rahmen von freien Bauchhöhlenschwangerschaften bis zum Geburtstermin normal entwickelt und sind erfolgreich durch Kaiserschnitt entbunden worden.

Zervixschwangerschaften und zervixnahe Schwangerschaften

Implantationen im Zervikalkanal sind extrem selten, Implantationen in der Nähe der Zervix im Uteruslumen kommen häufiger vor. Dabei kann sich eine Placenta praevia entwickeln, d. h. die Plazenta verschließt von innen den Zervikalkanal. In einem solchen Fall muß eine Entbindung durch Kaiserschnitt vorgenommen werden.

2.7.5 Entstehung der zweiblättrigen Keimscheibe, des Amnions und des Dottersackes

Innerhalb von zwei Tagen nach der Implantation treten in und um den Embryoblasten bedeutende Änderungen auf, die seine Form und Komplexität betreffen. Zwischen dem Embryoblasten und dem Trophoblasten entsteht durch Spaltbildung eine Höhle, die sich rasch vergrößert, die **Amnionhöhle**. Es wird allgemein angenommen, daß die einschichtige epitheliale Zellage, die die dem Embryo abgewandten Wandteile der Amnionhöhle bildet, aus dem Embryoblasten stammt.

Derjenige Teil des Embryoblasten, der der Blastozystenhöhle zugewandt ist, bildet flache Zellen aus, die als **Hypoblast** bezeichnet werden. Der zwischen Hypoblast und Amnionhöhle gelegene Teil des Embryoblasten besteht aus iso- bis hochprismatischen Zellen und wird als **Epiblast** bezeichnet. Hypoblast und Epiblast proliferieren flächenhaft, so daß aus dem ursprünglichen Zellhügel des Embryoblasten bei der Implantation

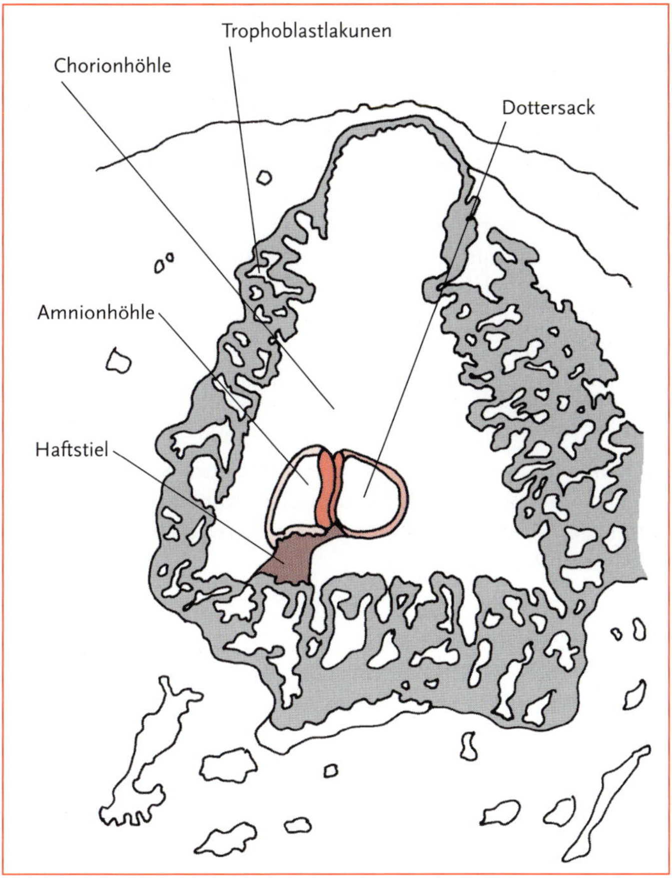

Abb. 4: Embryo nach Abschluß der Implantation. Es hat sich eine zweiblättrige Keimscheibe gebildet.

eine runde flache Scheibe entsteht, die sogenannte **zweiblättrige Keimscheibe**.

An der Hypoblastseite dieser Keimscheibe entsteht der **Dottersack**, indem der Hypoblast durch flächige Proliferation eine Hohlkugel bildet. Es wird heute angenommen, daß im Gegensatz zu anderen Spezies beim Menschen kein sekundärer Dottersack gebildet wird. An der Peripherie des Epiblasten gliedern sich Zellen ab, die den Dottersack, die Amnionhöhle und den Embryo selbst überziehen und als **extraembryonales Mesoderm** bezeichnet werden. Diese Zellen bilden auch ein lockeres Retikulum innerhalb der Blastozystenhöhle und stellen die gewebliche Verbindung (**Haftstiel**) zwischen dem Embryo und der Wand der Blastozystenhöhle her, die in weiterer Folge als **Chorionhöhle** bezeichnet wird.

2.7.6 Festlegung der dorsoventralen Achse im Embryo

Wenn die Amnionhöhle sichtbar wird bzw. wenn sich Epiblast und Hypoblast unterscheiden lassen, kann man im Embryo die dorsoventrale Achse erkennen. Dabei liegen stets die Amnionhöhle und der Epiblast auf der trophoblastnahen Seite der Blastozyste. Man kann also mit einiger Sicherheit davon ausgehen, daß die Innen-Außen-Polarität die dorsoventrale Achse im Embryo festlegt.

Ein Homöoboxgen (Gnot-1) wird in zweiblättrigen Hühnerkeimscheiben im Epiblasten, nicht jedoch im Hypoblasten exprimiert. Dieses Gen scheint somit eine Rolle bei der Festlegung der dorsoventralen Polarität zu spielen.

Zu Beginn der zweiten Entwicklungswoche gelangt die Blastozyste ins Uteruslumen und heftet sich an dessen Wand an. Nach dieser embryomaternalen Kontaktaufnahme wächst der Embryo in die Uterusschleimhaut ein. Auch andere atypische Implantationsorte sind möglich. In der zweiten Entwicklungswoche entsteht zwischen Embryoblast und Trophoblast die Amnionhöhle, der Embryoblast selbst wird zu einer zweischichtigen Kreisscheibe. Die der Amnionhöhle anliegende Seite ist hochprismatisch epithelial und wird als Epiblast bezeichnet, die der Amnionhöhle abgewandte Seite heißt Hypoblast und ist ein flaches Epithel. Vom Hypoblasten aus wird ein Teil der Chorionhöhle (ehemalige Blastozystenhöhle) umwachsen. Der so entstehende Raum wird als (primärer) Dottersack bezeichnet. Mit der Entstehung von Epiblast und Hypoblast wird die dorsoventrale Polarität des Embryos sichtbar.

Kapitel 3

Gastrulation

„It is not birth, marriage, or death, but gastrulation which is truly the important event in your life."

Lewis Wolpert,
Entwicklungsbiologe am University College in London

Der Begriff „Gastrulation" leitet sich vom griechischen Wort gaster (Magen) ab. Er wurde gewählt, weil sich bei Amphibienembryonen während dieses Entwicklungsprozesses die Wand des hohlkugelförmigen Keimes einstülpt und so der Urdarm entsteht. Die Öffnung dieser Einstülpung wird als Blastoporus bezeichnet.

Gastrulation beschreibt bei den höheren Vertebraten und beim Menschen einen Prozeß, bei dem aus der oberen Zell-

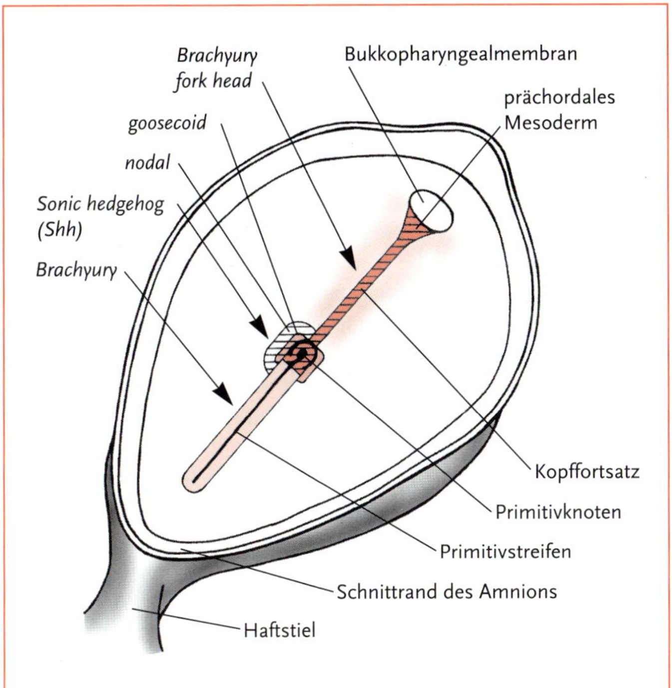

Abb. 5: Aufsicht auf eine Keimscheibe während der Gastrulation. Links sind einige Gene genannt, die bei der Gastrulation von Bedeutung sind. Schon in diesem Stadium werden auch Gene rechts-links-asymmetrisch exprimiert. ***Sonic hedgehog*** ist beispielsweise nur links vom Primitivknoten angeschaltet.

schicht (**Epiblast**) des Primitivstreifens Zellen auswandern, die das Mesoderm und Entoderm bilden. Während das Mesoderm als mittleres Keimblatt neu entsteht, ersetzt das Entoderm die bereits bestehende untere Zellschicht (**Hypoblast**). Die Zellen des Hypoblasten beteiligen sich nicht an der Entwicklung embryonaler Gewebe. Sie sind allerdings als Induktoren der Gastrulation von Bedeutung.

Beim Menschen läuft die Gastrulation in der dritten Entwicklungswoche ab. Um den 15. Tag entsteht im hinteren Abschnitt der Keimscheibe der **Primitivstreifen** als longitudinale Verdickung. Diese verlängert sich zunehmend, wobei in der Mitte eine Rinne (**Primitivrinne**) und am vorderen Ende ein Knoten (**Primitivknoten**, **Hensen-Knoten**) entsteht. Die Primitivrinne endet im Knotenbereich als **Primitivgrube**.

Die Ausrichtung des Primitivstreifens wird vom Hypoblasten kontrolliert. Wird der Hypoblast bei Vogelembryonen gegenüber dem Epiblast experimentell gedreht, so verändert sich die Ausrichtung des Primitivstreifens entsprechend der neuen Lage des Hypoblasten. Der Hypoblast kontrolliert somit die kraniokaudale Achse des Primitivstreifens.

3.1 Spemanns Organisator

Primitivstreifen und -grube können mit dem Blastoporus niederer Vertebraten homologisiert werden, wobei der Primitivknoten der dorsalen Blastoporuslippe entsprechen dürfte. Der Blastoporus ist für die **Induktion** des bilateralsymmetrischen Amphibienkörpers verantwortlich; er „organisiert" die Entwicklung des Körpers. Hans Spemann (1869-1941) erhielt für diese Entdeckung, die er mit seiner Mitarbeiterin Hilde Mangold bei Salamanderembryonen gemacht hatte, 1935 den Nobelpreis für Medizin. Nach Transplantation der oberen Urmundlippe an einen Ort, aus dem sich später Bauchhaut gebildet hätte, induzierte das Transplantat aus Geweben des Wirtsembryos einen nahezu vollständigen sekundären Embryo. Die Gewebe von Spender- und Wirtsembryo konnten aufgrund ihrer unterschiedlichen speziestypischen Zellpigmentierung identifiziert werden. Spemann bezeichnete die induktive Aktivität der Urmundlippe als **Organisatorwirkung**.

Derselbe Effekt läßt sich erzielen, wenn auf einen Vogelembryo ein zusätzlicher Primitivknoten eines anderen Vogelembryos transplantiert wird. Auf die molekularen Mechanismen dieser Organisatorwirkung wird später eingegangen.

3.2 Epitheliomesenchymale Transformation

Während der Gastrulation lösen sich Zellen aus dem epithelialen Epiblasten im Bereich des Primitivknotens und Primitivstreifens und bilden das mittlere Keimblatt (**Mesoderm**). Dieser Vorgang ist eine epitheliomesenchymale Transformation.

Die Zellen des Epiblasten sind wie typische Epithelzellen polarisiert und sitzen einer Basalmembran auf. Im Bereich der Primitivgrube und -rinne fehlt die Basalmembran. Sobald die Zellen im Primitivstreifen aufhören, das Zelladhäsionsmolekül **E-Cadherin** (**Uvomorulin**) zu bilden, vermindert sich die Zelladhäsivität und die Epiblastzellen lösen ihre festen Kontakte. Sie werden flaschenförmig, verlängern sich, strecken Filopodien aus und bilden das mesenchymale Mesoderm. Cadherine sind Ca^{2+}-abhängige Glykoproteine, die benachbarte Zellen fest verbinden. Die ausgewanderten Mesenchymzellen produzieren eine **extrazelluläre Matrix** (**ECM**). Darüber hinaus wird der Raum zwischen äußerem und innerem Keimblatt durch wasserbindende Hyaluronsäure erweitert. Hier wandern die Mesenchymzellen entlang der Basalmembran des Epiblasten weiter nach kranial, lateral und kaudal. Auf diese Weise entstehen die verschiedenen

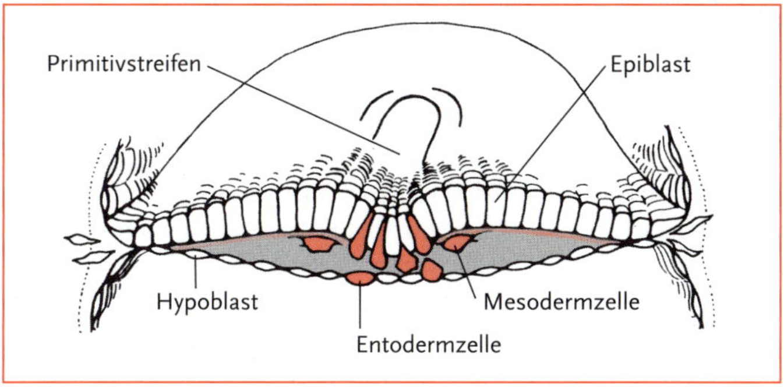

Abb. 6: Bildung der definitiven Keimblätter Ektoderm, Mesoderm und Entoderm aus dem Epiblasten. Im Primitivknoten und -streifen verformen sich Epiblastzellen und wandern nach lateral und ventral aus. Sie bilden das Entoderm und das mesenchymale Mesoderm.

Mesodermkompartimente. Ist die Interaktion zwischen den Zellen und Fibronektin, einem Glykoprotein der extrazellulären Matrix, gestört, wird der Wanderungsprozeß gehemmt. Ein Teil der Zellen, die sehr früh aus dem Primitivknoten auswandern, organisiert sich gleich wieder epithelial zum **Entoderm** und zum **Kopffortsatz.**

Die noch epithelial strukturierten Zellen des Primitivstreifens können beim Hühnchen bereits vor ihrer Auswanderung durch die Expression des Gens **Slug** sichtbar gemacht werden. Slug kodiert für ein DNA-bindendes Zinkfingerprotein, das dem Drosophila-Gen **Snail** homolog ist. Werden Hühnerkeimscheiben mit Antisense-Oligonukleotiden des Slug-Gens inkubiert, so unterbleibt die epitheliomesenchymale Transformation im Primitivstreifen und es entsteht lediglich der epithelial strukturierte Kopffortsatz (Chordamesoderm). Slug vermindert wahrscheinlich die Zelladhäsivität durch Verlust von Zelladhäsionsmolekülen.

3.3 Entstehung des Mesoderms

Mit Hilfe von Zellmarkierungsversuchen kann man erkennen, aus welchen Abschnitten des Primitivstreifens die verschiedenen Mesodermkompartimente entstehen. Aus dem Primitivknoten geht der Kopffortsatz (**axiales Mesoderm**) hervor, der sich in kranialer Richtung zwischen Ektoderm und Entoderm stabförmig vorschiebt und die Längsachse des Embryos festlegt. Der am weitesten kranial gelegene Abschnitt dieses axialen Mesoderms, der mesenchymal strukturiert ist, wird als **prächordales Mesoderm** bezeichnet *(siehe Abb. 5)*. Es beteiligt sich an der Bildung bestimmter Kopfstrukturen.

Der Primitivknoten verlagert sich nach kaudal. Durch Apposition von Material aus dem Primitivknoten verlängert sich auch das axiale Mesoderm nach kaudal. Es bildet so einen epithelialen Stab, das früheste Achsenorgan des Embryos. Die kaudale Fortsetzung dieses Kopffortsatzes entwickelt sich zur **Chorda dorsalis** (**Notochord**) und markiert die zentrale Achse der späteren Wirbelkörper und Bandscheiben. Aus der Chorda dorsalis gehen Signale hervor, die für die Differenzierung des Zentralnervensystems und des paraxialen Mesoderms wichtig sind. Es scheint, daß der Kopffortsatz des Menschen vorübergehend ein Lumen aufweist, den **Chordakanal**, über dessen Bedeutung nicht viel bekannt ist. Er soll als **Canalis neurentericus** die Amnionhöhle mit dem Dottersack verbinden. Einige Autoren bezweifeln allerdings das Vorhandensein dieser Verbindung. Über Mechanismus und Bedeutung einer vorübergehenden Einbeziehung eines Teils des Kopffortsatzes in das Entoderm bestehen keine konkreten Vorstellungen.

3.4 Konstituierung und Aufrechterhaltung der Lateralität

Es ist bekannt, daß die rechte und linke Körperseite, wenn man von den Eingeweiden absieht, durch eine Barriere getrennt werden: Zellen der linken gelangen nicht auf die rechte Körperseite. Beide Hälften kommunizieren lediglich über das Blut und über gekreuzte Nervenbahnen im Zentralnervensystem. Es gibt Hinweise dafür, daß die Chorda dorsalis diese Barriere induziert.

3.5 Primitivstreifen und Mesodermabschnitte

Neben der Chorda dorsalis und dem prächordalen Mesoderm sollen der mediale Abschnitt des **paraxialen Mesoderms** sowie das definitive Entoderm ebenfalls aus dem Primitivknoten entstehen. Der laterale Abschnitt des paraxialen Mesoderms soll aus dem sich nach hinten anschließenden Abschnitt des Primitivstreifens hervorgehen. Das paraxiale Mesoderm kann in einen Kopf- und einen Rumpfabschnitt unterteilt werden. Die Grenze zwischen beiden Abschnitten wird durch die Ohrplakode (ektodermale Anlage des Innenohrs) markiert. Strukturell lassen sich die beiden Abschnitte dadurch unterscheiden, daß im Rumpfteil segmentale Einheiten, die **Somiten**, gebildet werden, während das paraxiale Mesoderm des Kopfes rostral der Ohrblase nicht segmentiert ist. Je weiter hinten im Primitivstreifen die Mesodermzellen entstehen, desto weiter lateral liegen sie später im Embryo. **Intermediäres Mesoderm** und **Seitenplattenmesoderm** liegen lateral vom paraxialen Mesoderm. Sie sind demnach aus

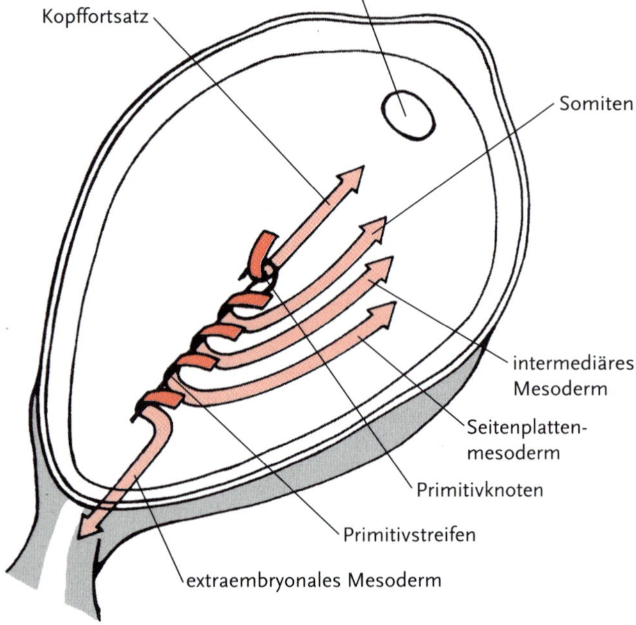

Abb. 7: Herkunft der verschiedenen Mesodermkompartimente aus dem Primitivknoten und -streifen

weiter hinten gelegenen Abschnitten des Primitivstreifens hervorgegangen. Dahinter werden Zellen für das extraembryonale Mesoderm abgegeben. Die Abgliederung von extraembryonalen Mesodermzellen beginnt wahrscheinlich bereits vor der Entstehung des Primitivstreifens. Mit dem Abschluß der Gastrulation wird der Primitivstreifen in kraniokaudaler Richtung zurückgebildet. Am längsten bleibt er in der Schwanzknospe erhalten, aus der die spätere Steißregion hervorgeht.

3.6 Ergebnisse der Gastrulation

Die Anlagematerialien der verschiedenen Gewebe sind nun dem Körperbauplan entsprechend angeordnet und die Körperachsen

Ektoderm	Neuralrohr		Gehirn, Retina
Ektoderm	Neuralrohr		Rückenmark
Ektoderm	Neuralleiste	Kopfneuralleiste	sensible und parasympathische Ganglien, intramurales Nervensystem des Darmes, parafollikuläre Zellen, glatte Muskulatur, Pigmentzellen, Glomus caroticum, Knochen, Knorpel, Bindegewebe, Dentin und Zement der Zähne, Dermis und Unterhaut im Kopfbereich
Ektoderm	Neuralleiste	Rumpfneuralleiste	sensible und autonome Ganglien, periphere Glia, Nebennierenmark, Pigmentzellen, intramurale Plexus
Ektoderm	Oberflächenektoderm	ektodermale Plakoden	Adenohypophyse, kraniale sensorische Ganglien, Riechepithel, Innenohr, Linse
Ektoderm	Oberflächenektoderm		Schmelzorgan der Zähne, Epithel von Mundhöhle, Speicheldrüsen, Nasenhöhle, Nasennebenhöhle, Tränenwegen, äußerem Gehörgang; Oberhaut, Haare, Nägel, Hautdrüsen
Mesoderm	axial	Chorda dorsalis, prächordales Mesoderm	äußere Augenmuskeln
Mesoderm	paraxial		Wirbelsäule, Rippen, Skelettmuskulatur, Bindegewebe, Dermis und Unterhaut des Rückens und eines Teils des Kopfes, glatte Muskulatur, Blutgefäße
Mesoderm	intermediär		Nieren, Keimdrüsen, renale und genitale Ausführungsgänge
Mesoderm	Seitenplattenmesoderm	viszeral	Herz, Blutgefäße, glatte Muskulatur, Darmwand, Blut, Nebennierenrinde, viszerale Serosa
Mesoderm	Seitenplattenmesoderm	parietal	Brustbein, Extremitäten ohne Muskulatur, Dermis und Unterhaut der ventrolateralen Körperwand, glatte Muskulatur, Bindegewebe, parietale Serosa
Entoderm			Epithel von Darmrohr, Respirationstrakt, Verdauungsdrüsen, Pharynxdrüsen, Ohrtrompete, Paukenhöhle, Harnblase, Thymus, Nebenschilddrüsen, Schilddrüse

Tab.1: Keimblattderivate

sind definitiv festgelegt. Aus dem Epiblast der zweiblätterigen Keimscheibe ist ein dreischichtiger Embryo hervorgegangen, der dorsal (später außen) vom Ektoderm und ventral (später innen) vom Entoderm begrenzt wird. Dazwischengeschoben hat sich der Kopffortsatz und das zunächst mesenchymal strukturierte Mesoderm. Infolge der Verlagerungen und Sortierungen des frühen Anlagematerials während der Gastrulation sind die Zellen der Keimblätter in Positionen gelangt, in denen sie durch Kommunikation untereinander ihr weiteres Schicksal festlegen und Organanlagen bilden. Der Bereich der **Bukkopharyngealmembran** (Oropharyngealmembran, spätere Rachenmembran) des Embryos bleibt frei von Mesoderm. Hier grenzt das Ektoderm direkt an verdicktes Entoderm. Ob beim Menschen als Ergebnis der Gastrulation auch eine hinter dem Primitivstreifen gelegene mesodermfreie **Kloakenmembran** gebildet wird oder zu einem späteren Zeitpunkt entsteht, ist fraglich. Die Bukkopharyngealmembran wird auch als **Prächordalplatte** bezeichnet. Kaudal an die Prächordalplatte grenzt der vordere Abschnitt des axialen Mesoderms, das prächordale Mesoderm. Wenn sich die Rachenmembran in der vierten Entwicklungswoche zurückbildet, entsteht eine Verbindung von Kopfdarm und Amnionhöhle.

3.7 Molekulare Mechanismen der Mesodermkompartimentierung

Die von Spemann erstmals beschriebene Organisatorwirkung ist nach den Befunden an Amphibien-, Hühner- und Mausembryonen durch die Expression verschiedener Gene und nacheinander wirksam werdender Signalmoleküle gekennzeichnet. In der oberen Urmundlippe von Amphibien bzw. in den künftigen Primitivstreifenzellen von Mäuse- und Hühnerembryonen wird das Homöoboxgen ***goosecoid*** exprimiert. Diese Bezeichnung leitet sich von den Drosophila-Genen ***bicoid*** und ***gooseberry*** ab, deren Nukleotidsequenzen der von *goosecoid* gleichen. Nach Mikroinjektionen von *goosecoid*-mRNA in den ventralen Umfang von Amphibienembryonen bildet sich eine zusätzliche Körperachse entsprechend dem von Spemann und Mangold erzielten Ergebnis nach Transplantation der dorsalen Urmundlippe. *Goosecoid* scheint demnach ein Glied der Signalkaskade zu sein, die für die Festlegung der kraniokaudalen Körperachse und die Ausbildung von Kopffortsatz und intraembryonalem Mesoderm wichtig ist. Im Hühnchen wird *goosecoid* zunächst im hinteren Abschnitt der Keimscheibe exprimiert. Danach sind der Primitivknoten und noch später das prächordale Mesoderm, das Vorderdarmentoderm und der ventrale Abschnitt des Zwischenhirns Expressionsorte dieses Gens, das insbesondere an der Organisation des

Kopfes beteiligt ist. ***Brachyury*** wird demgegenüber im Epiblast des Primitivstreifens sowie im angrenzenden Mesoderm exprimiert. Es wird angenommen, daß dieses Gen für die Rumpforganisation verantwortlich ist. Diese Vermutung wird dadurch bekräftigt, daß sich die *brachyury*-Expression später über die Chorda dorsalis auf die Schwanzknospe, das kaudale Zuwachsgebiet des Embryos, zurückzieht.

Ein weiteres Gen, das während der Gastrulation in der Umgebung des früheren Primitivknotens exprimiert wird und für die Mesodermkompartimentierung von Bedeutung sein dürfte, ist **Lim-1**. Mausembryonen mit inaktiviertem **Lim-1**-Gen fehlen alle Kopfstrukturen vor dem Rhombomer 4, einem segmentalen Abschnitt des Rautenhirns. Umgekehrt führt eine verstärkte Expression dieses Gens zu einer Vergrößerung des Kopfes auf Kosten des Rumpfes. Eine Reduktion von Kopfstrukturen wird auch bei Mäusen beobachtet, denen das Gen **otx-2** fehlt. Andere im Zusammenhang mit der Gastrulation angeschaltete Gene, die für Signalmoleküle kodieren, sind **FGF-2**, **FGF-3**, **FGF-4**, **FGF-5**, **FGF-8**, **FGFR-1**, **Syndecan**, **TGF-β**-Familie einschließlich **Aktivin, Wnt**-Familie, **noggin**, **Follistatin**, **fork head** und andere.

Die Transplantation eines „organisierenden Keimbezirks" oder die Injektion eines Genprodukts löst eine zusätzliche Gastrulation aus, die zur Bildung eines sekundären Embryos führt. Das bedeutet, daß zwischen der Entstehung von Chorda dorsalis und intraembryonalem Mesoderm einerseits und der Entwicklung des Nervensystems und des Darms andererseits ein kausaler Zusammenhang bestehen muß. So induziert beispielsweise das axiale Mesoderm die Entwicklung des Nervensystems *(siehe Abb. 5)*.

3.8 Rechts-Links-Verschiedenheit

Von besonderem Interesse ist die Beobachtung, daß einige Gene in diesen frühen Embryonen asymmetrisch auf einer Seite exprimiert werden. Das gilt beispielsweise für **Sonic hedgehog**, **Aktivinrezeptor IIa** und **cNR-1**, die direkt an der Rechts-Links-Determinierung von Hühnerembryonen beteiligt sind. Das Zinkfingergen **cSnR**, das zur Snail-Familie gehört, wird ebenfalls asymmetrisch exprimiert. Seine Transkripte sind im Seitenplattenmesoderm auf der rechten Körperseite lokalisiert. Wird die unilaterale Expression dieser Gene auf die Gegenseite erweitert, entsteht bei 50 % dieser Embryonen ein Situs inversus, d .h., die Eingeweide liegen auf der „falschen" Körperseite.

Die Gastrulation führt zur Bildung der dreiblättrigen Keimscheibe, die das definitive Anlagematerial des Embryos darstellt. Das Mesoderm entsteht als mittleres Keimblatt durch epitheliomesenchymale Transformation. Die Gewebsanlagen ordnen sich dem Körperbauplan entsprechend an und die Körperachsen werden definitiv festgelegt. Die Gastrulation wird durch eine Folge von Genexpressionen und Signalkaskaden gesteuert, die auch die Rechts-Links-Asymmetrie begründen. Als Folge der Gastrulation wird der Epiblast zum Ektoderm, nachdem entodermale und mesodermale Vorläuferzellen ausgewandert sind. Es wird von den Strukturen des mittleren Keimblattes (Mesoderm) unterlagert. Ausgehend vom Primitivknoten erstreckt sich in kranialer Richtung der Kopffortsatz, dessen vorderes Ende zum prächordalen Mesoderm verbreitert ist.

KAPITEL 4

Neurulation

Die Strukturen des axialen Mesoderms (Kopffortsatz) induzieren im darüberliegenden Ektoderm die **Neuralplatte**, deren laterale Begrenzung sich im weiteren Verlauf beiderseits der Längsachse zu den paarigen **Neuralfalten** erheben, die dann schließlich zum **Neuralrohr** verschmelzen. Auf diese Weise wird im Rumpfabschnitt das Anlagematerial des Nervensystems von dem der Oberhaut (Epidermis) gesondert und die Differenzierungspotenz der Zellen des Ektoderms weiter eingeschränkt.

Im Kopf sind die Verhältnisse komplizierter, da das äußere Ektoderm Plakoden bildet und daraus noch zusätzliches Nervenge-

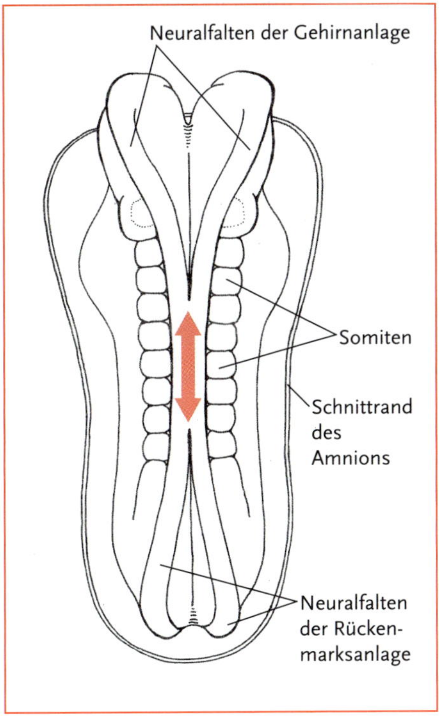

Abb. 8: 22 Tage alter Embryo, bei dem die Neuralfalten zum Neuralrohr verschmelzen (roter Pfeil). Die kraniale und die kaudale Öffnung des Neuralrohrs werden als Neuroporus superior und Neuroporus inferior bezeichnet.

webe entsteht, und andererseits Neuralleistenmaterial, das aus der Neuralfalte bzw. dem Neuralrohr hervorgeht, sich auch zu Knorpel-, Knochen- und Bindegewebe differenziert.

Da der Embryo appositionell nach kaudal wächst, entsteht in kraniokaudaler Richtung ein Differenzierungsgradient. Während im späteren Kopf- und Halsabschnitt das Neuralrohr entsteht, wird im kaudalen Zuwachsgebiet durch den andauernden Prozeß der Gastrulation neues Keimblattmaterial gebildet.

Die Neurulation läßt sich in mindestens zwei Teilprozesse zerlegen. Zum einen bildet sich ein Rohr, zum anderen wird das rohrbildende Gewebe zu Nerven- und Gliagewebe determiniert. Später wandern aus dem Neuralrohr und der **Neuralleiste** Nervenzellen, Nervenfortsätze und Gliazellen aus, die dann als peripheres Nervensystem das zentrale Nervensystem mit den verschiedenen Körperorganen verbinden.

Die Neurulation erfolgt vom Ende der dritten bis zum Ende der vierten Entwicklungswoche. Die Neuralrohrbildung beginnt in Höhe des späteren Hirnstammes und schreitet von hier aus in kaudaler und rostraler Richtung fort. Zunächst bleibt dieses Rohr durch den **Neuroporus rostralis** (superior) und den **Neuroporus caudalis** (inferior) vorn und hinten geöffnet. Wenn sich diese beiden Öffnungen verschließen, werden das spätere Ventrikelsystem und der spätere Canalis centralis des Rückenmarks von der Amnionhöhle abgetrennt. Aus dem vorderen Abschnitt des Neuralrohrs geht das **Gehirn** hervor, aus dem hinteren Abschnitt das **Rückenmark**.

4.1 Mechanismen der Neuralrohrbildung

Im Bereich der Neuralplatten entwickelt sich ein mehrreihiges Epithel, das deutlich höher ist als das Oberflächenepithel lateral davon. Dieses **Neuroektoderm** reicht vom Primitivknoten bis zur Bukkopharyngealmembran. In der Breite nimmt es etwa das mittlere Drittel des scheibenförmigen Embryos ein. An den lateralen Rändern der Neuralplatte wölben sich **Neuralfalten** auf. In den Neuralplatten entsteht in der Mittellinie über dem Kopffortsatz als grabenförmige Vertiefung die **Neuralrinne**. Die Neuralfalten berühren einander und verschmelzen schließlich zu einem

Rohr. Aus dem Lumen dieses Rohrs entsteht das **Ventrikelsystem** des Gehirns und der **Zentralkanal** des Rückenmarks.

Die Auffaltung und die Rohrbildung des Neuroektoderms kommen durch innere und äußere Kräfte zustande. Zellen des Neuroektoderms werden keilförmig und biegen dadurch das Epithel. Dieser Faltungsprozess wird gleichzeitig durch die beiden angrenzenden Stränge des paraxialen Mesoderms unterstützt *(siehe Abb. 41)*.

Eine weitere Voraussetzung für den geordneten Ablauf der Neurulation ist die Anheftung des Neuroektoderms an den Kopffortsatz. Durch die Fusion der Neuralfalten wird das Neuralrohr vom Oberflächenektoderm abgetrennt, das die Anlage der Epidermis darstellt und nunmehr als kontinuierliche Schicht das Neuralrohr und die angrenzenden mesodermalen Strukturen bedeckt.

Die Verschmelzung der Neuralfalten kommt dadurch zustande, daß die Zellen des Neuroektoderms einander erkennen und durch eine verstärkte Expression von **Zelladhäsionsmolekülen (CAMs)** ihre Adhäsivität erhöhen. Bei Huhn und Maus wird **E-Cadherin** von **N-Cadherin** abgelöst. In dem Bereich der Neuralfalten wird während des Fusionsprozesses **Cadherin-6B** exprimiert. Des weiteren strecken die Zellen der Neuralfalten einander über die Mittellinie hinweg Zellfortsätze entgegen, die miteinander Kontakt aufnehmen, sich kontrahieren und die Neuralfalten aneinanderziehen.

Verschlußstörungen des Neuralrohrs kommen meist im unteren thorakalen, im lumbalen oder sakralen Bereich vor und werden als **Rhachischisis** bezeichnet. Leichtere Verschlußstörungen in diesem Abschnitt betreffen nur die Wirbelbögen. Sie werden **Spina bifida** genannt und bei der Entwicklung der Wirbelsäule abgehandelt. Mausmutanten mit einem Defekt des ***Pax-3***-Gens weisen regelmäßig Verschlußstörungen des Neuralrohrs auf, die möglicherweise durch eine Veränderung der CAMs verursacht wird.

Der hier beschriebene Prozeß der Neuralrohrbildung wird auch als **primäre Neurulation** bezeichnet. Bei der **sekundären Neurulation**, bei der sich die am weitesten kaudal gelegenen Neuralrohranteile bilden, entsteht zunächst aus der Schwanzknospe ein solider Strang aus neuroektodermalen Zellen. Dieser Strang erhält sekundär ein Lumen (Kavitation).

4.2 Primäre Induktion

Wenn die dorsale Urmundlippe bei Amphibien oder der Primitivknoten bei Hühnerembryonen unter Ektoderm, das normalerweise Epidermis bilden würde, transplantiert wird, so läßt sich dort eine zusätzliche Neurulation auslösen. Das Ektoderm besitzt demnach noch die Fähigkeit (**Potenz**), sich zu Nervengewebe zu differenzieren, d. h. das Ektoderm war zum Zeitpunkt der Transplantation noch nicht determiniert. Daraus kann man folgern, daß die **prospektive Potenz** des Ektoderms größer ist als seine **prospektive Bedeutung**. Die vom Implantat ausgehende Wirkung wird als **Organisatorwirkung** oder als **primäre Induktion** beschrieben. Chordamesoderm, das vom Transplantat auswächst, sezerniert Signalstoffe (**Induktoren**), die die darüberliegenden Ektodermzellen hinsichtlich ihres Differenzierungsweges „instruieren". Diese Signalstoffe wirken nicht nur „neuralisierend", sondern bewirken auch die regionale Untergliederung des Nervensystems in Gehirn und Rückenmark. Die molekularen Mechanismen, die der primären Induktion zugrunde liegen, sind noch nicht vollständig bekannt. **Follistatin** und **Noggin** sind neuralisierende Faktoren, die kürzlich entdeckt wurden. Kultivierte Ektodermexplantate können durch diese Proteine zur Differenzierung von Nervengewebe veranlaßt werden.

Das Neuralrohr ist nunmehr von Chordamesoderm, Oberflächenektoderm und den paraxialen Mesodermsträngen umgeben. Diese Strukturen beeinflussen die weitere Kompartimentierung und Differenzierung des Neuralrohrs ganz wesentlich.

Untersuchungen an jungen Amphibienembryonen haben den überraschenden Befund erbracht, daß sich embryonale Zellen zu Nervenzellen differenzieren, wenn sie keine andere Information erhalten. Epiblastzellen entwickeln sich nur dann zu Epidermiszellen, wenn sie ein BMP-4-Signal erhalten. Nach diesen Ergebnissen ist für die epidermale Spezifizierung ein instruierendes Signal erforderlich. Die neuronale Differenzierung ist der vorprogrammierte Entwicklungsweg. Noggin, Follistatin und Chordin haben einen neuralisierenden Einfluß, in dem sie die epidermisinduzierende Wirkung des Signalproteins BMP-4 hemmen.

Während der Neurulation trennt sich durch induktive Einflüsse der Chorda dorsalis das Neuroektoderm vom Oberflächenektoderm. Das Differenzierungsschicksal beider Ektodermderivate wird festgelegt und das Neuroektoderm schließt sich zum Neuralrohr.

Kapitel 5

Ektoderm

Das äußere Keimblatt, das Ektoderm, wird durch die Neurulation in zwei Abschnitte unterteilt, in das Neuroektoderm, aus dem das Nervensystem hervorgeht, und das Oberflächenektoderm, das sich im wesentlichen zur Oberhaut mit ihren Anhangsgebilden entwickelt.

5.1 Nervensystem

Das Neuroektoderm bildet das Neuralrohr, dessen kranialer Abschnitt zum **Gehirn** und dessen kaudaler Abschnitt zum **Rückenmark** wird. Sowohl im Kopfbereich wie auch im Rumpf verlassen Zellen das Neuroektoderm und besiedeln als **Neuralleistenzellen** die Körperwand sowie die inneren Organe. Im Kopf entstehen im Oberflächenektoderm sogenannte Plakoden, die zur Entwicklung des Nervensystems und der Sinnesorgane beitragen. Neuralleistenzellen und aus dem Neuralrohr auswachsende Nervenfasern bilden das **periphere Nervensystem (PNS)**. Das Neuralrohr entwickelt sich zum **Zentralnervensytem (ZNS)**.

5.1.1 Zentralnervensystem

Frühe Gliederung

Kaudal des 5. Somiten entwickelt sich das Rückenmark, kranial davon das Gehirn.

Am Ende der vierten Entwicklungswoche kann man die Gehirnanlage in drei Abschnitte, die primären Hirnbläschen, untergliedern:

- **Vorderhirn (Prosenzephalon)**
- **Mittelhirn (Mesenzephalon)**
- **Rautenhirn (Rhombenzephalon)**

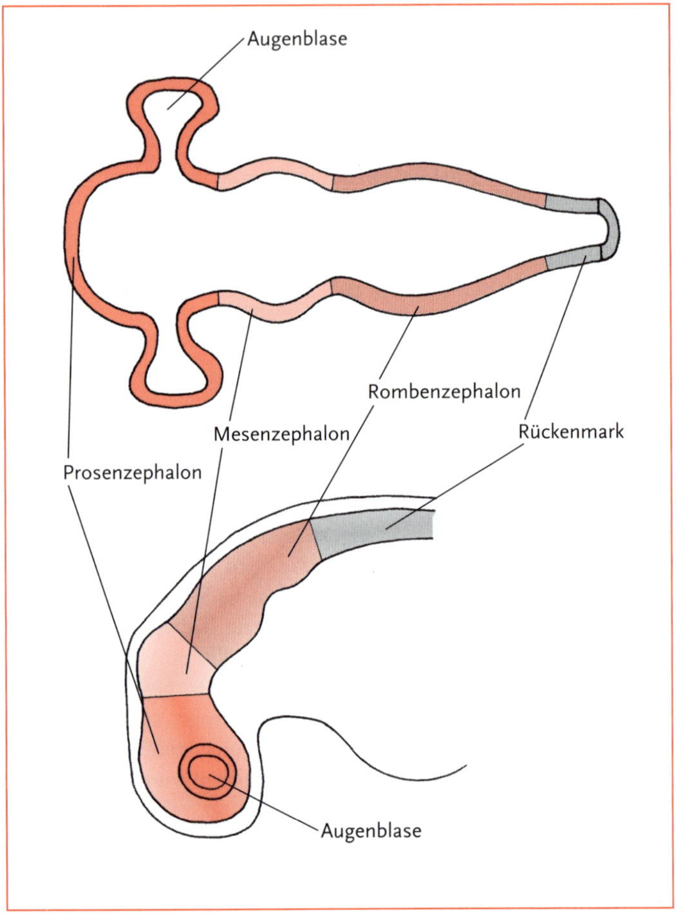

Abb. 9: Gehirnanlage eines ca. 30 Tage alten Embryos mit Vorderhirn (Prosenzephalon), Mittelhirn (Mesenzephalon) und Rautenhirn (Rhombenzephalon)

Mit dieser Untergliederung erfolgt eine nach ventral gerichtete Abwinkelung im Bereich des Mesenzephalons (Mittelhirnbeuge, Scheitelbeuge, mesenzephale Flexur) und eine weitere an der Grenze zwischen Rückenmark und Nachhirn (Nackenbeuge, zervikale Flexur). In der fünften Woche gliedert sich das Prosenzephalon in das **Telenzephalon (Endhirn)** und das **Dienzephalon (Zwischenhirn)**. Vom Dienzephalon wachsen die Augenbläschen nach beiden Seiten aus. Aus dem vorderen Abschnitt des Rhombenzephalons entwickelt sich das **Metenzephalon (Nachhirn)**. Der hintere Anteil, der die Grenze zum Rückenmark bildet, ist das

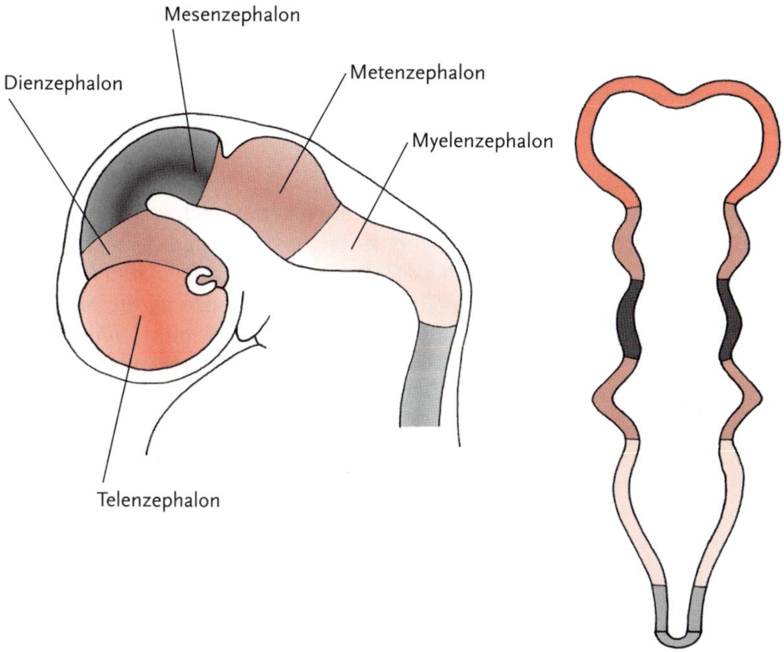

Abb. 10: Embryo in der fünften Entwicklungswoche. Es haben sich fünf sekundäre Hirnbläschen entwickelt: Endhirn (Telenzephalon), Zwischenhirn (Dienzephalon), Mittelhirn (Mesenzephalon), Nachhirn (Metenzephalon), Markhirn (Myelenzephalon)

Myelenzephalon (Markhirn). In einzelnen Regionen segmentiert sich die Gehirnanlage. Die Segmente werden als **Neuromere** bezeichnet. Sie können dadurch unterschieden werden, daß sie unterschiedliche Gene (***Emx***, ***Eph***, ***otx***, ***Pax*** und ***Wnts***) und Zelladhäsionsmoleküle (**E-Cadherin**, **R-Cadherin**, **Cadherin-6**, **Cadherin-8** und **Cadherin-11**) exprimieren. Das Rhombenzephalon weist acht deutlich sichtbare Neuromere auf, die auch als **Rhombomere** bezeichnet werden. Im Bereich des Nachhirns knickt das Neuralrohr ein und bildet die nach ventral gerichtete Brückenbeuge. Dadurch faltet sich das Neuralrohr wie ein Buch beim Öffnen auf, wodurch die Flügelplatten lateral neben den Grundplatten zu liegen kommen. Der Hirnabschnitt verbreitert sich dadurch, wobei die nach lateral gerichteten Ecken der Rautenform entstehen. Das Dach des Rautenhirns wird stark verdünnt.

Der Abschnitt des Neuralrohrs, der sich später zum Rückenmark entwickelt, bleibt unsegmentiert.

Histogenese von Rückenmark und Gehirn

Die Wand des Neuralrohrs wird von einem mehrreihigen hochprismatischen Epithel, dem **Neuralepithel**, gebildet, dessen Zellen stark proliferieren. Es begrenzt innen das spätere Ventrikelsystem durch apikale Zellspitzen, die untereinander Zellkontakte ausbilden. So entsteht die innere Randzone, die **Membrana limitans interna**. Außen wird das Neuralepithel von einer Basalmembran umgeben, der **Membrana limitans externa**. Die Lage der Zellkerne innerhalb des Epithels ist abhängig vom Zellzyklus. Während der DNA-Synthese liegen die Kerne außen nahe der Membrana limitans externa. Sie migrieren dann in Richtung Lumen, wo sie sich in der sogenannten Matrixzone mitotisch teilen. Diese Zellteilungen nennt man **ventrikuläre Mitosen**. Die Kerne der Tochterzellen wandern dann wieder in die Außenzone des Neuralepithels, wo sie zum Teil erneut in die S-Phase eintreten. Die zellzyklusabhängige Wanderung der Kerne heißt **Interkinetic migration**. Die biologische Bedeutung dieses Phänomens ist nicht bekannt. Ein Teil dieser Tochterzellen verliert die Teilungsfähigkeit, rundet sich ab, verbleibt in der peripheren Zone des Neuralepithels und beginnt sich zu differenzieren.

Die meisten Zellen des reifen Zentralnervensystems gehen aus **multipotenten Stammzellen** des frühen Neuralepithels hervor. Nach mehreren Zellteilungen werden die Differenzierungsmöglichkeiten eingeschränkt: Es entstehen unterschiedliche Vorläuferzellen für Neurone und Gliazellen. Die Vorläufer der Neurone nennt man **Neuroblasten**. Sie bilden sehr bald Fortsätze aus, die sich zu Axonen und Dendriten differenzieren. Die Vorläufer der Gliazellen, die **Glioblasten**, werden zu **Oligodendroblasten**, **Astroblasten** (Typ-1 und Typ-2) und **Radialglioblasten**. Letztere bilden die Ependymzellen sowie Bergmann-Zellen, Müller-Zellen und auch Typ-1-Astrozyten. Die **Mikrogliazellen** differenzieren sich möglicherweise aus mesodermalen oder mesektodermalen Vorläuferzellen, die in das ZNS einwandern. (Mesektodermale Zellen sind Neuralleistenzellen, die einen mesenchymalen Zellverband bilden.) Nach anderer Auffassung werden die Mikrogliazellen als neuroektodermale Stammzellen angesehen.

Kompartimentierung und Organisation des Rückenmarks

Schon das embryonale Rückenmark ist in dorsoventraler Richtung kompartimentiert. Der **Sulcus limitans** stellt eine beiderseits im Zentralkanal verlaufende Längsfurche dar, die die ventrale **Grundplatte** von der dorsalen **Flügelplatte** abgrenzt. Dadurch kann man die ventralen motorischen Längszonen von den dorsalen sensorischen unterscheiden. Zwischen den Flügelplatten liegt als unpaarer dorsaler Abschnitt die **Deckplatte**. Die unpaare ventrale **Bodenplatte** ist zwischen die paarigen Grundplatten eingeschoben.

Die Entwicklung der ventralen Rückenmarkskompartimente wird durch die **Chorda dorsalis** induziert. Wichtige signalgebende Zellen der Rückenmarksanlage sind die Zellen der Bodenplatte. Sie und die Zellen der Chorda dorsalis werden als **Midline cells** zusammengefaßt, da sie sich in ihren Entwicklungsfunktionen ähnlich sind. Die Zellen bilden den Transkriptionsfaktor **HNF-3β** sowie das Signalmolekül **Sonic hedgehog**. Die Midline cells können die Funktion der ZPA (Zone of polarizing activity) übernehmen, wenn sie in die Extremitätenknospe transplantiert werden.

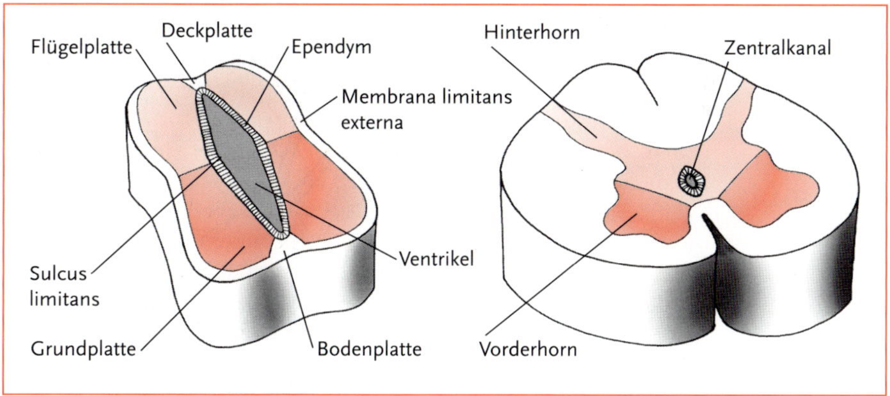

Abb. 11: Entwicklung des Rückenmarks

Wird die Chorda dorsalis in einem frühen Stadium der Entwicklung experimentell entfernt, entwickelt sich keine Bodenplatte. Dies hat wiederum zur Folge, daß keine Motoneurone entstehen und im ventralen Neuralrohr keine Nervenfasern kreuzen. Wird eine zusätzliche Chorda dorsalis an den dorsalen Umfang des Neuralrohrs transplantiert, dann entwickeln sich hier ventrale Strukturen wie eine Bodenplatte und Motoneurone.

Das Neuralepithel der Rückenmarksanlage gliedert sich von innen nach außen in drei Zonen:

- **Ventrikulärzone**
- **Intermediärzone** (**Mantelzone**)
- **Marginalzone**

In der Ventrikulärzone laufen zahlreiche Zellteilungen ab. Das Epithel, das später den Zentralkanal begrenzt, ist das hochprismatische **Ependym**. Die Intermediärzone beherbergt die sich differenzierenden Neuroblasten und entwickelt sich zur **grauen**

Abb. 12: Expressionsdomänen verschiedener Pax-Gene in der Rückenmarksanlage

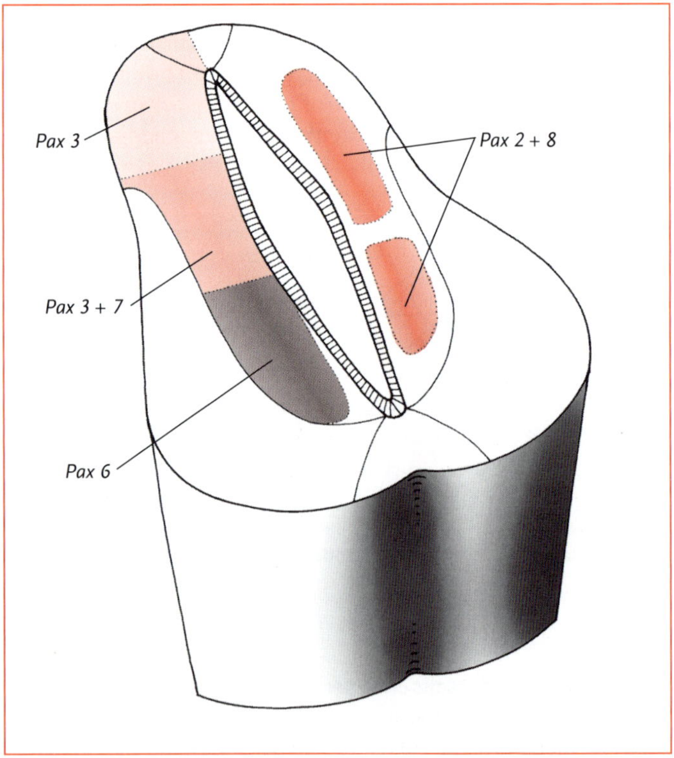

Substanz. Die Marginalzone enthält Nervenfortsätze und wird zur **weißen Substanz**.

In der Intermediärzone der Grundplatte, dem **Vorderhorn**, entwickeln sich die Motoneurone, deren Axone aus dem Neuralrohr herauswachsen und die vorderen Wurzeln die Spinalnerven bilden. Die Intermediärzone der Flügelplatte steht als **Hinterhorn** im Dienst sensorischer Funktionen. Im Thoraxabschnitt der Rückenmarksanlage entsteht das **Seitenhorn** zwischen Hinterhorn und Vorderhorn. Es enthält Zellkörper von Neuronen des vegetativen Nervensystems.

Der dorsoventralen Kompartimentierung der Rückenmarksanlage entsprechen die Expressionsdomänen verschiedener Gene. Auf die Besonderheiten der Bodenplatte wurde weiter oben bereits eingegangen. Die Zellen der Deckplatte exprimieren ***Wnt-3a***. Die Expressionsdomänen der ***Pax***-Gene können verschiedenen Kompartimenten zugeordnet werden. ***Pax-3***-Transkripte werden in der Flügelplatte des Neuralleistenzellenrohrs und in den Neuralleistenzellen beobachtet. ***Pax-7*** ist kennzeichnend für den ventralen Abschnitt der Flügelplatte, ***Pax-6*** wird demgegenüber in der Grundplatte exprimiert. ***Pax-2-*** und ***Pax-8***-Transkripte werden in besonderen Abschnitten von Flügel- und Grundplatte gefunden. Die ***Hox***-Gene (Genkomplexe, die die Regionalisierung entlang der Körperlängsachse steuern, *siehe Abb. 1)* sind auch an der kraniokaudalen Regionalisierung des Neuralrohrs ganz wesentlich beteiligt. In unterschiedlichen kraniokaudalen Abschnitten des Neuralrohrs werden unterschiedliche Kombinationen von ***Hox***-Genen exprimiert.

Wird die Chorda dorsalis in einer frühen Entwicklungsphase herausoperiert, so entwickelt sich ein vergrößertes dorsales Kompartiment. Dieses kann anhand der nach ventral ausgeweiteten ***Pax-3***-Domäne erkannt werden. Nach Implantation einer zusätzlichen Chorda dorsalis kann andererseits das eigentlich dorsale Kompartiment ventralisiert werden.

Die frühe Rückenmarksanlage wirkt auch als „Motor“ bei der Entwicklung des Rückens. Form und Größenveränderungen des Neuralrohrs finden ihren Niederschlag in der Morphogenese der Wirbelsäule. Die Bodenplatte hat durch die Sekretion von Sonic hedgehog eine ventralisierende Wirkung auch auf die Somiten. Die Deckplatte wirkt demgegenüber dorsalisierend. Fehlt sie, so werden die Derivate des dorsalen Somitenkompartiments nicht normal ausgebildet. Das betrifft auch die Hautentwicklung im Bereich des Rückens. Bindegewebige Dermis geht nur dann aus dem Dermomyotom hervor, wenn **Neurotrophin 3** vorhanden ist, das im dorsalen Neuralrohrabschnitt gebildet wird. Mit dem Beginn der Fetalzeit wächst die Wirbelsäule schneller als das Rückenmark. Dadurch wird das kaudale Ende des Rückenmarks immer weiter nach kranial verlagert (**Aszensus des Rückenmarks**). Es liegt im sechsten Monat in Höhe von S1, bei der Geburt in Höhe von L3 und beim Erwachsenen in Höhe von L2. Infolge dieser Verlagerung verlaufen die Vorder- und Hinterwurzeln der kaudalen Spinalnerven steil abwärts und bilden die **Cauda equina**. Auch das Filum terminale, das von der Spitze des Conus medullaris abwärts verläuft, entsteht durch diesen Aszensus.

Die Nervenzellen des Rückenmarks, insbesondere die **Motoneurone**, werden im Überschuß gebildet. Sie konkurrieren um ihre Zielgebiete. Motoneurone, die sich dabei nicht behaupten können, sterben durch **Apoptose** ab. Dort, wo in der Peripherie viel Muskulatur vorhanden ist, wie in Höhe der Extremitäten, sterben weniger Motoneurone. Hier bleibt das Rückenmark infolgedessen dicker (**Intumescentiae cervicalis et lumbosacralis**).

Die Verschaltung des Rückenmarks entwickelt sich in mehreren Schritten. Zunächst verbinden sich die auswachsenden Axone der Motoneurone mit den Muskelblastemen. Wenn sie ihre Dendriten entwickelt haben, entstehen **Interneurone**, die afferente (sensorische) und efferente (motorische) Nervenzellen verbinden. Schließlich entstehen die auf- und absteigenden Bahnen, die die Verbindung zwischen Gehirn und Körperperipherie herstellen. Die Axone der Pyramidenbahn erreichen ihre Zielgebiete zwischen der 17. und 29. Woche.

Die verschiedenen ektodermalen **Gliazelltypen** können aufgrund spezifischer Antigene charakterisiert werden. Wachstumsfaktoren kontrollieren ihre Differenzierung. **Oligodendrozyten** und **Astrozyten Typ 2** gehen aus einer gemeinsamen Vorläuferzelle hervor. **Typ-1-Astrozyten** entwickeln sich sehr früh aus einer eigenen Vorläuferzelle. Werden Vorläuferzellen der Typ-2-Astrozyten/Oligodendrogliazellen ohne Typ-1-Astrozyten kultiviert, teilen sie sich nicht weiter und beginnen sich zu differenzieren. Daraus kann abgeleitet werden, daß die Typ-1-Astrozyten ein Signal abgeben, das für die Proliferation der Vorläuferzellen benötigt wird. Ein solches mitogenes Signal konnte als **Platelet-derived growth factor (PDGF)** identifiziert werden. Wenn nach mehreren Zellzyklen die Empfindlichkeit für den mitogenen Stimulus nachläßt, differenzieren sich die Zellen in Oligodendrozyten oder Typ-2-Astrozyten. Sie werden auf einen der beiden Zelltypen in Abhängigkeit von Signalen der Typ-1-Astrozyten festgelegt. Für die Differenzierung von Typ-2-Astrozyten bedarf es unter anderem der Anwesenheit von **Ciliary neurotrophic factor (CNTF)**.

Die Differenzierung der Neuroblasten beginnt, nachdem diese Zellen entlang der Radialgliazellen zu ihrem definitiven Standort gewandert sind. Sie beginnen dann **Neuriten (Axone)** und **Dendriten** auszubilden, wobei sich die Neuriten in der Regel früher entwickeln als die Dendriten. An den Enden der Neuriten entstehen handtellerförmig verbreiterte **Wachstumskegel (Growth cones)**. Von diesen gehen fingerförmige Filopodien aus, dazwischen liegen die Lamellipodien. Mit Hilfe dieser Strukturen erkunden die Wachstumskegel ihre Umgebung. Berühren die Filopodien Oberflächen, die ihnen nicht „gefallen", dann ziehen sie sich zurück. Wird eine Oberfläche als besonders attraktiv empfunden, dann bleibt der Kontakt längere Zeit erhalten und der gesamte Wachstumskegel wird in diese Richtung gelenkt. Die Wachstumskegel eines Axons können bis zu 1 mm pro Tag wandern. Motor dieser Fortbewegung sind Aktinfilamente in den Filopodien und Lamellipodien.

Wenn das erste Axon (**Pionierfaser**) seinen Weg gefunden hat, schließen sich ihm weitere Nervenfasern an, die entlang seiner Oberfläche vorwachsen. Dieser Prozeß wird als **Kontaktführung (Contact guidance)** bezeichnet. Auf diese Weise entstehen Bündel von Nervenfasern, die innerhalb des ZNS Bahnen und außerhalb periphere Nerven bilden. Für das Auswachsen der Pionierfasern und die Kontaktführung der nachfolgenden Nervenfasern sind **Zelladhäsionsmoleküle** wie **NCAM**, **N-Cadherin** und **L1** sowie **ECM-Moleküle** und **Integrine** von Bedeutung. Während die Axone wachsen, werden große Mengen von **Growth-asscociated proteins (GAPs)** gebildet. **GAP-43** ist ein bekannter Vertreter, der ein Substrat für Proteinkinase C ist und im Wachstumskegel konzentriert ist. GAP-43 kommt nur in den wachsenden Axonen und nicht in den Dendriten vor.

Das Wachstum der Axone wird auch durch Gradienten diffusibler Faktoren gesteuert (**Chemotaxis**). Es wurde bereits darauf hingewiesen, daß die Bodenplatte des Neuralrohrs einen Faktor abgibt, der die Axone anzieht und ihre Kreuzung auf die kontralaterale Seite bewirkt. Diese chemotaktisch wirkenden Faktoren unterscheiden sich möglicherweise von den Neurotrophinen, die für das Überleben der Neurone wichtig sind.

Häufig wachsen die Axone nicht mit konstanter Geschwindigkeit. Es kommt vor, daß sie eine Pause einlegen (**Waiting period**), bevor sie in das Zielgebiet einwachsen. Das Axon findet schließlich die Partnerzelle, zu der offenbar eine besondere Affinität besteht. An der Kontaktstelle werden die Zellmembranen der Partnerneurone modifiziert und bilden Synapsen aus.

Innerhalb des ZNS werden die **Myelinscheiden** durch die Oligodendrozyten gebildet, wobei eine Zelle mehrere Axone einhüllt. Die Axone wachsen zunächst „nackt" aus und werden später von auswandernden Oligodendrozyten erreicht, deren

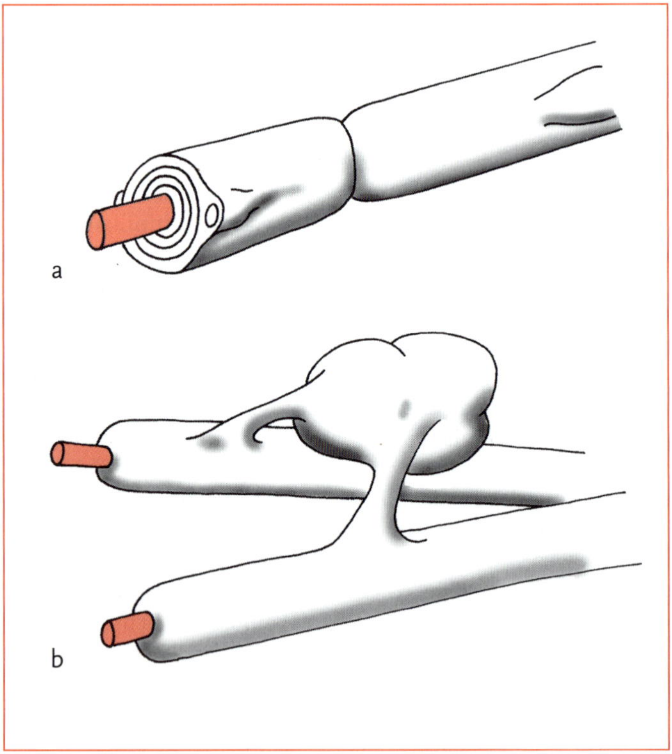

Abb. 13: Myelinscheiden im peripheren und zentralen Nervensystem. Im peripheren Nervensystem **(a)** wird das Axon von einer Schwann-Zelle umwickelt. Im zentralen Nervensystem **(b)** bildet ein Oligodendrozyt Myelinscheiden um mehrere Nervenfasern.

Fortsätze sich um einzelne Axone herumwickeln und die geordneten **Lipoproteinmembranen** der Markscheiden ausbilden. Die Gene, die in den Oligodendrozyten die Myelinbildung kontrollieren, werden nur dann angeschaltet, wenn Astrozyten anwesend sind. Oligodendrozyten exprimieren z.B. **Myelin basic protein** (**MBP**). Die Myelinisierung beginnt im Rückenmark im vierten Monat und hält während der ersten Lebensjahre an.

Die Zellen der **Mikroglia** sind wenigstens zum Teil mesodermaler Herkunft. Diese entwickeln sich aus fetalen Mesenchymzellen, die in das ZNS einwandern. Wenn sie ihren Zielort erreicht haben, bilden sie zahlreiche Fortsätze aus. Sie können phagozytieren und sich auch wieder in den amöboid beweglichen Zustand zurückverwandeln. Sie sind als antigenpräsentierende Zellen aufzufassen.

Das Neuralrohr ist zunächst frei von Blutgefäßen. Aus dem perineuralen **Gefäßplexus** wachsen Kapillarsprosse zunächst beiderseits der Bodenplatten in die Rückenmarksanlage ein, nachdem **Vascular endothelial growth factor** (**VEGF**) von den Ependymzellen der Grundplatte sezerniert worden ist. Die Endothelzellen der Gefäßsprosse orientieren sich im Neuralepithel mit sehr langen Zellfortsätzen. Über diese Fortsätze bilden sie mit Endothelzellen, die von lateral einsprossen, Brücken. Auf diese Weise entsteht ein Gefäßplexus im Neuralrohr.

Die Rückenmarkshäute entwickeln sich aus einer gut vaskularisierten mesenchymalen Hüllschicht, der **Meninx primitiva**. Diese geht aus den Somiten hervor. Die äußere Schicht der Meninx primitiva, **Ektomeninx**, wird zur straffen **Dura mater**, ihre innere Schicht, **Endomeninx**, zur locker strukturierten **Leptomeninx**. In ihr entstehen Vakuolen, die zum Subarachnoidalraum zusammenfließen und die weiche Rückenmarkshaut in die äußere **Arachnoidea** und die innere **Pia mater** unterteilen.

Gehirn

Die frühe Gehirnanlage ist in **drei primäre Hirnbläschen** gegliedert, die dem späteren **Rautenhirn**, **Mittelhirn** und **Vorderhirn** entsprechen (*siehe Abb. 9*).

Rhombenzephalon (Rautenhirn, Hindbrain)

Die Anlage des Rautenhirns erstreckt sich von der Nackenbeuge bis zum Mittelhirn und besteht aus dem **Markhirn** (**Myelenzephalon**) und dem **Nachhirn** (**Metenzephalon**) *(siehe Abb. 10)*.

Das Myelenzephalon, in dem sich die Kerne der Pharyngealbogennerven entwickeln, wird zur Medulla oblongata, dem kaudalen Teil des IV. Ventrikels und den unteren Kleinhirnschenkeln, **Pedunculi cerebellares inferiores**. Das sich rostral anschließende Nachhirn steht später im Dienst der Gleichgewichts- und Hörfunktion. Aus ihm gehen die **Brücke** (**Pons**), das **Kleinhirn** (**Cerebellum**), der mittlere Abschnitt des IV. Ventrikels sowie die mittleren Kleinhirnschenkel (**Pedunculi cerebellares medii**) hervor. Der am weitesten rostrale Abschnitt des Rautenhirns ist der **Isthmus rhombencephali**, aus dem das **Velum medullare anterius**,

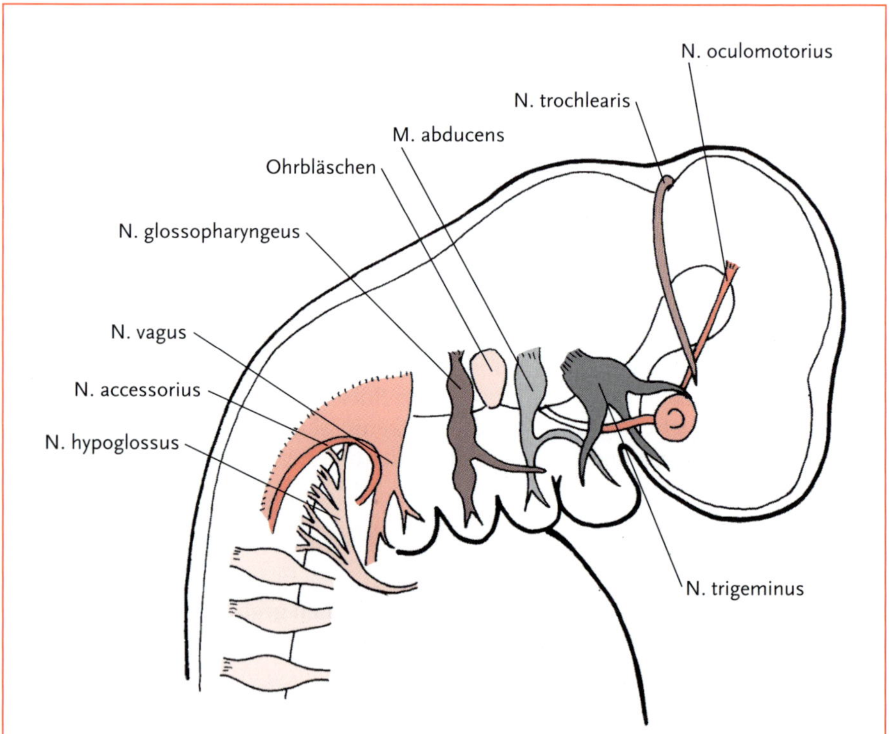

Abb. 14: Austrittstellen der Hirnnerven

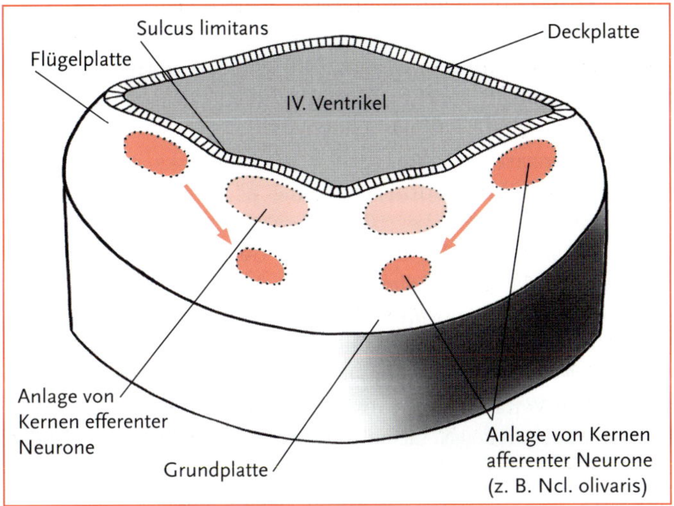

Abb. 15: Querschnitt durch die Anlage des Myelenzephalons. Die Deckplatte bleibt dünn und bildet das Dach des 4. Ventrikels. Aus dem Flügelplattengebiet wandern Zellen basal unter die primären Längszonen und bilden u. a. den Deiters-Kern und den Nucleus olivaris inferior.

die oberen Kleinhirnschenkel (**Pedunculi cerebellares superiores**) und der rostrale Abschnitt des IV. Ventrikels hervorgehen.

Die Anlage des Rautenhirns ist in segmentale Abschnitte, die **Rhombomere,** unterteilt. Diese Kompartimentierung wird durch die ***Hox***-Gene kontrolliert und erstreckt sich auch auf die Neuralleistenzellen, die das Rautenhirn verlassen. Aus ihnen entwickeln sich Skelettelemente und Bindegewebe, das auch die Anordnung und Form der Muskeln bestimmt. Der knöcherne Ursprung wie auch der knöcherne Ansatz eines Muskels stammen zusammen mit den Sehnen und dem intramuskulären Bindegewebe immer aus demselben Rhombomer.

Innerhalb des Rautenhirns ist die Entwicklung der motorischen Hirnnervenkerne mit der Gliederung in Rhombomere assoziiert. Das Rhombomer 1 enthält den Kern des **N. trochlearis**. In den Rhombomeren 1, 2 und 3 entwickelt sich der Kern des **N. trigeminus**, in den Rhombomeren 4 und 5 der **Fazialiskern**, in den Rhombomeren 7 und 8 die Kerne der **Nn. vagus**, **accessorius** und **hypoglossus**. Später verstreichen die Grenzen der Rhombomere und das Rautenhirn erscheint dann unsegmentiert.

Der Aufbau des Rautenhirns hat sich gegenüber dem des Rückenmarks in charakteristischer Weise geändert. Die Deckplatte des Rautenhirns ist verbreitert und zu einer dünnen Membran, dem späteren **Velum medullare**, ausgezogen.

Der Zentralkanal des Rückenmarks erweitert sich zum IV. Ventrikel, dessen Boden von der Rautengrube gebildet wird. Die sensiblen Kernsäulen entwickeln sich infolge der Auffaltung des Rhombenzephalons nicht dorsal, wie im Rückenmark, sondern lateral von den motorischen Kernsäulen.

Im Gegensatz zur Anlage des Rückenmarks wandern im Rhombenzephalon Neuroblasten, die periventrikulär gebildet werden, nicht nur radialwärts, sondern zusätzlich in tangentialer und longitudinaler Richtung aus. Im Gegensatz zum Rückenmark gehen dadurch Zellen neue Nachbarschaftsbeziehungen ein. Dieses ist die morphologische Basis für die Fähigkeit des Gehirns zu assoziieren, also unterschiedliche funktionelle Aktivitäten des Gehirns miteinander in Beziehung zu setzen. Außerdem finden Verlagerungen von Kerngebieten statt. So wird zum Beispiel der Kern des N. facialis nach ventral verschoben, wodurch die Fazialisfasern um den Abduzenskern herumgebogen werden. Auf diese Weise entsteht das **innere Fazialisknie**.

Durch Neuroblasten, die aus der **Rautenlippe** auswandern, entwickeln sich die basal liegenden Neurone der **Substantia reticularis** sowie die deutlich abgrenzbaren Kerngebiete des **Nucleus olivaris inferior** und des **Deiters-Kerns**.

In der kaudalen Hälfte des Rhombenzephalons, die nicht an der Bildung des IV. Ventrikels beteiligt ist, ähnelt die Entwicklung der des Rückenmarks. Hier entstehen aus der Flügelplatte der **Nucleus gracilis** und der **Nucleus cuneatus**. Diese Zellen gewinnen Anschluß an die gleichnamigen Hinterstrangbahnen des Rückenmarks. In den ventralen Abschnitten verlaufen die Pyramidenbahnen.

Aus dem Nachhirnbläschen entsteht ventral die **Brücke** und dorsal das **Kleinhirn**. Die graue Substanz ordnet sich hier ähnlich an wie im Myelenzephalon. Aus der Grundplatte entwickeln sich medial der Abduzenskern, dazwischen die motorischen Kerne für den N. trigeminus sowie der N. facialis und lateral die parasympathischen viszeromotorischen Kerne des N. facialis.

Die Flügelplatte gliedert sich in drei sensible Kerngruppen sowie die Brückenkerne, deren Fortsätze zum Kleinhirn wachsen und sich zu den mittleren Kleinhirnstielen, den **Pedunculi cerebellares medii**, formieren.

Die Entwicklung des **Kleinhirns** beginnt zwischen der fünften und sechsten Entwicklungswoche und nimmt ihren Ausgang von der vorderen Hälfte der beiden Rautenlippen und den angrenzenden Flügelplatten. Die beiden Rautenlippen werden transversal ausgerichtet, wenn das Rautenhirn einknickt und die Brückenbeuge bildet. Bis zum Ende des dritten Monats wölben sich die Rautenlippen in den IV. Ventrikel. Danach beginnen sie, stark nach außen zu wachsen. Die beiden Lippen verschmelzen in der Mittellinie, wodurch eine hantelförmige Anlage entsteht: die paarigen **Kleinhirnwülste** als Anlagen der Hemisphären. Diese sind über den **Wurm, Vermis**, in der Mittellinie miteinander verbunden.

Die Kleinhirnanlage wird von einem mehrreihigen Neuralepithel gebildet, das so wie in anderen Abschnitten des Neuralrohrs auch aus Ventrikulärzone, Mantelzone und Marginalzone besteht.

Neben der **inneren ventrikulären Neuroblastenschicht** entwickelt sich in der Kleinhirnanlage noch eine **äußere Neuroblastenschicht**, die direkt unter der Pia mater liegt und deren Zellen ausschließlich den Rautenlippen des Rhombenzephalons entstammen.

Diese äußere Keimschicht (**Stratum supramoleculare**) entsteht dadurch, daß Zellen aus der Mantelzone an den radiären Fortsätzen der **Bergmann-Gliazellen** nach außen wandern. Aus der inneren Neuroblastenschicht gehen die Neuroblasten für die **Purkinje-Zellen** und die Kleinhirnkerne hervor, aus der äußeren Keimschicht erst die **Korb- und Sternzellen**, dann die **Körnerzellen**. Dabei wandern Zellen aus dem Stratum supramoleculare von außen nach innen. Die früh differenzierten Bergmann-Gliazellen dienen den wandernden Neuroblasten als Leitstrukturen. Die Wanderung der Zellen des Stratum supramoleculare von außen nach innen wird im zweiten Lebensjahr abgeschlossen.

Bei der Mausmutante ***weaver*** degenerieren früh die Fasern der Bergmann-Glia. Als Folge davon wandern die Zellen der inneren Neuroblastenschicht nicht nach außen. Die molekularen Mechanismen der Kleinhirnentwickung sind noch größtenteils unbekannt. ***Wnt-1*** und ***Pax-5*** scheinen dabei von großer Bedeutung zu sein. Bei Mäusen mit mutiertem ***Wnt-1-*** oder ***Pax-5***-Gen ist die Kleinhirnentwicklung und infolgedessen die Motorik erheblich gestört.

Abb. 16: Entwicklung der Kleinhirnrinde

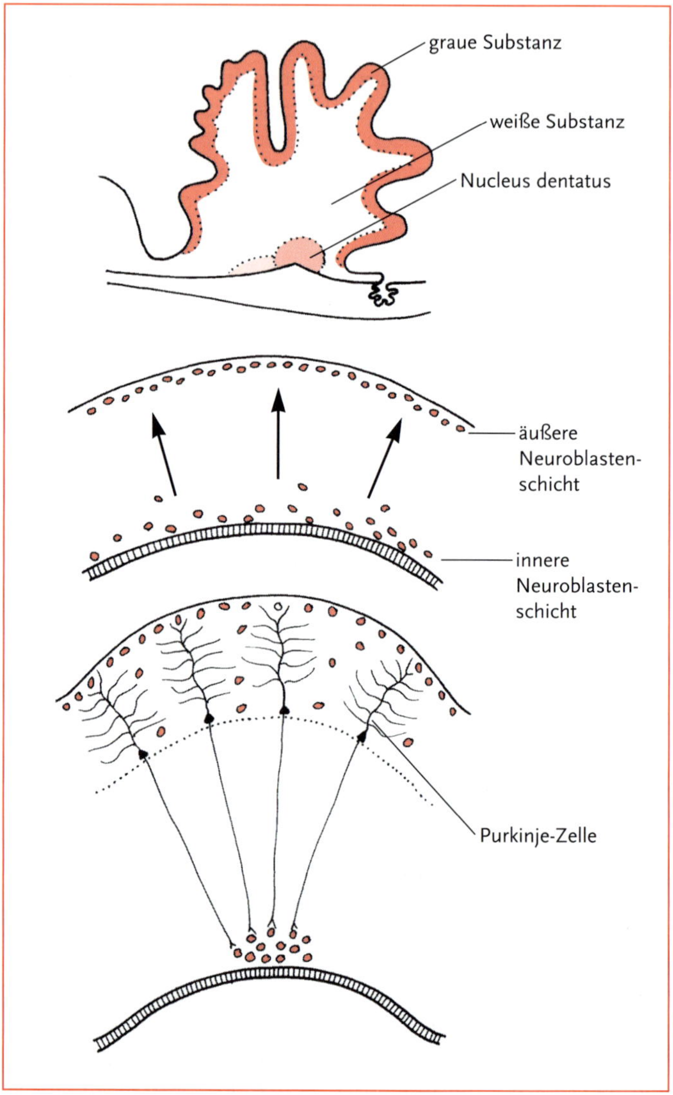

Mesenzephalon (Mittelhirn, Midbrain)

Das Mittelhirn ist ein relativ einfach strukturierter Hirnabschnitt, der im Laufe der Entwicklung verhältnismäßig geringe morphologische Veränderungen durchmacht. Das Mittelhirnbläschen ist zunächst dünnwandig und weitlumig. Durch die Verdickung der Wand wird der Ventrikelabschnitt des Mittelhirns zum **Aquaeductus cerebri** verengt. Er verbindet den III. mit dem IV. Ventrikel. Aus der Grundplatte entwickelt sich das Tegmentum mit den Kernen des N. oculomotorius. Der Trochleariskern im Isthmus rhombencephali entstammt der Grundplatte des rostralen Metenzephalons. An der Entwicklung des **Nucleus ruber**, der **Substantia nigra** und der **Substantia reticularis** scheinen sowohl die Grundplatte als auch die Flügelplatte beteiligt zu sein. Die **Lamina tecti** entsteht aus der Flügelplatte. In ihr entwickeln sich die oberen und unteren Paare der Vierhügelplatte, **Colliculi superiores et inferiores**. Das obere Hügelpaar wird zur Umschaltstelle visueller Reflexe, im unteren Hügelpaar wird die Hörbahn umgeschaltet. An der Basis des Mittelhirns entfalten sich die **Hirnschenkel, Crura cerebri**. Sie enthalten Nervenfasern, die von der Großhirnrinde zum Rückenmark absteigen.

Dienzephalon (Zwischenhirn)

Das Vorderhirnbläschen ist die Anlage des Zwischenhirns, aus der das Endhirnbläschen, die Anlage des Telenzephalons, nach rostral auswächst. Vom Vorderhirnbläschen stülpen sich nach lateral die beiden **Augenbläschen** aus, die im Oberflächenektoderm die Linsenplakoden induzieren. Aus den Augenbläschen entwickeln sich die **Retina** und der **Sehnerv**. Der Hohlraum des Zwischenhirns wird zum III. Ventrikel verschmälert, da in den Seitenwänden durch zahlreiche Gruppen von Neuroblasten und Gliazellen viel Hirngewebe gebildet wird. Die Kerngebiete des Zwischenhirns werden in drei Etagen angeordnet:

- **Epithalamus**
- **Thalamus**
- **Hypothalamus**

Von der Ventrikelseite her sind diese Abschnitte durch Furchen getrennt. Der Thalamus grenzt sich vom Epithalamus durch den

Sulcus epithalamicus und vom Hypothalamus durch den **Sulcus hypothalamicus** ab. Er wächst sehr stark und engt den III. Ventrikel so stark ein, daß manchmal die Thalami beider Seiten verkleben und so die **Adhaesio interthalamica** entsteht.

Im Hypothalamus ordnen sich die Neuroblasten zu verschiedenen Kerngebieten an, von denen später wichtige vegetative Körperfunktionen und auch Emotionen gesteuert werden. Hier liegt die Schaltstelle zwischen neuraler Integration sensorischer Informationen und der endokrinen Steuerung von Körperfunktionen. Einige Zellgruppen des Hypothalamus (z.B. Nuclei supraopticus und paraventricularis) übernehmen neurosekretorische Funktionen.

Aus dem Epithalamus gehen die **Epiphyse** (**Corpus pineale**) und die **Habenulae** hervor. Die Epiphyse entwickelt sich aus einer divertikelartigen Ausstülpung des kaudalen Abschnitts der Deckplatte. Sie bildet später **Melatonin**, das auf fast alle anderen endokrinen Organe hemmend wirkt. Die Sekretion von Melatonin ist lichtabhängig und an der Steuerung der **zirkadianen Rhythmik** des Körpers und der Auslösung der Pubertät beteiligt. Im Thalamus entwickeln sich beträchtliche Kernmassen, die aus untergeordneten Zentren eingehende Informationen verarbeiten und an den Kortex weiterleiten.

Hypophyse An der Entwicklung der Hypophyse beteiligen sich zwei ektodermale Epithelien und mesektodermales Bindegewebe, deren Derivate sich zu einem Organ verbinden. Aus dem Ektoderm der Mundbucht bildet sich in der dritten Entwicklungswoche eine unpaare, nach dorsal gerichtete Ausstülpung, die **Rathke-Tasche**. Markierungsexperimente an Vogelembryonen haben gezeigt, daß der Ektodermabschnitt der Mundbucht aus dem vordersten Teil der Neuralplatte, der sogenannten **vorderen Neuralleiste**, hervorgeht. Aus diesem Anlagematerial entwickeln sich außerdem die Nasenplakoden. Der distale Teil der Rathke-Tasche verliert die Verbindung mit dem Mundhöhlenektoderm und wird zum **Hypophysenvorderlappen** (**Adenohypophyse**). Der zweite Anteil der Hypophysenanlage entstammt dem Boden des Zwischenhirns und wird als **Infundibulum** bezeichnet. Hieraus entwickelt sich der **Hypophysenhinterlappen** (**Neurohypophyse**).

Experimente mit Ratten- und Hühnerembryonen haben die Auffassung begründet, daß beide Anlagematerialien während der Entwicklung miteinander interagieren. Isolierte Zellen der

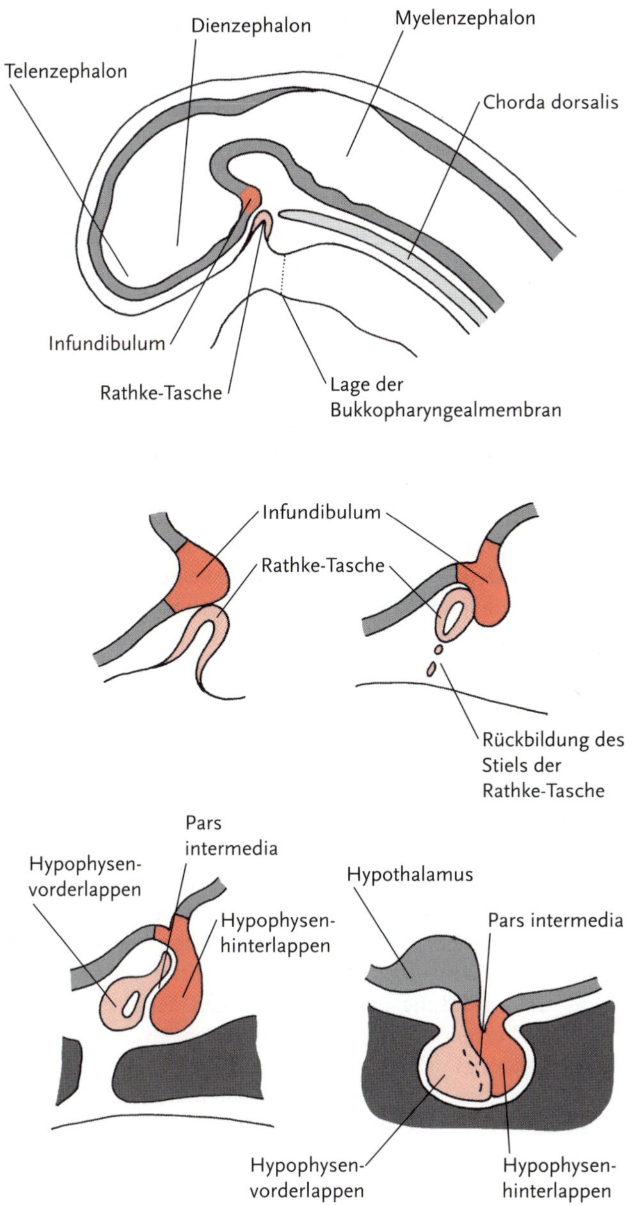

Abb. 17: Entwicklung der Hypophyse

Rathke-Tasche differenzieren sich nicht zu hormonbildenden Zellen. Es wurden molekulare Marker identifiziert, die in den Zellen der vorderen Neuralleiste und der Rathke-Tasche vorkommen. Das Homöoboxgen ***Six3***, das dem Drosophila-Gen ***sine oculis*** homolog ist, sowie ***Pax-6*** werden früh in den Vorläuferzellen der Adenohypophyse exprimiert.

Bei der Maus gibt es molekulare Befunde zur Interaktion zwischen Infundibulum und Rathke-Tasche. Das Homöoboxgen ***Rpx*** (Rathke pouch homeobox) der Maus ist bereits in den Zellen der Rathke-Tasche angeschaltet. Das Gen für das Thyroid-specific enhancer-binding protein (**T/EBP**) wird in der Schilddrüsenanlage, im Epithel des Bronchialbaumes und im Hypothalamus exprimiert, jedoch nicht in den Zellen der Rathke-Tasche. Ist dieses Gen mutiert, so fehlen den Mäusen die Adenohypophyse, die Schilddrüse und die Lungen. Es gibt Hinweise dafür, daß Bone morphogenetic protein 4 (**BMP-4**), Fibroblast growth factor 8 (**FGF-8**) und Wnt-7 vom Zwischenhirn aus die Entwicklung der Adenohypophyse kontrollieren. Die Familie der ***Lim***-Homöoboxgene sowie **POU**-Transkriptionsfaktoren, die eine Homöodomäne enthalten, spezifizieren die Zelltypen der Adenohypophyse. **Brn-2**, das auch zur Familie der POU-Transkriptionsfaktoren gehört, ist für die Entwicklung des Hypothalamus und der Neurohypophyse erforderlich.

Die Zellen der Rathke-Tasche proliferieren sehr stark, so daß deren Lumen obliteriert. Die weniger stark proliferierenden Zellen der dorsalen Wand, die an das Infundibulum angrenzen, bilden die **Pars intermedia** der Hypophyse. Aus dem Infundibulum entstehen die Pars nervosa und der Hypophysenstiel der Neurohypophyse. Die neuroepithelialen Zellen differenzieren sich zu besonderen Gliazellen, den **Pitiuzyten**. Aus dem Hypothalamus wachsen später Nervenfasern in die Neurohypophyse ein. Obwohl die Rathke-Tasche normalerweise am Ende des zweiten Monats die Verbindung zum Mundhöhlenektoderm verliert, können versprengte Zellen im Rachendach vorkommen. Sind diese differenziert, werden sie als **Rachendachhypophyse** bezeichnet. Sie können auch entarten und zu hormonbildenden Tumoren, den **Kraniopharyngeomen**, führen.

Telenzephalon

Aus dem rostralen Abschnitt des unpaaren Vorderhirnbläschens entwickeln sich nach beiden Seiten die Endhirnbläschen, die sich mächtig entfalten und schließlich das Zwischenhirn zwischen sich einschließen. Sie enthalten die Seitenventrikel (I. und II. Ventrikel), die mit dem unpaaren III. Ventrikel beiderseits über das **Foramen interventriculare** in Verbindung bleiben. Die beiden Endhirnhemisphären nähern sich einander an und bedecken Zwischenhirn, Mittelhirn und Rautenhirn. Sie berühren einander nicht, da sie durch ein bindegewebiges Septum getrennt werden, das sich zur **Falx cerebri** entwickelt. Ein seitlicher Bezirk der Hemisphären bleibt im Wachstum zurück und wird von den stärker wachsenden angrenzenden Hemisphärenabschnitten überlagert. Dieser tiefer gelegene Anteil ist die **Insel**. Durch das Wachstum krümmen sich die anfangs halbkugeligen und später eiförmigen Hemisphären derart, daß rostral der Stirnlappen und am hinteren Ende des Bogens der Schläfenlappen nach unten und vorne wächst. Die Hemisphären dehnen sich auch nach hinten aus und bilden so den Hinterhauptslappen. Die Oberfläche der Hemisphären ist bis zur 14. Woche glatt. Danach wächst die Hemisphärenwand lokal unterschiedlich und es entstehen nach und nach die **Sulci** und die **Gyri**, wodurch die Oberfläche der Hemisphären weiter vergrößert wird.

Basalganglien Im Inneren der Endhirnhemisphären bilden die Neuroblasten dorsolateral vom Thalamus das **Corpus striatum**, das sich in den Hohlraum des Seitenventrikels vorwölbt.

Die starke Entfaltung des Thalamus und des Streifenkörpers engt das Foramen interventriculare von hinten her ein. Im zweiten Monat wird das Corpus striatum durch einwachsende Nervenfasern der späteren **inneren Kapsel** medial in den Schweifkern, **Nucleus caudatus**, und lateral in den Linsenkern, **Nucleus lentiformis**, untergliedert. Der Nucleus lentiformis hat zwei Anteile, den medialen **Globus pallidus** und das laterale **Putamen**. Aus dem kaudalen Ende der Ganglienansammlung geht das **Corpus amygdaloideum** hervor, das infolge des Wachstums der Hemisphären in den Temporallappen verlagert wird. In ähnlicher Weise wird auch der Globus pallidus vom Zwischenhirn in das Endhirn verschoben.

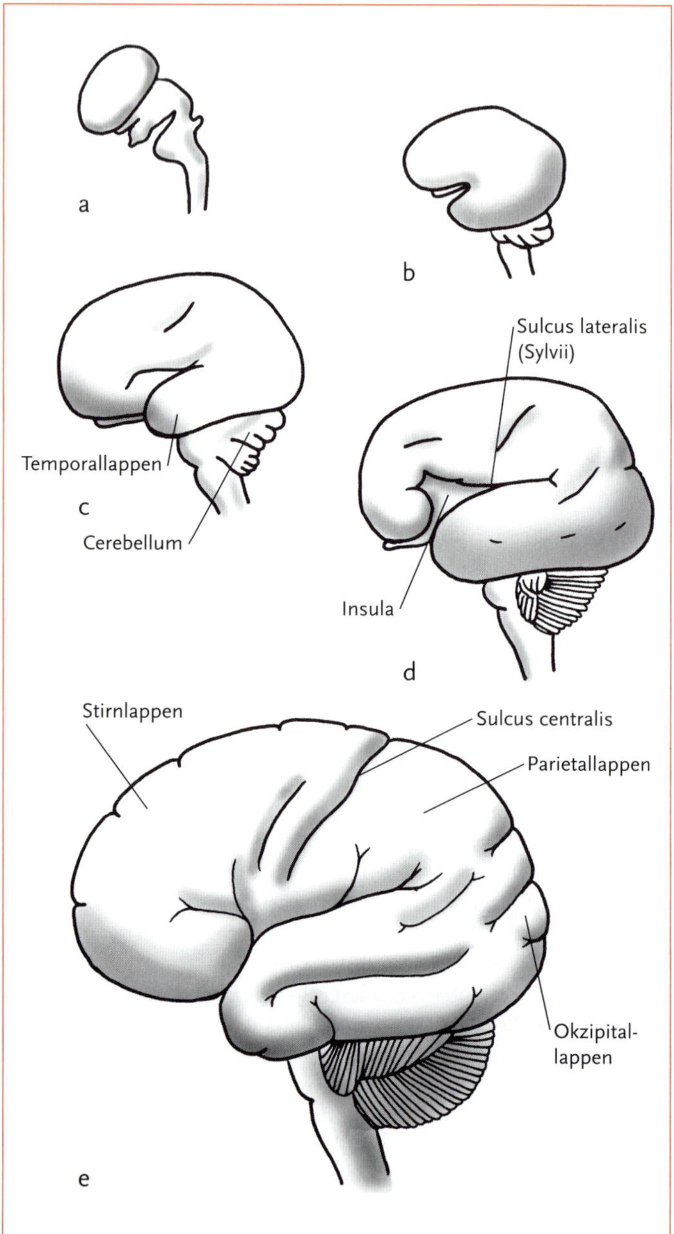

Abb. 18: Seitenansicht des sich entwickelnden Gehirns von Embryonen und Feten im Alter von
a 3 Monaten
b 4 Monaten
c 6 Monaten
d 8 Monaten
e 9 Monaten

Kommissuren Kommissuren sind die Faserverbindungen zwischen den Großhirnhemisphären. Für die Entwicklung dieser Bahnen ist die **Lamina terminalis** von Bedeutung. Sie ist die vordere Wand der Endhirnanlage und verbindet auf diese Weise die beiden Endhirnbläschen. In den oberen Abschnitt der Lamina terminalis wachsen Nervenfasern ein, die zur jeweils kontralateralen Hemisphäre ziehen. Auf diese Weise entsteht zuerst die **Commissura anterior**, die die Riechhirnareale miteinander verbindet. Danach entsteht die **Commissura fornicis** (hippocampalis), die später die Crura fornicis beider Seiten verbindet. Die größte Kommissur ist der Balken, **Corpus callosum**, der ebenfalls in der Lamina terminalis entsteht. Es ist zunächst ein kleines Faserbündel, das sich durch Anlagerung weiterer Fasern zu einem breiten Band nach hinten ausdehnt, das das Zwischenhirn bedeckt. Die Fasern des Balkens verbinden Abschnitte des Neokortex, die einander entsprechen. Im **Chiasma opticum**, das sich im unteren Abschnitt der Lamina terminalis entwickelt, kreuzen Fasern des **N. opticus**. Weitere Kommissuren, die sich nicht im Zusammenhang mit der Lamina terminalis entwickeln, sind die **Commissura posterior** und die **Commissura habenularum**, die sich im Bereich des Epithalamus entwickeln. Der **Fornix** und das **Septum pellucidum** sind ebenfalls Derivate der Lamina terminalis.

Neokortex Die Entwicklung des Neokortex kann in fünf Phasen unterteilt werden und führt zur Ausbildung von sechs Rindenschichten (Laminae I-VI):

Phase 1 Entstehung der kortikalen Platte am Ende der 8. Woche
Phase 2 Primäre Verdichtung der kortikalen Platte in der 9. bis 12. Woche
Phase 3 Bildung der sekundären kortikalen Platte (Subplate zone) in der 13. bis 15. Woche
Phase 4 Sekundäre Verdichtung der kortikalen Platte in der 16. bis 24. Woche
Phase 5 Differenzierung der kortikalen Schichten ab der 25. Woche

Wichtige Vorgänge bei der Rindenentwicklung sind Proliferation, Migration, Differenzierung, Apoptose und Myelinisierung. Die Zellvermehrung findet in der **Mantelzone (Ventrikulärzone)** und der unmittelbar angrenzenden **Subventrikulärzone** statt. Ähnlich wie für das Rückenmark beschrieben, entwickeln sich in der präsumtiven Endhirnrinde zunächst eine zellkörperhaltige **Mantelzone** und eine zellkörperfreie **Marginalzone**. Ab der sechsten Woche wandern Neuroblasten aus der Mantelzone aus und bilden die **Intermediärzone**. Die Neuroblasten kriechen dabei mit einer Geschwindigkeit von ca. 5 µm/h entlang von Radiärfasergliazellen nach außen. Am Ende der achten Woche bilden weiter nach außen wandernde Neuroblasten zwischen der Intermediärzone und der Marginalzone die **kortikale Platte** (**Rindenplatte**), die aus dicht gepackten und radiär angeordneten Zellen besteht. Zwischen der kortikalen Platte und der Intermediärzone entsteht eine weitere Schicht, die schnell an Mächtigkeit gewinnt und als **Subplate layer** bezeichnet wird. Man kann nun von außen nach innen vorübergehend die folgenden sechs Schichten unterscheiden:

- Marginalzone
- kortikale Platte
- Subplate layer
- Intermediärzone
- Subventrikulärzone
- Ventrikulärzone (ehemalige Mantelzone)

Die Lamina I ist ein Derivat der Marginalzone. Aus der kortikalen Platte entstehen die Laminae II bis VI in einer ganz bestimmten zeitlichen Abfolge. Die erste Welle auswandernder Neuroblasten führt zur Bildung der Laminae V und VI. Mit den folgenden beiden Wellen entstehen nacheinander die Laminae IV bis II. Es besteht demnach ein von innen nach außen gerichteter Differenzierungssgradient. Man spricht deshalb von einem **Inside-out layering**.

Bei der Mausmutante ***reeler*** werden die Rindenschichten von außen nach innen ausgebildet. Trotz dieser invertierten Laminierung endigen thalamokortikale und kommissurale Fasern in den entsprechenden, hier verkehrt gelegenen Schichten der Hirnrinde. Die Nervenfasern erkennen demnach ihre Zielzellen, auch wenn diese an falschen Orten liegen.

Das Subplate layer wird bis zum Ende des ersten Monats nach der Geburt aufgelöst, wobei auch Zellen durch Apoptose absterben. Auch Neuroblasten anderer Herkunft sollen in den Kortex einwandern und zur Bildung der Gyri und Sulci beitragen.

Allokortex Unter dem Allokortex versteht man eine Rindenstruktur, die sich vom Neokortex dadurch unterscheidet, daß sie weniger als sechs Schichten aufweist. Dazu gehören die **Hippokampusformation** und jene Regionen, die primär dem Geruchshirn zugeordnet werden können, wie der **Bulbus olfactorius** oder die **Substantia perforata anterior.**

Die Entwicklung der Hippokampusformation beginnt an der medialen Seite der Hemisphärenwand, indem sich diese einrollt und so die Fissura hippocampi bildet, die dorsal und parallel zur Fissura choroidea verläuft. Der Hippokampus macht die Rotation der Hemisphären mit und dehnt sich C-förmig nach hinten und ventral aus. Sein retrokommissuraler Abschnitt entwickelt sich zum **Ammonshorn**, zum **Gyrus dentatus** und zum **Subicullum.** Bei der Schichtenentwicklung des Allokortex ist auffällig, daß die Ventrikulärzone relativ dünn ist. Auch die kortikale Platte, die hier erst am Ende des dritten Monats auftritt, bleibt relativ dünn, während die Marginalzone dicker ist als im Neokortex. Die Differenzierung der dicht gepackten Zellen im Gyrus dentatus beginnt bereits im vierten Monat.

Mechanismen der Rindenentwicklung Zunächst müssen die Neuroblasten ihre definitive Position einnehmen. Dazu wandern sie aus der Ventrikulärschicht bzw. der Subventrikulärschicht entlang eines Gerüsts von radiär ausgerichteten Gliazellen in oberflächliche Abschnitte der Rinde ein.

Die spätere Position innerhalb der Rinde scheint mit dem Zeitpunkt der letzten Zellteilung (**„Geburtstag“**) der Nervenzelle zusammenzuhängen. Es wurde bereits darauf hingewiesen, daß Zellen, die in späteren Stadien gebildet werden, in immer höhere, d. h. oberflächlichere Schichten der Rindenanlage einwandern. Diese Zellen müssen sich daher an „älteren Geschwistern“, die bereits ihre definitive Position erreicht haben, vorbeibewegen.

Der Umstand, daß bei **reeler**-Mäusen falsch lokalisierte Nervenzellen ein normales Verschaltungsmuster ausbilden, hat zu der Vermutung geführt, daß die Identität der Nervenzelle nicht so sehr durch ihre Position, sondern durch andere Ereignisse, z. B. ihre Herkunft, determiniert wird.

Abb. 19: Entwicklung des Neokortex: **a** Übersicht über die Rinde, **b** ein Neuron wandert entlang einer Radiärfasergliazelle nach peripher aus.

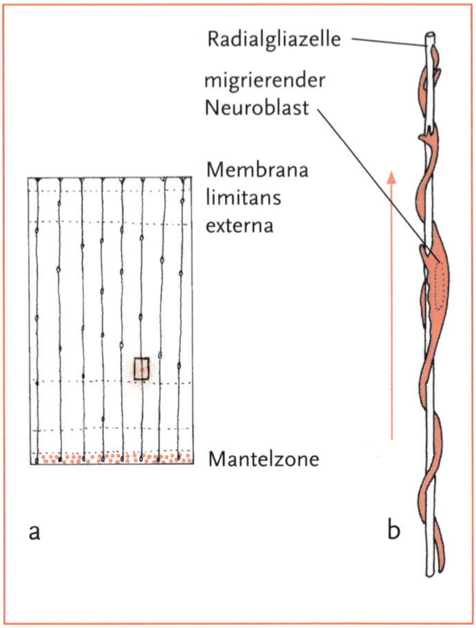

Auswandernde Neuroblasten benötigen „Straßen", auf denen sie zu ihrem definitiven Ort gelangen können. Der „Straßenbelag" wird entweder von Radialglia oder von extrazellulärer Matrix gebildet. Sobald die Neuroblasten ihre endgültige Position erreicht haben, beginnt als Zeichen ihres Differenzierungsbeginns ein **Axon** auszuwachsen. Am Ende dieses Axons befindet sich ein **Wachstumskegel (Growth cone)**. Dieser sondiert mit feinen Filopodien die Umgebung und stellt die Verbindungen der Neurone mit ihren postsynaptischen Partnern her. Der axonale Wachstumskegel ist mit Organellen gefüllt, die im Zellkörper gebildet und in den Wachstumskegel transportiert werden. Voraussetzung für eine Synapsenbildung scheint eine bestimmte chemische Affinität zwischen Axon und postsynaptischer Zelle zu sein.

Als Leit- und Erkennungsmoleküle kommen Zelladhäsionsmoleküle in Betracht, die drei Hauptfamilien angehören. Die **CAMs**, die der Immunglobulin-Superfamilie angehören, die **Cadherine** sowie die **Integrine**, die Interaktionen zwischen der Zelloberfläche und Molekülen der extrazellulären Matrix vermitteln. Auswachsende Axone können darüber hinaus durch chemische Faktoren angelockt werden, die von den Zielzellen produziert werden. Ein auf diese Weise gesteuertes Wachstum wird als **Chemotaxis** bezeichnet. Andererseits ist aber auch denkbar, daß auswachsende Axone durch Moleküle, die von den Zielzellen ausgehen, abgestoßen werden. Hat ein **Pionieraxon** die Zielzelle gefunden, kann es selbst als „Straße“ für nachwachsende Axone dienen.

1986 erhielt Rita Levi-Montalcini zusammen mit Stanley Cohen den Nobelpreis für ihre Untersuchungen, die zur Entdeckung des **Nervenwachstumsfaktors (NGF)** geführt haben. Dies war der erste Wachstumsfaktor, der entdeckt wurde. Er ist für die Proliferation der Neuroblasten und das Überleben von Neuronen von Bedeutung. Die Wirkung neurotropher Faktoren, zu denen der **Brain derived neurotrophic factor (BDNF)**, das **Neurotrophin 3 (NT-3)** sowie der **Ciliary neurotrophic factor (CNTF)** gehören, besteht möglicherweise darin, daß das Anschalten des Selbstmordprogramms (Apoptose) der Zellen unterdrückt wird. Die verschiedenen neurotrophen Faktoren wirken offenbar spezifisch auf separate Gruppen von Neuronen. Es konnte in vielen Fällen nachgewiesen werden, daß die Zielzellen neurotrophe Faktoren ausschütten, die für das Überleben der präsynaptischen Nervenzellen von Bedeutung sind.

Es ist nicht immer so, daß die angelegten synaptischen Kontakte stabil sind. Sie können auch um- und abgebaut werden, was den Tod der präsynaptischen Zelle nach sich ziehen kann. Diese Plastizität der Nervenzellverbindungen ist wichtig für die Entwicklung des endgültigen Verschaltungsmusters der Neurone und damit für die Funktion des Zentralnervensystems.

Die Daten zur regionalspezifischen Genexpression im Kortex und zur Rolle der entsprechenden Gene sind noch sehr unvollständig. **LAMP** ist ein Limbic associated membrane protein, das nur in Strukturen des limbischen Systems vorkommt. Die Gene ***Emx-1*** und ***Emx-2*** werden nur im Neokortex exprimiert. ***Otx-1*** und ***otx-2*** sind weitere Gene mit regionalspezifischem Expressionsmuster im Kortex.

Ventrikel, Hirnhäute und Liquor cerebrospinalis

Das Ventrikelsystem wird aus dem Zentralkanal des Neuralrohrs durch lokale Wachstumsunterschiede der einzelnen Hirnabschnitte gebildet.

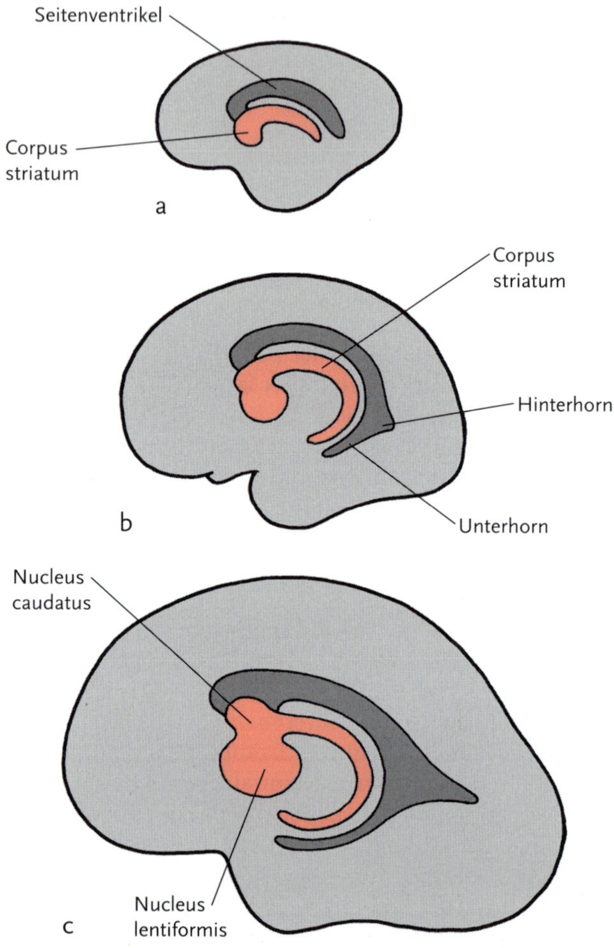

Abb. 20: Entwicklung des Corpus striatum und der Seitenventrikel

Die Ventrikel werden vom epithelialen **Ependym** ausgekleidet. Das Ependym im Dach des IV. Ventrikels verbindet sich eng mit der gefäßreichen **Pia mater**, die aus der **Meninx primitiva** entsteht. Beide Strukturen bilden zusammen den **Plexus choroideus**. Ganz ähnlich entsteht der Plexus choroideus aus dem Dach des III. Ventrikels sowie beiderseits aus der medialen Wand der Seitenventrikel. Der Plexus choroideus bildet den Liquor cerebrospinalis. Vom IV. Ventrikel aus entstehen drei Öffnungen nach außen in den späteren Subarachnoidalraum, in den der Liquor abfließt, der das Gehirn und das Rückenmark umgibt. Das Mesenchym an der Außenseite des Gehirns, das aus Kopfmesoderm und Neuralleiste hervorgeht, spaltet sich in eine dickere äußere Schicht, die straffe **Dura mater**, und eine dünnere innere Schicht, die in Arachnoidea und Pia mater untergliedert wird. Zwischen diesen beiden Schichten liegt der Subarachnoidalraum.

Fehlbildungen des Gehirns

Aufgrund der engen Wechselwirkungen zwischen Gehirn- und Schädelentwicklung sind morphologisch deutliche Gehirnfehlbildungen meistens von Mißbildungen des Schädels begleitet.

Eine relativ häufige Fehlbildung ist die **Anenzephalie**. Hierbei fehlen die Derivate des Prosenzephalons. Als Folge dieser Hirnanomalie kann auch das Schädeldach fehlen. Bei dieser Fehlbildung ist der α-Fetoprotein-Spiegel in der Ammionflüssigkeit erhöht, was von diagnostischer Bedeutung ist. Heute läßt sich diese Fehlbildung sonographisch sehr früh diagnostizieren.

Eine defiziente Schädelentwicklung kann zur **Meningozele**, **Meningomyelozele**, **Meningozephalozele** oder einer **Meningohydroenzephalozele** führen. Dabei werden in Abhängigkeit vom Schweregrad Meningen, Gehirn und Anteile des Ventrikelsystems ausgestülpt.

Beim **Hydrozephalus** staut sich der Liquor cerebrospinalis innerhalb des Gehirns. Als Ursache kommen Überproduktion, fehlende Resorption oder Behinderung des Abflusses in Betracht. Eine Verengung oder ein Verschluß des Aquaeductus cerebri oder der Öffnungen des IV. Ventrikels zum Subarachnoidalraum führt zu einem Hydrozephalus. Niedrige Intelligenzquotienten kommen verbunden mit Fehlbildungen im Gesichtsbereich vor.

Beim **fetalen Alkoholsyndrom** (**FAS**) kommt es zu einer Verminderung der Anzahl der Nervenzellen. Dies kann zu einer Beeinträchtigung der psychischen und emotionalen Entwicklung führen. In schweren Fällen entsteht ein Hydrocephalus internus e vacuo (Erweiterung des Ventrikelsystems durch fehlendes Gehirngewebe). Das Neuroektoderm ist für Alkohol besonders im zweiten Entwicklungsmonat empfindlich. Das fetale Alkoholsyndrom ist die häufigste durch exogene Ursachen bedingte Fehlentwicklung in der westlichen Welt.

Die Gehirnanlage gliedert sich in Vorderhirn, Mittelhirn und Rautenhirn. Segmente des Gehirns (Neuromere) exprimieren spezifische Cadherine. Nervenzellen und Gliazellen werden in der ventrikulären Mantelzone gebildet und migrieren entlang von Gliazellen. Mikrogliazellen und Gefäßzellen wandern in das ZNS ein. Das Rückenmark wird durch die Chorda dorsalis kompartimentiert. Unter ihrem Einfluß entstehen die Bodenplatte und die Motoneurone in der Grundplatte. Die Gehirnanlage wird in Endhirn, Zwischenhirn, Mittelhirn, Nachhirn und Markhirn unterteilt.
Die Hypophyse entsteht aus zwei Anteilen, der Rathke-Tasche und dem Infundibulum. Die Bildung des Neokortex vollzieht sich als Inside-out layering.
Die migrierenden Axone orientieren sich über Wachstumskegel. Die Hirnhäute gehen aus einer einheitlichen Meninx primitiva hervor.

5.1.2
Peripheres Nervensystem

Mit der Entwicklung des peripheren Nervensystems werden die Organsysteme mit dem Zentralnervensystem verbunden. Dies kann auf drei verschiedene Arten geschehen:

- Nervenfasern (Axone) wachsen aus dem ZNS aus. Die Zellkörper bleiben innerhalb des ZNS liegen.
- Nervenfasern (Axone und Dendriten) wachsen aus peripheren Nervenzellen aus, die der Neuralleiste entstammen. Diese nehmen Verbindung mit dem ZNS auf.
- Nervenfasern (Axone und Dendriten) wachsen aus peripheren Nervenzellen aus, die aus ektodermalen Plakoden hervorgegangen sind. Auch diese nehmen Verbindung mit dem ZNS auf.

Spinalnerven

Als Ergebnis der Ventralisierung des Neuralrohrs durch **Sonic hedgehog**, das von der Chorda dorsalis und der Bodenplatte des Neuralrohrs gebildet wird, entwickeln sich motorische Vorderhornzellen. Die Axone dieser Motoneurone wachsen ventrolateral aus dem Neuralrohr aus und bilden so die Vorderwurzeln. Die segmentale Bündelung der Spinalnerven erfolgt dadurch, daß die Nervenfortsätze nur in die kraniale Somitenhälfte einwachsen.

Nachdem sich das Neuralrohr geschlossen hat, wandern aus seinem dorsalen Abschnitt die Neuralleistenzellen aus. Eine Subpopulation dieser Zellen bildet in den kranialen Somitenhälften die Anlagen der segmental angeordneten **Spinalganglien**. Aus den Zellen der Spinalganglien wachsen zwei Fortsätze aus:

- ein **peripherer Fortsatz**, der zusammen mit den Fortsätzen der Motoneurone im Spinalnerven verläuft und zu seinem terminalen **Rezeptororgan** auswächst.
- ein **zentraler Fortsatz**, der in die Rückenmarksanlage einwächst. Er kann hier über ein Interneuron mit der motorischen Vorderhornzelle verknüpft werden und so einen einfachen Reflexbogen bilden oder im Hinterstrang bis zum Hirnstamm aszendieren.

Da sich beide Nervenfortsätze dieser ursprünglich bipolaren Zellen über eine kurze Strecke eng aneinanderlegen, werden sie später als **pseudounipolar** bezeichnet.

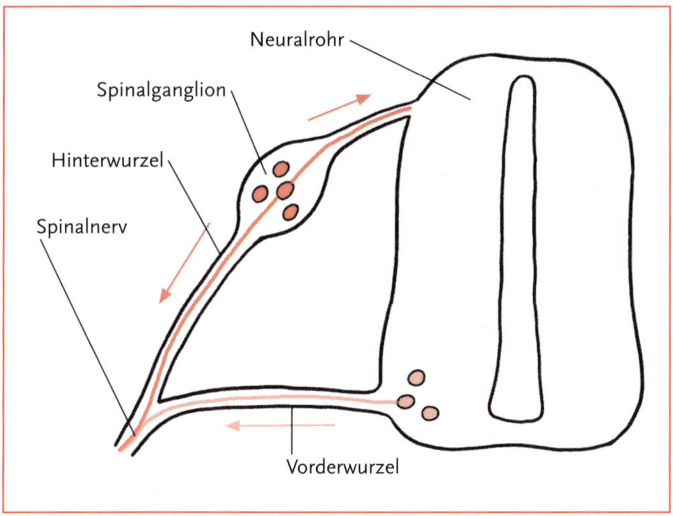

Abb. 21: Bildung eines Spinalnerven

Die Axone der motorischen Vorderhornzellen leiten die Erregung **zentrifugal (efferent)** zur Muskulatur, während die Nervenfortsätze der Spinalganglienzellen Erregungen **zentripetal (afferent)** vom peripheren Rezeptororgan zum ZNS leiten. Die Zellkörper der afferenten Spinalganglienneurone werden von einer Schicht Gliazellen, den **Mantel- oder Satellitenzellen**, umgeben,

Abb. 22: Myelinisierung eines Axons im peripheren Nervensystem

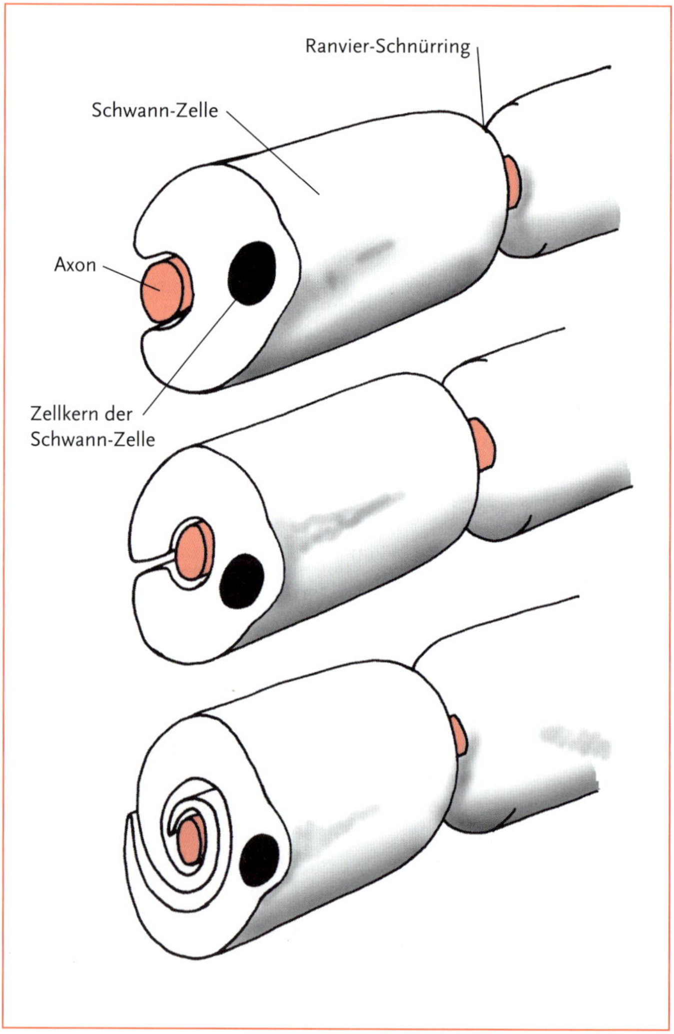

die, ebenso wie die Schwann-Zellen der afferenten und efferenten Nervenfasern, der Neuralleiste entstammen.

Periphere Nerven bestehen aus zahlreichen Fasern, die durch Bindegewebe gebündelt werden. An der Pionierfaser, die zuerst auswächst, orientieren sich weitere Fasern mit ihren Wachstumskegeln. Die parallel orientierten Fasern werden durch Zelladhäsionsmoleküle (N-CAM, Cadherine) zusammengehalten. Die Bildung des Faserstranges wird als **Faszikulation** bezeichnet. Das gliedernde und einhüllende Bindegewebe (**Perineurium**, **Epineurium**) entwickelt sich unter dem Einfluß der Nervenfasern aus dem ortsständigen Mesenchym.

Im peripheren Nervensystem wickeln sich die **Schwann-Zellen** spiralig um die Nervenfortsätze und hüllen die Nervenfasern in Markscheiden ein (Myelinisierung). Dadurch besteht die differenzierte Myelinscheide aus mehreren spiralig angeordneten Schichten von Protein- und Lipoidmolekülen.

Zwischen zwei aufeinanderfolgenden Schwann-Zellen entsteht der Ranvier-Schnürring. Mit dem Beginn der Myelinisierung, die durch Interaktion zwischen Nervenfortsatz und Schwann-Zelle kontrolliert wird, bildet die Schwann-Zelle ein Protein, das als **myelinassoziiertes Glykoprotein** (**MAG**) bezeichnet wird.

Bei der Mausmutante ***shiverer*** bleibt die Myelinisierung insbesondere im ZNS mangelhaft. Die krankheitsverursachende Mutation ist eine Deletion von fünf der sechs Exons des Gens für **Myelin basic proteins** (**MBP**). Diese Mäuse leiden unter Muskelzittern und Krämpfen und sterben früh.

Neuromuskuläre Synapsen

Die Zellen der Rückenmuskeln bilden bereits im Myotom Kontakte mit den motorischen Axonen. Die Extremitätenmuskeln, die über Nervenplexus innerviert werden, werden dagegen später mit den Axonen der Motoneurone verknüpft. Sowohl die afferenten wie auch die efferenten Nervenfortsätze wachsen zunächst nur bis zur Basis der Extremitätenanlagen (**Waiting period**). Sie konvergieren hier, verflechten sich und verteilen sich dann auf periphere Nerven. Dadurch entstehen die Plexus brachialis und lumbosacralis. Wenn das Extremitätenmesenchym einen bestimmten Differenzierungsgrad erreicht hat, wachsen die Nervenfasern in die Extremitätenanlagen ein. Dabei besteht eine **neuromuskuläre Spezifität**. Nach experimenteller Lageveränderung einer Gruppe von Motoneuronen finden deren Fortsätze dennoch den richtigen Muskel. Thorakale Motoneurone sind nicht in der Lage, mit Extremitätenmuskeln funktionsfähige Synapsen zu bilden.

Wenn ein auswachsendes motorisches Axon auf eine Muskelzelle trifft, stellt sie ihr Wachstum ein. Auf der Muskelzelle werden an der Kontaktstelle die zuvor diffus verteilten **Acetylcholinrezeptoren** angehäuft. Diese Veränderung ist eine Reaktion auf Proteine, die vom Nervenfortsatz gebildet werden. Von diesen verursacht **Agrin** die lokale Anhäufung der Rezeptoren (Clustering) mit dem Ergebnis, daß die extrasynaptischen Acetylcholinrezeptoren schließlich verschwinden. Diese Clusterbildung wird dann von **Dystrobrevin**, das in der Muskelzelle gebildet wird, stabilisiert.

In frühen Stadien der Synapsenentwicklung wird jede Muskelfaser von mehreren motorischen Axonen innerviert. Die im Überschuß gebildeten Motoneurone konkurrieren gleichsam um die Muskelfasern, wobei schließlich im allgemeinen nur ein Axon pro Muskelfaser übrig bleibt, während die anderen zugrunde gehen. Das Überleben der Motoneurone wird durch Wechselwirkungen mit den Muskelzellen reguliert, wobei neurotrophe Faktoren von Bedeutung sind, die von den Zielzellen gebildet werden. Wird die Innervation der Muskelzellen experimentell verhindert, gehen sie zugrunde.

Hirnnerven

Die Entwicklung der Hirnnerven beginnt in der fünften Entwicklungswoche. Von den Spinalnerven sind sie unter anderem dadurch zu unterscheiden, daß sie teilweise nur sensorisch oder motorisch sind und sich ganz oder teilweise von ektodermalen Plakoden ableiten. Letzteres trifft für die Hirnnerven I, V, VII, VIII, IX und X zu. Der N. opticus (II) ist eigentlich ein Hirnteil. Rein motorische Nerven sind die Hirnnerven III, IV, VI und XII. Der N. accessorius (XI) läßt sich als modifizierter Hirnnerv auffassen.

5.1.3 Autonomes Nervensystem

Dieser Teil des Nervensystems beeinflußt unwillkürliche Funktionen des Körpers wie Drüsenaktivität, Darmmotorik, Herzfrequenz und Gefäßtonus. Es wird unterteilt in zwei Komponenten, das sympathische und das parasympathische Nervensystem, die sich hinsichtlich ihrer Entwicklung und Funktion unterscheiden. Beide Komponenten des autonomen Nervensystems bestehen aus prä- und postganglionären Neuronen und bilden Reflexbögen.

Sympathisches Nervensystem

Die präganglionären Neurone entwickeln sich im thorakolumbalen Rückenmarkabschnitt von Th1 bis L3 seitlich des Vorderhorns *(siehe Abb. 11)*. Ihre Fortsätze wachsen zusammen mit denen der Motoneurone aus der Grundplatte der Rückenmarksanlage aus und verlaufen somit in der ventralen Wurzel der Spinalnerven. Nachdem sich die ventrale und die dorsale Wurzel zur Bildung der Spinalnerven vereinigt haben, verlassen die myelinisierten Axone der präganglionären Neurone die Spinalnerven als **Ramus communicans albus**. Das präganglionäre Axon endet an einem postganglionären Neuron, das entweder im Grenzstrang oder in einem weiter entfernt gelegenen sympathischen Ganglion liegt. Die vom Grenzstrangganglion ausgehenden Axone sind nicht myelinisiert und schließen sich wiederum den Spinalnerven als **Ramus communicans griseus** an.

Alle postganglionären Neurone entstehen aus Neuralleistenzellen, die auf festgelegten Wegen zum Grenzstrang oder weiter nach distal auswandern. Das gilt auch für Zellen des Nebennierenmarks. Dieses kann als modifiziertes sympathisches Ganglion betrachtet werden. Die Wanderung der sympathischen Neuralleistenzellen wird unter anderem durch BMP-4 gesteuert.

Parasympathisches Nervensystem

Die Perikaryen der präganglionären Neurone des parasympathischen Nervensystems liegen einerseits im Stammhirn, und zwar in den Kernen des N. oculomotorius, des N. facialis, des N. glossopharyngeus und des N. vagus, und andererseits im 2.-5. Sakralsegment des Rückenmarks. Die Axone dieser Neurone verlaufen teilweise über sehr große Entfernungen, bis sie an den postganglionären Neuronen enden, die der kranialen bzw. sakralen Neuralleiste entstammen. Aus diesem Abschnitt der Neuralleiste entstehen auch Neurone der **intramuralen Plexus**, insbesondere das **enterische Nervensystem**.

Differenzierung des autonomen Nervensystems

Es hat sich gezeigt, daß die Neuralleistenzellen zunächst fähig sind, sich entweder zu sympathischen oder zu parasympathischen Neuronen zu differenzieren. Wird Rumpfneuralleiste nach kranial in den Bereich des parasympathischen N. vagus transplantiert, so entsteht aus dem Transplantat das (parasympathische) Darmnervensystem. Wird andererseits vagale Kopfneuralleiste in den Rumpf verpflanzt, können aus dem Transplantat zum Beispiel die chromaffinen Zellen des (sympathischen) Nebennierenmarks hervorgehen.

Postganglionäre sympathische und parasympathische Neurone unterscheiden sich hinsichtlich ihrer Neurotransmitter: die parasympathischen Nervenzellen sind **cholinerg** und die sympathischen **adrenerg**. Erst sehr spät in ihrer Entwicklung legen sie sich endgültig auf einen Neurotransmitter fest. Dies scheint von Signalen abzuhängen, die die Nervenfaser in ihrem Zielgebiet empfängt. Der **Cholinergic differentiation factor** ist ein Protein, das die Differenzierung der autonomen Nervenzellen entsprechend beeinflußt.

Das periphere Nervensystem entwickelt sich aus Axonen, die aus dem Rückenmark bzw. dem Gehirn auswachsen, und Neuralleistenzellen, die sich in der Peripherie ansiedeln und zu Neuronen und Gliazellen differenzieren. Die Segmentierung des peripheren Nervensystems erfolgt durch die Somiten. Sympathische und parasympathische Neurone unterscheiden sich durch ihre Herkunft aus unterschiedlichen kraniokaudalen Abschnitten der Neuralleiste.

5.2 Neuralleiste

Schon seit über hundert Jahren weiß man, daß es eine Neuralleiste gibt. Herkunft und Verteilung dieser Zellen konnten jedoch erst in den letzten 30 Jahren mit Hilfe moderner Zellmarkierungsmethoden geklärt werden. Insbesondere die von Nicole Le Douarin (Entwicklungsbiologin in Paris) eingeführte Chimärisierungstechnik mit Hühner- und Wachtelembryonen hat zu einer bedeutenden Erweiterung unserer Kenntnisse beigetragen. Bei dieser Methode werden Anlagematerialien junger Wachtelembryonen an entsprechende Stellen von Hühnerembryonen transplantiert, denen diese Teile zuvor herausoperiert wurden. Da sich die Kerne von Wachtel- und Hühnerzellen eindeutig durch die Chromatinstruktur und durch speziesspezifische Antikörper unterscheiden lassen, können im Wirtsembryo die Zellen, die aus dem Transplantat hervorgehen, zweifelsfrei identifiziert werden. In jüngster Zeit sind weitere Marker (z.B. **HNK-1**, **Slug**) hinzugekommen, mit deren Hilfe Neuralleistenzellen spezifisch erkannt werden können.

5.2.1 Herkunft der Neuralleiste

In frühen Embryonalstadien befinden sich die Neuralleistenzellen an den Grenzen zwischen der Neuralplatte und dem Oberflächenektoderm.

Im Verlauf der Neurulation gelangen diese paarigen Ektodermstreifen in die Kanten der Neuralfalten. Im Kopfgebiet beginnt von hier aus die Auswanderung von Neuralleistenzellen bereits vor dem Schluß des Neuralrohrs, im Rumpfabschnitt erst danach. Mit dem Verschmelzen der Neuralfalten entsteht eine unpaare Neuralleiste.

Abb. 23: Schluß des Neuralrohrs und Entstehung der Neuralleiste

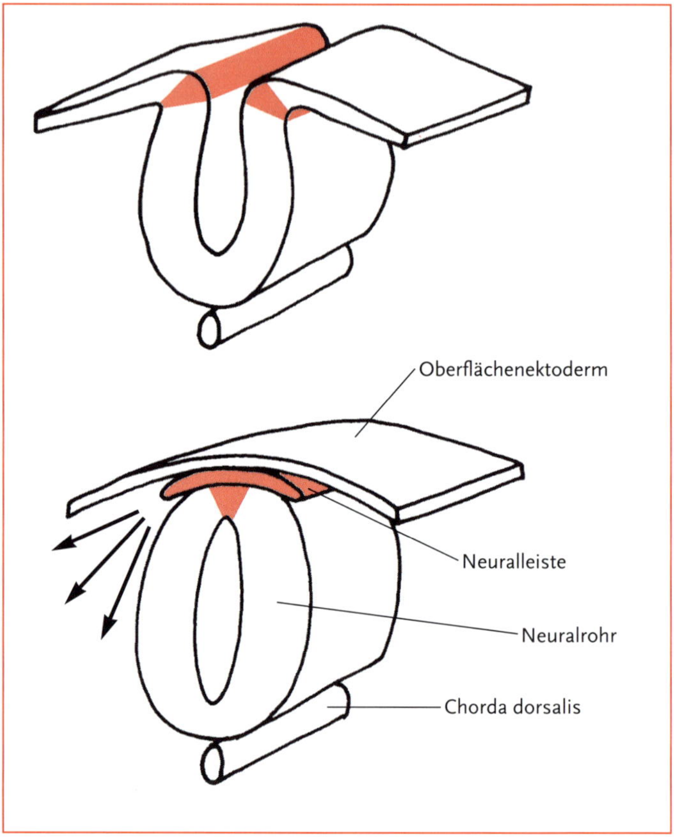

5.2.2 Wanderung der Neuralleistenzellen

Wenn die Neuralleistenzellen aus der zunächst paarigen Kopf- und der unpaaren Rumpfneuralleiste auswandern, legen sie zum Teil erstaunliche Entfernungen im embryonalen Organismus zurück, ehe sie sich in ihren Zielorganen und -geweben zu ganz unterschiedlichen Zellen differenzieren.

Nach einem Startsignal verlassen die Zellen das epitheliale Neuroektoderm und werden mesenchymal (**epitheliomesenchymale Transformation**). Während die Epithelzellen durch Kontakte und ausgedehnte Klebeflächen (Zelladhäsionsmoleküle) in Form

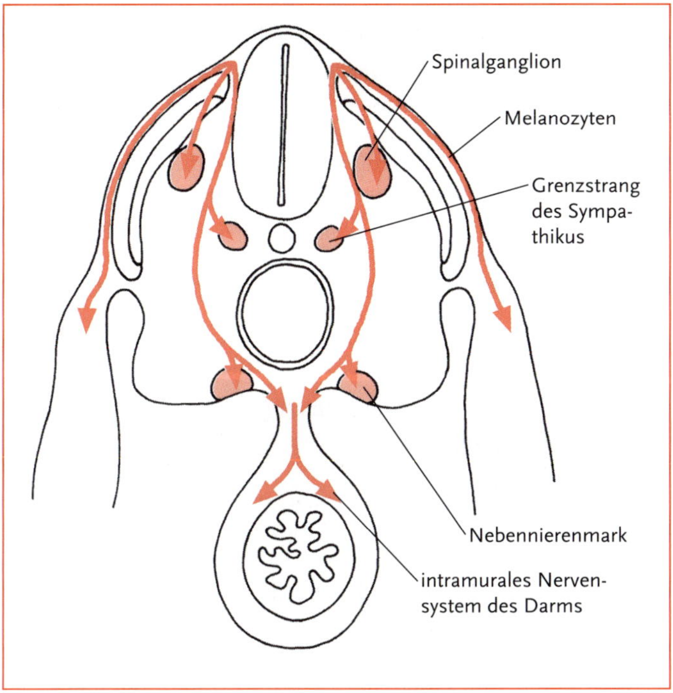

Abb. 24: Wanderungswege und Zielgebiete der Neuralleistenzellen

und am Ort gehalten werden, sind mesenchymale Zellen frei, verformbar und beweglich.

Als Straßen für ihre Wanderung benutzen die Neuralleistenzellen Moleküle der **extrazellulären Matrix (ECM)**, mit denen sie über **Integrine** in Verbindung treten. Die Motoren für die Fortbewegung sind Bestandteile des Zytoskeletts (z.B. Aktin), die ihrerseits wieder mit den Integrinen verbunden sind. Andererseits gibt es in der ECM Moleküle, denen die Neuralleistenzellen auf ihrer Wanderung ausweichen. Dazu gehören chondroitinsulfatreiche Proteoglykane, die beispielsweise in der Umgebung der Chorda dorsalis vorkommen.

Damit die Zellen überhaupt wandern können, muß der Interzellularraum so weitmaschig werden, daß sich Zellen zwischen seinen Strukturen hindurchbewegen können. Dies geschieht durch die Sekretion von **Hyaluronsäure**, die ein starkes Wasserbindungsvermögen besitzt und dadurch Räume erweitern kann. Desweiteren muß die dem Epithel anliegende Basalmembran enzymatisch entfernt werden. Die Kontakte und der Klebstoff zwischen den Epithelzellen verschwinden z.B. dadurch, daß als Folge der Expression des ***Slug***-Gens Zelladhäsionsmoleküle vermindert gebildet werden.

Darüber hinaus benötigen die Zellen auf ihren Straßen Informationen über die Wanderungsrichtung und die Zielerkennung. Spätestens am Zielort differenzieren sich Neuralleistenzellen zu einem ganz bestimmten, am Zielort benötigten Zelltyp. Die Zellen müsen also zu irgendeinem Zeitpunkt in bezug auf ihr Differenzierungsschicksal festgelegt (**determiniert**) werden.

5.2.3 Kontrolle und Störungen der Neuralleistenzellwanderung

Für die Entwicklung der Neuralleiste im Rautenhirnbereich sind die ***Hox*-Gene** von großer Bedeutung. Bei Mausmutanten ohne funktionierendes ***HoxA-1***-Gen ist in Höhe des Rhombomeres r4 die Neuralleistenzellwanderung beträchtlich eingeschränkt. Mausmutanten mit ausgeschaltetem ***HoxA-3***-Gen weisen ähnliche Fehlbildungen wie Menschen mit **DiGeorge-Syndrom** auf. Dieses geht einher mit einer Aplasie von Thymus und Glandulae parathyreoideae sowie Mikrognathie, Gaumenspalte, Defekten am Ohr und kardiovaskulären Fehlbildungen.

Neurotrophine sind für die Differenzierung von Neuralleistenzellen in verschiedene neuronale Phänotypen von Bedeutung. Nach Ausschaltung des ***BDNF*-Gens** (**Brain-derived neurotrophic factor**) entstehen zum Beispiel keine Spinalganglien. Wird sein Rezeptor **Trk** ausgeschaltet, werden weder Spinalganglien noch Sympathikusganglien ausgebildet. **SCF** (**Stem cell factor**) und sein Tyrosinkinaserezeptor **c-kit** sind für die Wanderung der Melanoblasten, der späteren Pigmentzellen, erforderlich.

Neben dem oben erwähnten DiGeorge-Syndrom gibt es noch weitere genetisch bedingte Krankheitsbilder, die auf Störungen der Wanderung von Neuralleistenzellen zurückzuführen sind. Dem **Waardenburg-Syndrom** liegt ein funktionsunfähiges ***Pax-3***-Gen zugrunde. Die betroffenen Patienten sind taub und haben Gaumenspalten, Gesichtsasymmetrien sowie Pigmentstörungen. Charakteristisch ist eine weiße Stirnlocke. Bei der **Neurofibromatose** (**von Recklinghausen**) kommen Pigmentstörungen und zahlreiche Tumoren (Neurofibrome) vor. Sie gehen von Schwann-Zellen aus, die wiederum aus Neuralleistenzellen hervorgegangen sind. Bei der angeborenen **Hirschsprung-Erkrankung** fehlen in Abschnitten des Dickdarms die intramuralen Nervenplexus. Auch der charakteristische Phänotyp beim **Down-Syndrom (Trisomie 21)**, insbesondere das Pterygium colli und das auffällige Gesicht, läßt sich zum Teil auf eine Störung der Neuralleistenzellwanderung zurückführen. Die Ursache dafür dürfte in einer fehlerhaft zusammengesetzten ECM liegen.

Die Rumpfneuralleistenzellen und die kaudalen Kopfneuralleistenzellen wandern auf drei verschiedenen Wegen. Den ventralen Weg, der zwischen dem Neuralrohr und den Somiten *(siehe Abb. 44)* nach ventral verläuft, nehmen die Zellen, die sich zu sympathischen Ganglien, Nebennierenmark, intramuralen Nervenzellen und Schwann-Zellen der intramuralen Nervenplexus des Darms und der inneren Organe differenzieren. Auf dem dorsalen Weg, der zwischen dem Oberflächenektoderm und den Somiten verläuft, wandern die Neuralleistenzellen aus, die später in die Oberhaut eindringen. Diese Zellen werden u. a. zu Pigmentzellen und zu Merkel-Zellen, die als Mechanorezeptoren der Haut wirken. Den dritten Weg, der in die kraniale Hälfte des Somiten führt, legen die Zellen zurück, die sich zu Spinalganglienzellen und ihren Satellitenzellen differenzieren.

Die Differenzierungspotenz der Neuralleistenzellen ist offenbar abhängig vom Zeitpunkt ihrer Entstehung. Während die, die früh auswandern, noch zahlreiche Optionen haben, nimmt die Wahlmöglichkeit derer, die später auswandern, stetig ab. Die zuletzt auswandernden Neuralleistenzellen differenzieren sich hauptsächlich zu Pigmentzellen.

5.2.4 Differenzierung der Neuralleistenzellen

Neuralleistenzellen können sich zu einer erstaunlichen Vielfalt unterschiedlicher Zelltypen und Gewebe differenzieren. Aus der Rumpfneuralleiste gehen sensible und autonome Ganglien mit peripherer Glia (einschließlich Schwann-Zellen), das Nebennierenmark sowie die Pigmentzellen hervor. Der Kopfteil der Neuralleiste bildet darüber hinaus das intramurale Nervensystem des Darmtraktes, das Glomus aorticum und das Glomus caroticum, die C-Zellen der Schilddrüse (Ultimobranchialkörper) sowie Schädelknochen, Dermis und Unterhaut, Odontoblasten, glatte Muskulatur der Gefäße, Stroma der Kornea, des Thymus, der Epithelkörperchen, der Schilddrüse und der Speicheldrüsen.

Die Neuralleistenzellen besitzen hinsichtlich ihrer Differenzierungsmöglichkeiten eine große Plastizität. Unter experimentellen Bedingungen können sich die Zellen in Abhängigkeit von Umgebungseinflüssen differenzieren. Wird bei Vogelembryonen die Rumpfneuralleiste in den Kopf transplantiert, entstehen daraus nur die typischen Derivate der Rumpfneuralleiste, jedoch kein Knochen oder Bindegewebe. Daraus kann geschlossen werden, daß die Differenzierung der Neuralleistenzellen nicht nur durch ortsabhängige äußere Faktoren, die während ihrer Wanderung auf diese wirken, gesteuert wird, sondern auch von herkunftsabhängigen inneren Faktoren abhängt. Die inneren Faktoren müssen bereits vor der Auswanderung der Zellen aus der Neuralleiste auf diese gewirkt haben.

> Aus Zellen des Übergangsgebietes vom Neuroektoderm zum Oberflächenektoderm entsteht die Neuralleiste, deren Zellen sich nach zum Teil ausgedehnten Wanderungen unterschiedlich differenzieren. Rumpf- und Kopfneuralleiste unterscheiden sich in ihrem Differenzierungsvermögen

5.3 Sinnesorgane

5.3.1 Auge

Morphologische Aspekte der Augenentwicklung

Augenbläschen und Linsenplakode

In der vierten Woche entwickeln sich aus dem Neuralrohr in Höhe des dienzephalen Hirnbläschens laterale Aussackungen, die Augenbläschen. Sie berühren von innen her das Oberflächenektoderm, das durch den Kontakt an diesen Stellen runde Verdickungen ausbildet, die Linsenplakoden.

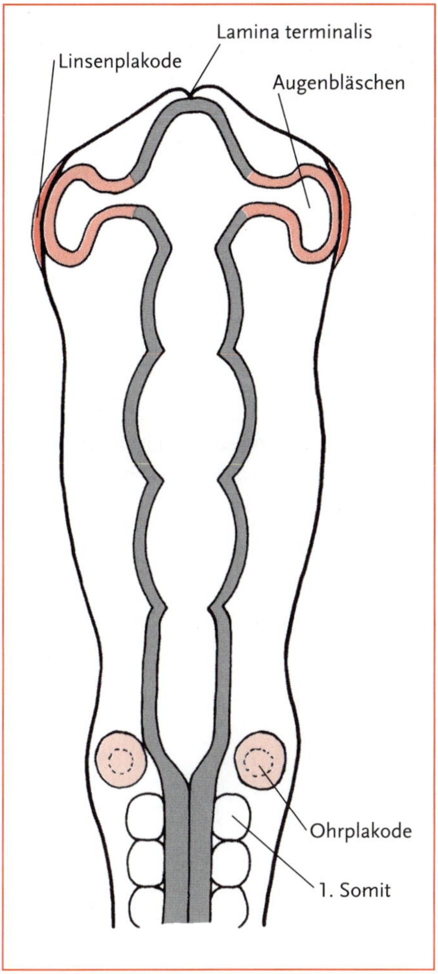

Abb. 25: Entwicklung des Augenbläschens und der Linsenplakode

Die Fähigkeit, auf die Berührung des Augenbläschens hin mit der Bildung der Linsenplakode zu reagieren, kommt einem größeren Areal zu als dem, aus dem im Normalfall die Linsenplakode wird. Man bezeichnet dieses Areal des Oberflächenektoderms als **Linsen-** oder **Augenfeld**. Das Augenbläschen muß das Oberflächenektoderm in einem bestimmten zeitlichen Fenster berühren, um die Bildung einer Linsenplakode auszulösen.

Der mexikanische Höhlenfisch *Anoptichtys jordani* entwickelt im Gegensatz zu der in Flüssen lebenden Spezies *Astyanax mexicanus*, aus der er sich entwickelt hat, nur rudimentäre Augen. Dies kommt dadurch zustande, daß die Entwicklung des Augenbläschens verzögert ist. Dieses Prinzip, mit dem durch zeitliche Verschiebung von Entwicklungsabläufen morphologische Veränderungen erzielt werden, wird als **Heterochronie** bezeichnet.

Die Linsenplakode senkt sich unter das Niveau des Oberflächenektoderms, kugelt sich ab und bildet auf diese Weise ein **Linsenbläschen**. Dadurch wird das Augenbläschen eingedellt und es entsteht der **Augenbecher**. Diese Eindellung erfolgt von schräg unten, so daß an der kaudalen Seite des Augenbechers eine Spalte entsteht, die **Augenbecherspalte**. In dieser Spalte verläuft die **A. hyaloidea** und erreicht den Raum zwischen Linsenbläschen und Augenbecher. Sie versorgt den **Glaskörper** während seiner Entwicklung. Der Glaskörper ist zunächst sehr zellarm und be-

Abb. 26: Entwicklung des Augenbechers

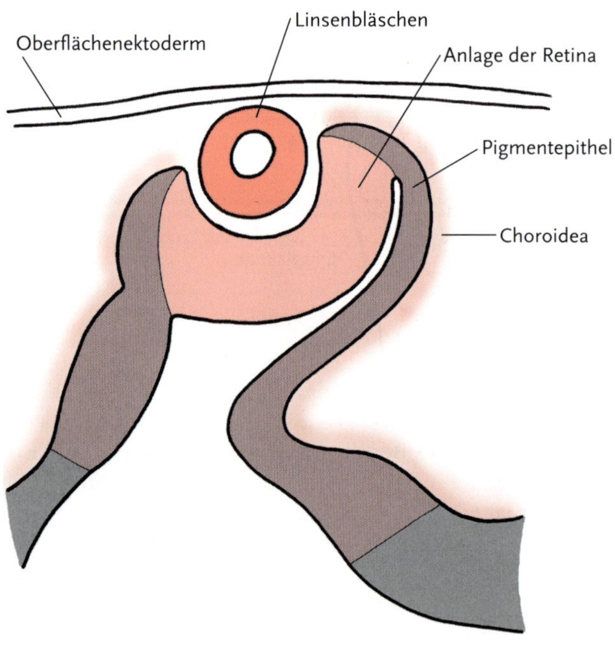

steht hauptsächlich aus extrazellulärer Matrix. Im späteren Verlauf der Entwicklung schließt sich die Augenbecherspalte.

Aus dem Linsenbläschen entsteht die **Linse des Auges**, aus dem äußeren Blatt des Augenbechers das **Pigmentepithel**, aus seinem inneren Blatt die **Retina**. Der Augenbecherstil, das ist die Verbindung zwischen dem Augenbecher und dem Dienzephalon, wird zum **N. opticus**.

Die Induktion der Linse durch das Augenbläschen ist ein klassisches Beispiel für das Phänomen der **embryonalen Induktion**. Sie vollzieht sich in mehreren Schritten, von denen die Berührung des (durch vorangegangene Induktionsschritte kompetent gemachten) Augenfeldes durch das Augenbläschen nur einer ist. Es wird angenommen, daß die Induktion des Augenfeldes durch das darunterliegende Kopfmesoderm erfolgt.

Molekulare Aspekte der Augenentwicklung

Im Augenfeld wird ein **Paired-box-Gen** exprimiert, nämlich ***Pax-6***. Unterbleibt die Expression von ***Pax-6***, so erfolgt keine Linseninduktion.

Eine ähnliche Rolle wie ***Pax-6*** spielt auch das **Bone morphogenetic protein 7 (BMP-7)**, das in der sich entwickelnden Retina und in der Linsenplakode exprimiert wird. Wird dieses Protein durch Antikörper blockiert, so entwickelt sich kein oder ein wesentlich kleineres Auge. Dies ist auf die gestörte Interaktion zwischen Linsenplakode und Augenbläschen zurückzuführen.

Das Gen ***eyeless*** von Drosophila ist dem Gen ***small eye*** (bzw. ***Pax-6***) bei Maus und Mensch homolog. Durch ektopische Expression des ***eyeless***-Gens in Drosophila können **ektopische Augen** induziert werden. Es scheint daher ***eyeless*** in der Signalkaskade, die zur Augenentwicklung in Metazoen führt, einen sehr hohen Rang einzunehmen. Wie schon der Name sagt, entwickeln sich keine Augen, wenn die Expression von ***eyeless*** fehlt. Die Mutation des ***Pax-6***-Gens führt beim Menschen zum Syndrom der Aniridia. An der Entwicklung des Auges sind vermutlich ca. 2500 Gene beteiligt.

Linse

Die epithelialen Zellen, die im Linsenbläschen hinten liegen, verlängern sich sehr stark zu **Linsenfasern**, in denen Kristalline produziert werden. Das sind Proteine, die für die Transparenz der Linse verantwortlich sind. Die Expression von Kristallinen setzt die Expression von ***Pax-6*** im Linsenepithel voraus.

Die Differenzierung der Linsenfasern wird durch die Retina induziert. Wird das Linsenbläschen in einem sich entwickelnden Auge derart rotiert, daß die ursprünglich rostral gelegenen Epithelzellen nach okzipital zu liegen kommen, so entwickeln sich aus diesen Linsenfasern.

Im Laufe der weiteren Entwicklung findet die Neubildung von Linsenfasern am Äquator der Linse statt (auch nach der Geburt, in geringem Maße zeitlebens). Dadurch wird die ursprünglich kugelförmige Linse immer flacher. Dies führt dazu, daß die Brechkraft der Linse ständig abnimmt und sich dem Wachstum des Auges anpaßt.

Das Wachstum der Linse wird durch den **Thrombozytenwachstumsfaktor** (**Platelet-derived growth factor**, **PDGF**) gesteuert. Die Zellen des Linsenepithels weisen Rezeptoren für PDGF auf, der von der Iris und dem Corpus ciliare gebildet wird.

Retina

Die Retina entwickelt sich aus dem **inneren Blatt des Augenbechers**, das zunächst in der Struktur dem Neuroepithel des Neuralrohrs ähnelt und eine (durch die Einstülpung des Augenbechers) außen liegende Mantelzone und eine innen liegende Marginalzone erkennen läßt. Am Ende des zweiten Entwicklungsmonats beginnen Zellen aus der Marginalzone nach innen zu wandern und eine **innere Neuroblastenschicht** zu bilden, aus der später die **Ganglienzellschicht** entsteht. Die außen liegende ehemalige Mantelzone wird als **äußere Neuroblastenschicht** bezeichnet. Aus dem äußeren Teil der äußeren Neuroblastenschicht gehen am Ende des dritten Monats die Vorläufer der **Stäbchen- und Zapfenzellen** hervor, der innere Teil wird zu den **bipolaren Ganglienzellen** der **inneren Körnerzellschicht**. Die Differenzierung der Zellen erfolgt von zentral nach peripher. Fortsätze der Ganglienzellen wachsen von peripher nach zentral. Diese Richtungssteuerung des Axonwachstums ist, wie aus Transplantationsexperimenten hervorgeht, eine der Retina inhärente Eigenschaft.

In der sich entwickelnden Retina von Hühnern werden β–**Integrine** exprimiert. Wird deren Expression durch Antikörper verhindert, so unterbleibt die Wanderung der Vorläufer der Ganglienzellschicht.

Das **Corpus ciliare** und die **Iris**, insbesondere auch der **Musculus dilatator pupillae** entwickeln sich aus dem vorderen Anteil der Retina (**Pars caeca**) und dem Pigmentepithel. Der **Musculus ciliaris** ebenso wie das **Irisstroma** sowie wahrscheinlich auch der **Musculus sphincter pupillae** gehen aus der Neuralleiste hervor. Es wird auch eine Herkunft des M. sphincter pupillae aus der Retina diskutiert. Die **Pigmentierung des Auges** ist durch die Menge der Melanozyten im Irisstroma bedingt. Die definitive Pigmentierung entsteht erst nach der Geburt bis zum Ende des ersten Lebensjahres. Bei vielen Neugeborenen ist die Iris zunächst blau. Je mehr Melanozyten vorhanden sind, desto mehr verändert die Iris ihre Pigmentierung über grau und grün zu braunschwarz.

Kornea

Die Kornea entsteht unter dem induktiven Einfluß des Linsenbläschens aus dem Oberflächenektoderm. Die Basalzellen des Oberflächenektoderms bilden im Bereich der Linse ein praktisch zellfreies **primäres Hornhautstroma**. An dessen Innenseite wandern Neuralleistenzellen ein und bilden das **hintere Hornhautendothel**. Dieses sezerniert **Hyaluronsäure**. Ähnlich wie auch in der Extremitätenanlage für Muskelzellen ist dieses hyaluronatreiche Mesenchym ein gutes Substrat für die Einwanderung weiterer Neuralleistenzellen. Diese mesenchymalen Zellen produzieren **Hyaluronidase**, die das wasserbindende Hyaluronat abbaut. Dadurch kommt es zu einer Dehydratation der Kornea und sie wird durchsichtiger. Für diese Dehydratation ist auch das Schilddrüsenhormon **Thyroxin** von Bedeutung.

Äußeres Auge

Die Entwicklung der **Sklera** (und auch die der **Choroidea**) werden durch das darunterliegende Pigmentepithel induziert, das jedoch seinerseits in seiner Entwicklung vom umgebenden Mesenchym abhängt. In der siebten Woche entstehen die **Augenlider** als Falten des Oberflächenektoderms. Oberes und unteres Augenlid verschmelzen in der achten Woche miteinander. Im siebten Entwicklungsmonat öffnet sich die Verlötung der Augenlider.

Die quergestreifte **äußere Augenmuskulatur** entstammt dem **praechordalen Mesoderm**, das vor der Spitze des Kopffortsatzes liegt.

Fehlbildungen und Entwicklungsstörungen des Auges

Anophthalmie

Anophthalmie, d. h. das komplette Fehlen des Bulbus oculi, ist als isolierte Fehlbildung sehr selten. Sie entsteht durch eine Störung der Induktion zwischen Augenbläschen und Oberflächenektoderm. Augenlider sind üblicherweise vorhanden. Im Tierexperiment kann eine Anophthalmie durch das Fehlen von Pax-6-Expression hervorgerufen werden.

Iriskolobom

Durch einen unvollständigen Verschluß der Augenbecherspalte kommt es bei dieser Fehlbildung zu einer Spaltbildung, die Iris, Ziliarkörper, Choroidea und N. opticus betreffen kann. Typischerweise sind diese Spalten nach unten gerichtet. Ein Iriskolobom ist regelmäßig auch mit einer Verkleinerung des Bulbus (Mikrophthalmie) vergesellschaftet.

Zyklopie und Synophthalmie

Unter Zyklopie versteht man die Entwicklung eines einzigen, median gelegenen Auges. Synophthalmie ist die Verschmelzung von zwei Augen. Diese Störungen werden auf eine Entwicklungsstörung des Telenzephalons sowie der **Stirn-**, **Nasen-**, **Ober-**, **und Unterkieferwülste** zurückgeführt. Die von dieser schweren Fehlbildung betroffenen Individuen versterben meist im dritten Schwangerschaftsdrittel.

Angeborene Katarakte

Katarakte (Linsentrübungen) können durch verschiedene Ursachen entstehen. Zu unterscheiden sind isolierte, erbliche Linsentrübungen, die autosomal dominant, autosomal rezessiv oder X-chromosomal vererbt werden können. Katarakte können auch als Bestandteil eines Syndroms auftreten (z.B. Alport-, Marfan- oder Werner-Syndrom). Eine wichtige Ursache sind Infektionen, z. B. **Toxoplasmose** oder **Röteln**.

> Das Auge entwickelt sich aus dem Augenbläschen, einer Ausstülpung des Prosenzephalons, sowie aus der durch das Augenbläschen induzierten Linsenplakode. An der Entwicklung des Auges beteiligen sich desweiteren Zellen aus der Neuralleiste und Zellen des Kopfmesoderms. Augenbläschen und Linsenplakode stülpen sich ein, wodurch der Augenbecher und das Linsenbläschen entstehen. Aus dem Linsenbläschen entsteht die Lens crystallinea, aus dem Augenbecher die Retina und das Pigmentepithel.

5.3.2 Ohr

Das Ohr entsteht aus verschiedenen Anlagematerialien. Das Innenohr geht überwiegend aus der Ohrplakode hervor, einer ektodermalen Verdichtung des Oberflächenektoderms unmittelbar kranial vom 1. Somiten *(siehe Abb. 25)*.

Das Mittelohr entsteht aus der 1. Pharyngealtasche und aus Materialien der ersten beiden Pharyngealbögen *(siehe Abb. 35 und Abb. 36)*. Das äußere Ohr geht aus den ersten beiden Pharyngealbögen hervor. Im Gegensatz zu anderen Säugetieren reagiert ein menschlicher Fetus bereits in utero ab dem Ende des fünften Entwicklungsmonats auf Schall.

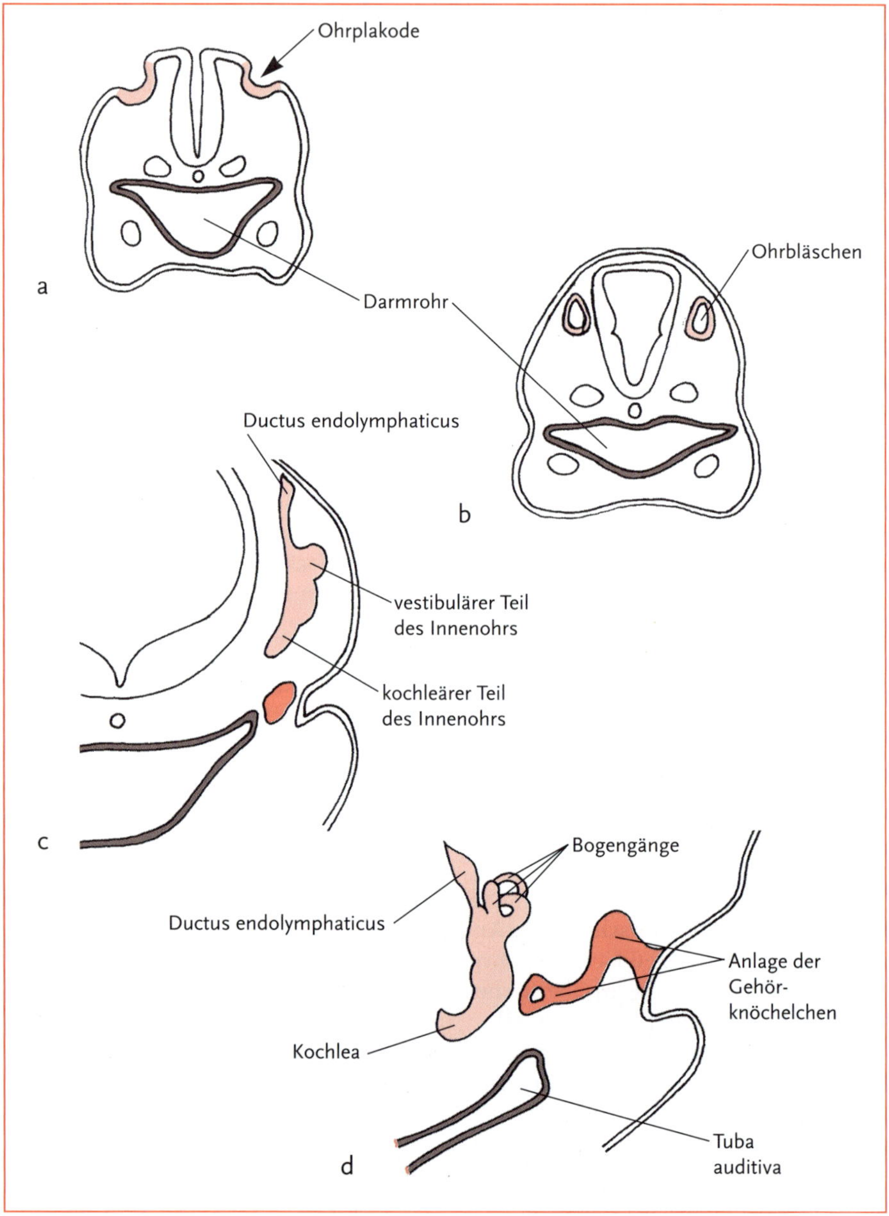

Abb. 27 a-d: Entwicklung des Innen- und Mittelohres: **a** Ende der dritten Woche, **b** Ende der vierten Woche, **c** fünfte Woche, **d** siebte Woche

Morphologische Aspekte der Entwicklung des Ohres

Innenohr

Die **Ohrplakode** wird zu Beginn des zweiten Entwicklungsmonats sichtbar und schnürt sich (ähnlich wie die Linsenplakode beim Auge) zu einem epithelialen Bläschen, dem **Ohrbläschen** ab, das die Verbindung mit dem Oberflächenektoderm verliert.

Ebenso wie die Linsenplakode wird auch die Ohrplakode von dem sich entwickelnden ZNS induziert. Die kugelige Form des Ohrbläschens geht rasch verloren, da die verschiedenen Wandabschnitte, die unterschiedlichen Abschnitten des späteren **häutigen Labyrinthes** zugeordnet werden können, in unterschiedlichem Ausmaß proliferieren. Durch diesen Prozeß verlängert sich das Ohrbläschen in rostrookzipitaler Richtung, und es entsteht zunächst ein rostraler **kochleärer Abschnitt**, der bereits in der fünften Woche erkennbar ist, und ein okzipitaler **vestibulärer Abschnitt**. Zum gleichen Zeitpunkt wird als fingerförmige Aussackung der **Ductus endolymphaticus** gebildet. Kurz darauf werden die Anlagen der **Bogengänge** und der **Kochlea** erkennbar.

Gleichfalls aus dem Epithel des Ohrbläschens gehen die **Haarzellen des Innenohrs** und die **Ganglienzellen** des **Ganglion**

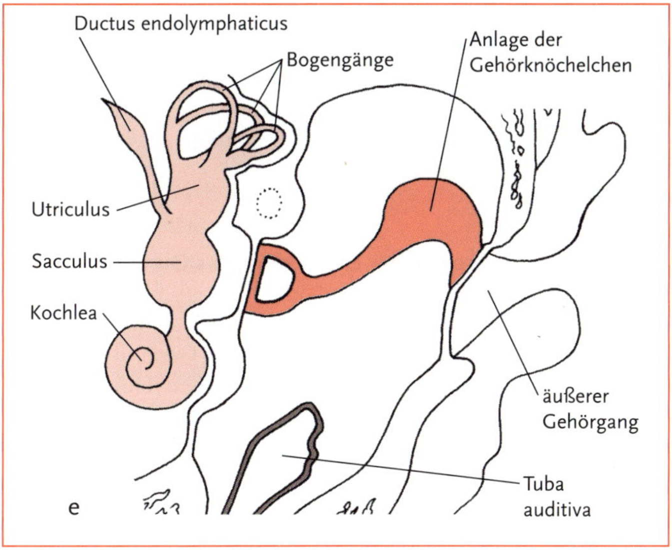

Abb. 27e: Entwicklung des Innen- und Mittelohres: siebter Monat

cochleare und **vestibulare** hervor. Das **knöcherne Labyrinth** wird durch das häutige Labyrinth induziert.

Mittelohr

Die **Ohrtrompete** (Tuba auditiva) und die epitheliale Auskleidung der Paukenhöhle gehen aus der 1. Pharyngealtasche hervor. Das **Trommelfell** entwickelt sich an der Stelle, an der die 1. Pharyngealtasche von innen die 1. Pharyngealfurche berührt. Somit ist das äußere Epithel des Trommelfells ektodermaler, das innere hingegen entodermaler Herkunft. Die **Gehörknöchelchen** entstammen dem Mesenchym des 1.und 2. Pharyngealbogens. **Malleus** und **Incus** gehen aus dem 1. Pharyngealbogen, der **Stapes** aus dem 2. Pharyngealbogen hervor *(siehe Abb. 80)*.

Die Paukenhöhle ist bis zum Ende des siebten Monats von einem lockeren Mesenchym erfüllt. Ab dem achten Monat verschwindet dieses Gewebe und die Paukenhöhle wird zu einer wirklichen Höhle.

Äußeres Ohr

Das äußere Ohr entwickelt sich aus dem Material des **1. und 2. Pharyngealbogens**, das die 1. Pharyngealfurche umgibt. Die hinteren unteren zwei Drittel der Ohrmuschel gehen aus dem Material des 2. Pharyngealbogens hervor, das obere, vordere Drittel entstammt dem 1. Pharyngealbogen. Der äußere Gehörgang entspricht der **1. Pharyngealfurche**.

Molekulare Aspekte der Entwicklung des Ohres

Die Funktion und die Entwicklung des Ohres stehen unter der Kontrolle sehr vieler Gene. Die Anzahl der Gene, die für verschiedene Formen von monosymptomatischen Hörstörungen bekannt sind, wird mit 60 bis 100 angenommen, etwa 30 davon sind bereits lokalisiert. Dazu kommt noch eine große Anzahl von Syndromen, bei denen Hörstörungen mit anderen Defekten vergesellschaftet sind.

In letzter Zeit wurden ca. 60 Mutationen im Genom von Zebrafischen gefunden, die die Entwicklung des Ohres (z. B. die Entwicklung der Bogengänge) stören. Umgekehrt werden u. a. **Homöoboxgene** wie z.B. ***dlx-3***, ***msh-C*** und ***msh-D*** räumlich und zeitlich beschränkt im Innenohr exprimiert. ***Dlx-3*** wird im Epithel der späteren Ohrplakode exprimiert, ***msh-C*** und ***msh-D*** in den Haarzellen. Auch daraus kann geschlossen werden, daß die Entwicklung des Ohres bei Vertebraten unter der Kontrolle einer großen Zahl von Genen (u. a. Homöoboxgenen) steht.

Für das Wachstum und die Differenzierung des Innenohres ist der Wachstumsfaktor **IGF-1** (**Insulin-like growth factor 1**) erforderlich. Für die Differenzierung von Haarzellen ist der Wachstumsfaktor **Brn 3-1** notwendig. Fehlt er, kommt es zu kompletter Taubheit und Verlust aller vestibulären Funktionen, da die Haarzellen vollständig fehlen. **FGF-3** wird im Rhombenzephalon und in der Ohrplakode exprimiert. Das Fehlen der FGF-3-Expression führt zu Defekten in der Entwicklung des Innenohres. Daher kann man davon ausgehen, daß FGF-3 in den Induktionsprozeß involviert ist, den das Rhombenzephalon auf das Innenohr ausübt.

Während der Entwicklung des Ohres wird in dessen Anlagematerial das **Homöoboxgen *goosecoid*** exprimiert. Ist dieses inaktiviert, so kommt es zu Defekten vorwiegend von Derivaten des 1. Pharyngealbogens (Malleus und äußerer Gehörgang). Weitere Homöoboxgene, die im sich entwickelnden Innenohr exprimiert werden, sind ***nkx-5.1*** und ***nkx-5.2*** sowie das Paired-box-Gen ***Pax-2***. Fehlt die Expression von ***Pax-2***, so bleibt die Entwicklung der Kochlea und des Ganglion spirale aus. Das Fehlen der Expression von ***HoxA-6*** führt zu schweren Defekten, die äußeres, mittleres und inneres Ohr betreffen.

In der Anlage des Innenohrs werden die Wachstumsfaktoren **EGF** (**Epidermal growth factor**) und **TGF-α** (**Transforming growth factor** α) exprimiert. Es kann angenommen werden, daß diese Wachstumsfaktoren die Entwicklung der Sinnesepithelien stimulieren. **TGF-α** wird auch eine Rolle bei der Entstehung von **Cholesteatomen** zugeschrieben.

Das **Usher-Syndrom** führt beim Menschen zu Taubheit und Blindheit. Beim Typ I B ist das Gen, das diese Krankheit auslöst, auch in seiner Funktion bekannt. Es handelt sich um das Gen für **Myosin VIIA**. Dieses Myosin wird in der Retina und in den Sinnesepithelien des Innenohrs exprimiert. Zwar ist die genaue Rolle von Myosin VIIA nicht bekannt, doch kann aufgrund der molekularen Eigenschaften des Genproduktes angenommen werden, daß ein Zusammenhang mit zellulären Transport- oder Bewegungsvorgängen besteht.

Beim **Waardenburg-Syndrom** treten Hör- und Pigmentationsstörung auf. Diese Fehlbildung wird durch eine Mutation des ***Pax-3*-Gens** hervorgerufen. ***Pax-3*** wird u.a. in Neuralleistenzellen exprimiert. Bei Defekten von ***Pax-3*** kommt es im Tierexperiment zu Migrations- und Differenzierungsstörungen von Neuralleistenzellen.

Fehlbildungen und Entwicklungsstörungen des Ohres

Mikrotie, Anotie

Die Anotie, das Fehlen des äußeren Ohres, sowie die Mikrotie, eine Verkleinerung des äußeren Ohres, können durch ein weites Spektrum unterschiedlicher Ursachen hervorgerufen werden. Bei den erblichen Formen unterscheidet man monosymptomatische und syndromische. Mikrotie und Anotie können auch bei **Chromosomenaberrationen** beobachtet werden, z. B. bei Trisomie 21. Mütterliche Erkrankungen (**Diabetes**), mütterlicher **Alkoholabusus** während der Schwangerschaft sowie **Medikamente** (Thalidomid) können ebenfalls zu einer Mikrotie oder Anotie führen.

Erbliche Hörstörungen

Erbliche Hörstörungen stellen ein bedeutendes, oft unterschätztes volksgesundheitliches Problem dar. Etwa 2 % der Bevölkerung sind von erblichen Hörstörungen betroffen, seien diese monosymptomatisch oder ein Teil von Syndromen. Es wird angenommen, daß etwa 60 bis 100 verschiedene Gene an monosymptomatischen erblichen Hörstörungen beteiligt sind. Die Vererbungsmodi können **autosomal dominant**, **autosomal rezessiv**, **X-chromosomal** oder **mitochondrial** sein. Bei der Mehrzahl der erblichen monosymptomatischen Hörstörungen finden sich keine morphologischen Defekte.

Entwicklungsstörungen des Ohres durch Infektionen

Eine **Rötelninfektion** der Mutter während des zweiten Entwicklungsmonats kann zu einer Entwicklungsstörung des Corti-Organs und damit zu einer schweren Beeinträchtigung des Hörvermögens führen.

> Das äußere Ohr entsteht ebenso wie das Mittelohr aus Materialien der ersten beiden Pharyngealbögen. Die Auskleidung der Paukenhöhle und die Tuba auditiva entstammen der 2. Pharyngealtasche. Das Innenohr geht aus der Ohrplakode hervor, die im Oberflächenektoderm durch das Rhombenzephalon induziert wird.

5.3.3 Haut

Die Haut besteht aus zwei Anteilen, die während der Entwicklung miteinander interagieren und eng miteinander verbunden sind, der **Epidermis** (**Oberhaut**) und der **Dermis** (**Lederhaut**).Die Epidermis entsteht aus dem Ektoderm, die Dermis aus dem Mesoderm, im Kopfbereich auch aus dem Mesektoderm, das aus der Neuralleiste hervorgeht.

Epidermis

Die erste Anlage der Oberhaut besteht aus einem einschichtig isoprismatischen Epithel, das am Ende des ersten Monats zweischichtig wird. Die Oberhaut bildet dann eine äußere Schicht abgeplatteter Zellen, das **Periderm**. Sowohl in der basalen Zellschicht als auch im Periderm teilen sich die Zellen lebhaft. Im dritten Monat wird die Epidermis dreischichtig. Man unterscheidet dann eine basale (germinative), eine intermediäre und eine peridermale Zellschicht. Zellteilungen laufen in der basalen Zellschicht ab. Die Differenzierung der Epidermiszellen (**Keratinozyten**) beginnt in der intermediären Zellschicht. In der Fetalzeit nimmt die Epidermis weiter an Dicke zu und entwickelt sich zu einem mehrschichtigen verhornenden Plattenepithel. Dabei

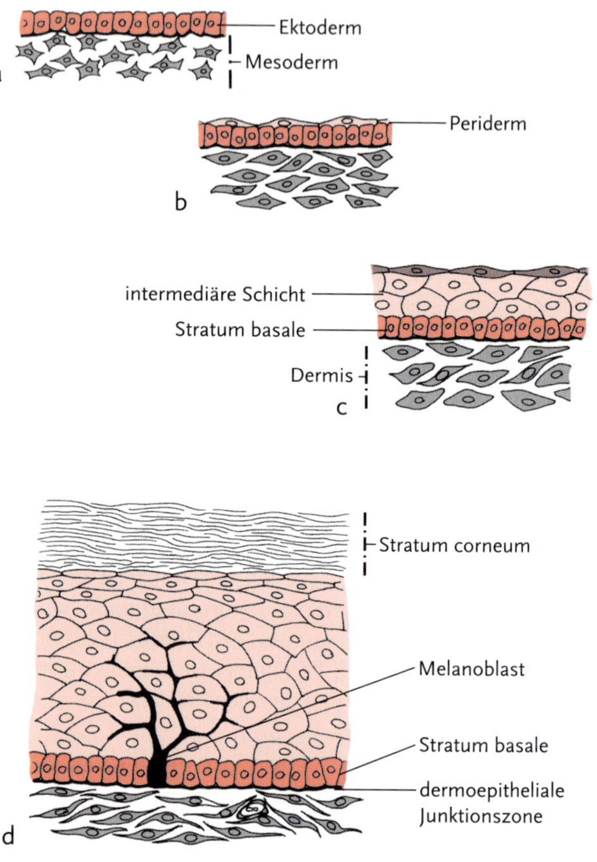

Abb. 28: Entwicklung der Haut:
a nach einem Monat
b nach zwei Monaten
c nach drei Monaten
d nach neun Monaten

geht die Peridermschicht verloren. Die durch Zellteilungen an der Basis der Epidermis laufend gebildeten Zellen durchwandern die verschiedenen Schichten der Epidermis in apikaler Richtung. Dabei verändern sie ihr Aussehen, ihre Adhäsivität und ihre biochemischen Eigenschaften, bis sie schließlich an der Oberfläche der Epidermis als Hornschuppen abschilfern. Während des Differenzierungsprozesses werden von den Keratinozyten besondere Proteine, die **Keratine**, gebildet, die sich zu Filamentbündeln zusammenlagern.

In der äußeren Zone des Stratum spinosum und besonders deutlich im Stratum granulosum treten **Keratohyalinkörnchen** auf. Diese Granula bestehen aus zwei Proteinkomplexen, die mit den Keratinfilamenten assoziiert sind. Die Keratinozyten, die sich im Stratum corneum in Hornschuppen verwandeln, verlieren den Zellkern und werden durch das histidinreiche Protein **Filaggerin** miteinander verbunden.

Die Proliferationsaktivität der basalen epidermalen Zellen wird durch Wachstumsfaktoren kontrolliert. Epidermal growth factor (EGF), Transforming growth factor α (TGF-α), Insulin-like growth factor 1 und 2 sowie Fibroblast growth factor 1 und 2 (FGF-1 und FGF-2) fördern die Proliferation. Interferone, Tumor necrosis factor (TNF) und Transforming growth factor β (TGF-β) vermindern die Proliferationsaktivität.

Zu den Keratinozyten der Epidermis gesellen sich einwandernde Zellen, die unterschiedlicher Herkunft sind und verschiedene Funktionen haben. Die **Melanoblasten** entstammen der Neuralleiste. Sie wandern aus der Neuralleiste auf einem dorsalen Weg innerhalb der Dermis nach lateral aus. Von der Dermis gelangen sie in die Epidermis. Dort liegt ihr Zellkörper basal und ihre zahlreichen Fortsätze treten mit benachbarten Keratinozyten in Kontakt. Sie bilden das braun-schwarze Pigment **Melanin**, das in besonderen Granula, den **Melanosomen**, reichlich vorkommt und an die Keratinozyten weitergegeben wird.

Ein anderer Zelltyp, die **Langerhans-Zelle**, gehört zum Immunsystem der Haut, das auch als SALT (Skin-associated lymphatic tissue) bezeichnet wird. Die Langerhans-Zellen entstammen dem Knochenmark. Sie können sich in der Epidermis teilen und diese dann wieder verlassen. Sie liegen suprabasal, sind verzweigt und gehören zu den antigenpräsentierenden Zellen.

Ein dritter Zelltyp in der Epidermis sind die **Merkel-Zellen**. Markierungsexperimente in Vogelembryonen haben gezeigt, daß die Merkel-Zellen der Neuralleiste entstammen. Einige Untersucher halten diese Zellen jedoch für modifizierte Keratinozyten. Sie stehen mit freien Nervenendigungen in Verbindung und werden als Mechanorezeptoren und neuroendokrine Zellen angesehen.

Dermis

Die Dermis ist unterschiedlicher Herkunft. Im Bereich des Rückens entwickelt sie sich aus den Dermomyotomen der Somiten. In der Bauchwand und den Extremitäten geht sie aus der Somatopleura hervor. Im Gesicht und am Hals ist die Dermis mesektodermaler Herkunft. In den frühen Stadien der Hautentwicklung ist das dermale Bindegewebe locker strukturiert und reich an Hyaluronsäure. Es verdichtet sich zunehmend und die Fibroblasten sezernieren Kollagen der Typen I und III sowie elastische Fasern. Die Dermis wird sehr stark vaskularisiert, und nach der achten Woche wachsen Nervenfasern ein.

Das **subkutane Fettgewebe** entsteht in der zweiten Schwangerschaftshälfte in sogenannten **Fettorganen**. Dies sind bindegewebige Läppchen, die eine eigene Gefäßversorgung aufweisen. In den Fettorganen entstehen aus mesenchymalen Zellen durch Triglyzeridsynthese zunächst plurivakuoläre, dann univakuoläre Fettzellen.

Dermo-epidermale Interaktionen

Trennt man Ektoderm und Dermisanlage und kultiviert beide Anteile isoliert, so entwickelt sich weder eine typische Epidermis noch eine Dermis. Für eine normale Entwicklung der Haut ist demnach zwischen beiden Schichten durch die Basalmembran hindurch ein Informationsaustausch erforderlich. Rekombinationsexperimente haben gezeigt, daß die Dermisanlage die Ektodermdifferenzierung kontrolliert. Wird Ektoderm der Fußsohle mit Dermisanlage der Kopfhaut kombiniert, dann entwickelt sich typische Kopfhaut mit Haaren. Eine Kombination von Bauchektoderm mit Dermisanlage der Fußsohle führt zur Bildung typischer Sohlenhaut. Auch die Hautleisten und Hautfelder entwickeln sich unter dem kontrollierenden Einfluß der Dermis. Das Muster der Hautleisten und Beugefurchen ist genetisch festgelegt. Als Mediatoren des dermo-epidermalen Dialogs kommen Cadherine, NGF, EGF und Retinoide in Betracht.

Fehlbildungen der Haut

Die **Ichthyosis** (griechisch *ichthys*, Fisch) ist eine angeborene Hyperkeratose, die durch eine starke Schuppung der Haut charakterisiert ist. Bei dieser autosomal rezessiv vererbten Erkrankung sind das Wachstum der Haare und die Entwicklung der Schweißdrüsen beeinträchtigt.

Unter **Albinismus** versteht man eine autosomal rezessiv vererbte Pigmentierungsstörung. Die Melanozyten können aufgrund des Mangels an Tyrosinase kein Melanin bilden.

Häufig sieht man Gefäßfehlbildungen im Bereich der Haut, die als **Hämangiome** auftreten.

Hautanhangsgebilde

Als Folge induktiver Einflüsse von seiten der Dermis bildet die Epidermis Anhangsgebilde wie Haare, Nägel, Schweiß- und Talgdrüsen, Brustdrüsen und das Schmelzorgan der Zähne.

Haare

Die Haaranlage wird um die zwölfte Woche als eine nach basal gerichtete lokale Ektodermverdickung sichtbar, die mit einer Kondensation des dermalen Bindegewebes (**Haarpapille**) verbunden ist. Die epidermale Haaranlage senkt sich kolbenförmig weiter in die Tiefe ein.

Das Ende des Kolbens erhält eine Einsenkung und nimmt die Form einer Glocke an, die dann als **Haarzwiebel** die **Haarpapille** umgibt. Proliferation und Verhornung der Epithelzellen des Haarfollikels führen zur Bildung eines voll keratinisierten Haarschaftes, der innerhalb einer epithelialen Scheide zur Hautoberfläche hinwächst und schließlich als Haar sichtbar wird. Die während der Fetalzeit auftretenden feinen Haare werden als **Flaum-** oder **Lanugohaare** bezeichnet. Nach der Geburt werden sie durch die definitiven Terminalhaare ersetzt. Auch die Haarentwicklung wird durch Dialoge zwischen Ektoderm und Mesenchym gesteuert. Zunächst erhalten die Zellen des Oberflächenektoderms Signale aus der Dermis. Dadurch wird die Lokalisation und Größe der Haarfollikel festgelegt. Danach wird durch Sig-

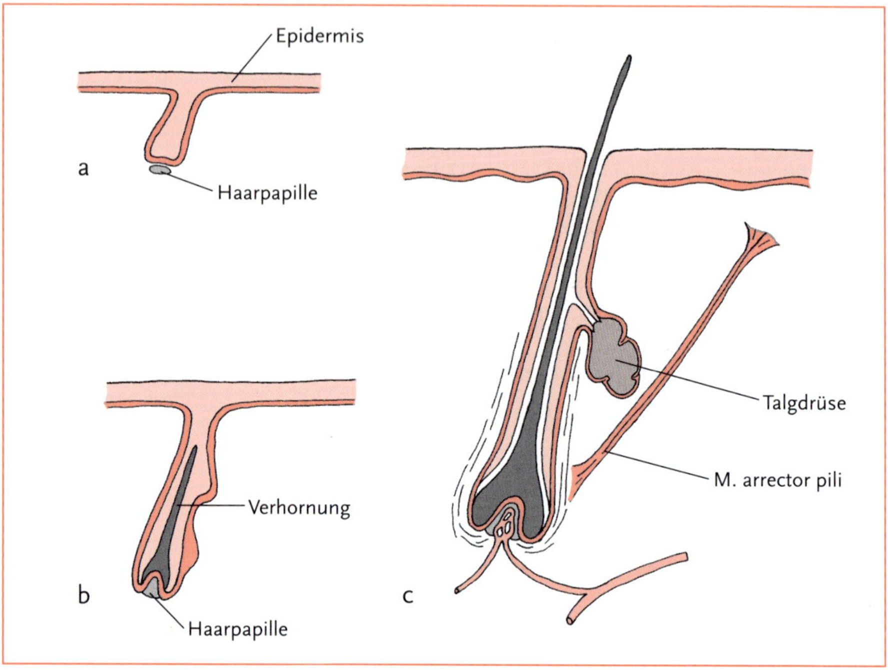

Abb. 29: Entwicklung eines Haares: **a** Haarkeim in der 15. Woche, **b** Haarfollikel in der 18. Woche, **c** postnatales Haar

nale aus dem Epithel des Haarfollikels die dermale Haarpapille organisiert. Schließlich werden Proliferation und Differenzierung der ektodermalen Zellen des Haares durch die dermale Haarpapille kontrolliert. Bei diesen Prozessen spielt die Expression von Zelladhäsionsmolekülen wie E-Cadherin, B-Cadherin und N-CAM wahrscheinlich eine wesentliche Rolle.

Talgdrüsen

Aus dem Epithel des Haarfollikels entstehen nahe der Hautoberfläche die Talgdrüsen. Beim Einwachsen in die Dermis verzweigen sich die Drüsenanlagen, so daß alveoläre Endstücke von den Ausführungsgängen unterschieden werden können. Die zentral in den Endstücken gelegenen Zellen gehen zugrunde und bilden ein talgartiges Sekret, das zusammen mit den abgeschilferten

Keratinozyten auf der Haut des älteren Fetus einen Schmierfilm (**Vernix caseosa**) bildet. Auf der Seite des Haarfollikels, auf der er mit der Epidermis den größten Winkel bildet und auf der die Talgdrüse liegt, entwickelt sich aus dermalen Mesenchymzellen ein glatter Muskel (**M. arrector pili**). Er spannt sich zwischen Haarfollikel und dermo-epidermaler Junktionszone aus. Die Kontraktion dieses Muskels führt zur Aufrichtung des Haares und dadurch zum Bild der Gänsehaut. An einigen Körperstellen (z.B. Glans penis oder Labia minora) entstehen die Talgdrüsen unabhängig von Haaren oder im Zusammenhang mit Haaren, die später zurückgebildet werden.

Die **anhidrotische ektodermale Dysplasie** ist ein Keimblattdefekt, der die Ektodermderivate betrifft. Je nach Schweregrad können die Epidermis, die Haare und die Zähne betroffen sein. Bei Beteiligung des Hypophysenvorderlappens kann beim Menschen das Längenwachstum reduziert sein.

Schweißdrüsen

Die Schweißdrüsen entwickeln sich aus zunächst soliden Epithelknospen, die von der epidermalen Oberfläche in die Tiefe wachsen und durch Dehiszenz langgestreckte Schläuche bilden. Durch Verdickung der Endabschnitte entstehen die sezernierenden Endstücke, die von kontraktilen **myoepithelialen Zellen** ektodermaler Herkunft umgeben werden.

Nägel

Die Entwicklung der Nägel beginnt in der zehnten Woche mit einer Verdickung der Epidermis an der Dorsalseite des distalen Fingergliedes (**primäres Nagelfeld**). Dieses primäre Nagelfeld wird dann proximal und lateral von einer Epidermisfalte, der **Nagelfalte** (**Nagelwall**) umgeben, von der aus Zellen über das Nagelfeld zur **Nagelplatte** auswachsen. Das Epithel der Nagelplatte geht mit Ausnahme des proximalen Randes (**Eponychium**) zugrunde. Bis zur 32. Woche sind die Fingerkuppen, bis zur 36. Woche die Zehenkuppen mit Nägeln bedeckt, was als Reifezeichen angesehen wird.

Milchdrüsen

Die Entwicklung der Milchdrüsen (Brustdrüsen) geht von Ektodermleisten aus, die sich zwischen Arm- und Beinanlagen entwickeln. Diese Leisten verlaufen von der Axilla über die Brust- und Bauchwand zur Innenseite des Oberschenkels und werden als **Milchleisten** bezeichnet.

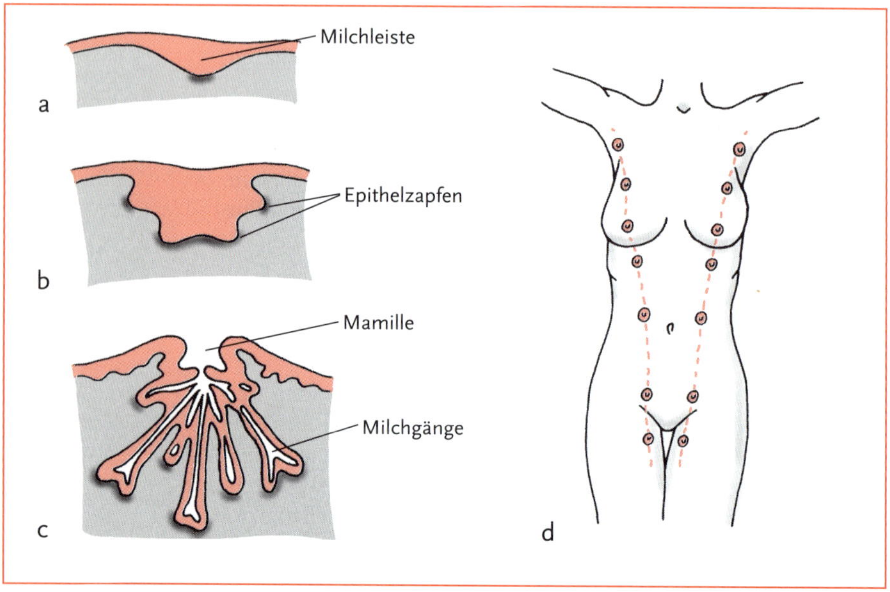

Abb. 30: Entwicklung der Milchdrüse: **a** Anschnitt der Milchleiste, **b** ein Epithelzapfen wächst in die Tiefe und verzweigt sich, **c** dichotomische Aufzweigung der epithelialen Drüsengänge, **d** Projektion der Milchleiste auf den adulten Körper mit möglichen Lokalisationen überzähliger Brustdrüsen

Normalerweise verschwindet der größte Teil der Milchleiste. Nur im Brustbereich wächst unter dem induktiven Einfluß des dermalen Mesenchyms beiderseits ein Epithelzapfen am Ort der späteren Brustwarze in die Tiefe. Die kolbenförmige Anlage verbreitert sich basal, und unter dem Einfluß des ortsständigen Bindegewebes verzweigt sich die epitheliale Anlage baumartig. Unter dem Einfluß der mütterlichen und plazentaren Hormone können die Drüsenendstücke schon bei Neugeborenen sezernieren (**Hexenmilch**). Bis zur Pubertät verbleibt die Brustdrüse in einem relativ undifferenzierten Zustand. Bei Mädchen vergrößert sich die Brustdrüse durch die Proliferation von Binde- und Fettgewebe. Die weitgehende Rückbildung der Brustdrüse beim männlichen Geschlecht erfolgt unter dem Einfluß von Testosteron. Das Drüsengewebe gewinnt seine Funktionstüchtigkeit erst bei Vorliegen einer Schwangerschaft, dann kommt es auch zu einer Vermehrung des Drüsenepithels durch Aussprossung. Überzählige Brustwarzen (**Polythelie**) kommen entlang der Milchleiste relativ häufig vor. Überzählige Brustdrüsen werden als **Polymastie** bezeichnet.

Die Haut entwickelt sich aus Ektoderm, das die Epidermis liefert, und Mesoderm bzw. Mesektoderm, das sich zur Dermis differenziert. Beide Bestandteile interagieren miteinander, wobei die Dermis eine Kontrollfunktion ausübt. Das gilt auch für die Entwicklung der Hautanhangsgebilde wie Haare und Drüsen.

KAPITEL 6

Entoderm

6.1 Grundprinzipien der Entwicklung des Entoderms

Durch die Entwicklung der definitiven Körperform entsteht aus dem flächenhaften Entoderm, das an der Unterseite der dreiblättrigen Keimscheibe liegt, ein Rohr (**Entodermrohr**) im Inneren des Embryos. Dieses Rohr grenzt kranial mit der Bukkopharyn-

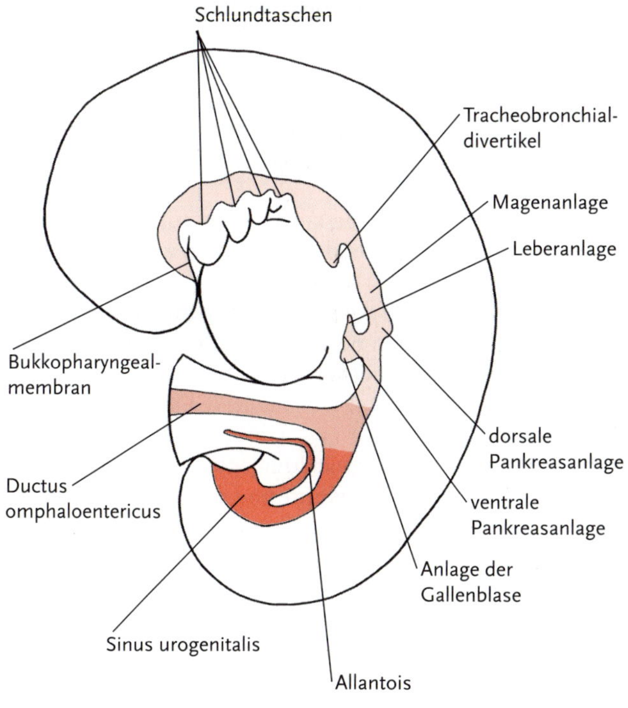

Abb. 31: Übersicht über das Entodermrohr zu Beginn des zweiten Entwicklungsmonats. Vorderdarm, Mitteldarm und Hinterdarm sind mit verschiedenen Rotschattierungen dargestellt.

gealmembran und kaudal mit der Kloakenmembran von innen an die äußere Körperoberfläche. Durch die Ruptur der Bukkopharyngealmembran am Beginn des zweiten Entwicklungsmonats und der Analmembran (des dem Darmrohr zugehörigen Abschnitts der Kloakenmembran) am Ende des zweiten Entwicklungsmonats gewinnt dieses Rohr Verbindung mit der äußeren Umgebung des Körpers.

Das Entodermrohr steht desweiteren über den Dottergang (Ductus omphaloentericus) durch den Nabel mit dem Dottersack in Verbindung. Aus diesem Rohr entwickeln sich einerseits das **Darmrohr** im eigentlichen Sinne und andererseits eine große Gruppe von anderen Organen, wie etwa die Schilddrüse, große Teile des Respirationstraktes, Leber, Pankreas, Harnblase etc., die im folgenden unter dem Begriff **entodermale Organe** zusammengefaßt werden. Das Entstehungsprinzip der verschiedenen entodermalen Organe ist stets das gleiche:
Durch eine lokale Erhöhung der Proliferationsrate von entodermalen Zellen entsteht eine (sich eventuell dichotom verzweigende) Aussackung aus dem Entodermrohr.

- Die Aussackung bleibt mit dem Entodermrohr verbunden, dann entsteht eine exokrine Drüse, z. B. exokriner Anteil des Pankreas.
- Die Aussackung verliert die Verbindung mit dem Entodermrohr, dann entsteht eine endokrine Drüse, z. B. endokriner Anteil des Pankreas.
- Die Aussackung verliert die Verbindung mit dem Entodermrohr und gewinnt einen neuen Anschluß an eine innere oder äußere Körperoberfläche, dann ensteht ein Hohlorgan, z. B. die Harnblase.

Für die Entstehung und Entwicklung entodermaler Organe sind **Interaktionen zwischen Entoderm und dem umgebenden Mesenchym** erforderlich.

So lassen sich beispielsweise zusätzliche Lungenanlagen durch die Applikation von EGF (Epithelial growth factor) induzieren. Leber läßt sich z.B. durch kardiogenes Mesoderm induzieren. Daraus kann gefolgert werden, daß die organtypische Differenzierungsinformation aus dem Mesoderm kommt und auf das Entoderm im Sinne einer ***embryonalen Induktion*** wirkt. Die Spezifität des mesenchymalen Signals ist für verschiedene entodermale Organe höchst unterschiedlich.

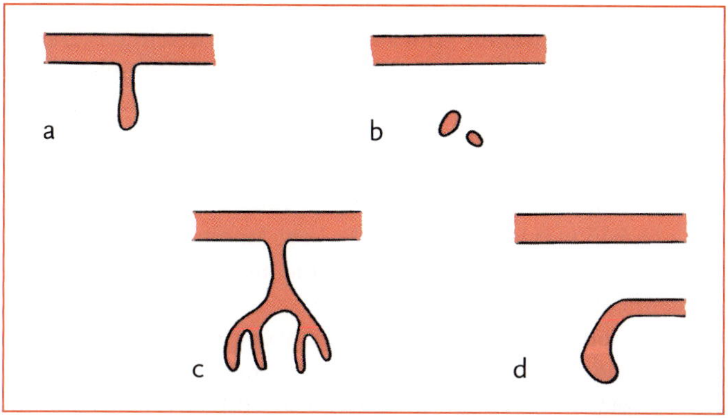

Abb. 32: Entwicklungsmöglichkeiten des Entoderms:
a Aussackung aus dem Entodermrohr
b endokrine Drüse (z.B. Inselorgan des Pankreas)
c exokrine Drüse (z.B. exokriner Anteil des Pankreas)
d Hohlorgan mit eigener Mündung an die Körperoberfläche (z.B. Harnblase)

6.2 Entwicklung des Darmrohrs im eigentlichen Sinne

6.2.1 Abschnitte und Baumaterialien

Das Entodermrohr eines Embryos unmittelbar nach der Entwicklung der definitiven äußeren Körperform läßt drei Abschnitte erkennen: Der Abschnitt von der Bukkopharyngealmembran bis zum kranialen Rand des Abganges des Dottersacks wird als **Vorderdarm** bezeichnet, der Bereich, der zwischen dem kranialen und dem kaudalen Rand des Abganges des Dottersackes liegt, heißt **Mitteldarm**, der Abschnitt kaudal davon, der bis zur Kloake reicht, ist der **Hinterdarm**.

Das Entodermrohr wird von Splanchnopleuramesoderm umgeben, in das Neuralleistenzellen einwandern. Aus dem Entodermrohr entsteht die Lamina epithelialis der Darmschleimhaut. Die anderen Schichten des Darmrohrs entwickeln sich aus dem Splanchnopleuramesoderm. Aus den eingewanderten Neuralleistenzellen entstehen die intramuralen Nervenplexus.

6.2.2 Histogenese des Darmrohrs

Zu Beginn des zweiten Entwicklungsmonats besteht das Darmrohr aus einem hochprismatischen Epithel, das von Splanchnopleuramesoderm umgeben ist. Als erste der definitiven Schichten ist die **Tunica muscularis** zu erkennen, und zwar dadurch, daß diejenigen Zellen des Splanchnopleuramesoderms, aus denen später die Muskelzellen der Tunica muscularis propria hervorgehen werden, sich zirkulär bzw. longitudinal anordnen. Danach grenzt sich die spätere **Lamina muscularis mucosae** als Zellverdichtung ab.

Die regionaltypische Differenzierung der Schleimhaut erfolgt zuletzt, und zwar häufig auf Umwegen. So ist z. B. der Ösophagus zeitweise von einem geschichteten Flimmerepithel ausgekleidet, das Kolon weist pränatal Zotten auf.

Die verschiedenen Zellen der **Lamina epithelialis mucosae** gehen alle (prae- ebenso wie postnatal) aus einer einzigen Stammzellpopulation hervor. Das regionaltypische Differenzierungsmuster wird dabei durch das Mesoderm der Darmwand induziert. Die funktionelle Differenzierung der entodermalen Zellen hängt in starkem Maße von Glukokortikoiden ab, die auf die Zellen des Entoderms einen differenzierungsfördernden Einfluß ausüben.

6.2.3 Entwicklung der einzelnen Abschnitte des Darmrohrs

Pharynx und Larynx

(Siehe Kapitel zur Entwicklung von Kopf und Hals sowie Entwicklung des Respirationstraktes.)

Ösophagus

In die Wand des Ösophagus wandern somitische Zellen ein, die sich zu quergestreifter Muskulatur differenzieren. Ansonsten weist die Entwicklung der Speiseröhre im Vergleich zur oben beschriebenen Entwicklung des Darmrohrs keine Besonderheiten auf. Ob und welche physiologische Rolle dem vorübergehend im Ösophagus auftretenden Flimmerepithel zukommt, ist unbekannt.

Magen

Die Anlage des Magens wird in der fünften Entwicklungswoche als spindelförmige Auftreibung des kaudalen Vorderdarms erkennbar. Dieser Abschnitt des Vorderdarms ist an der Vorder- und Hinterseite durch das Splanchnopleuramesoderm mit der Leibeswand verbunden (ventrales und dorsales Mesogastrium). Die Anlage des Magens grenzt links und rechts an die Zölomhöhle. Das Wachstum der dorsalen Seite der Auftreibung ist stärker als das der ventralen. Dadurch kommt es zu einer nach ventral gerichteten Konkavität. Die Anlage des Magens führt im zweiten Entwicklungsmonat eine Drehbewegung durch, wodurch

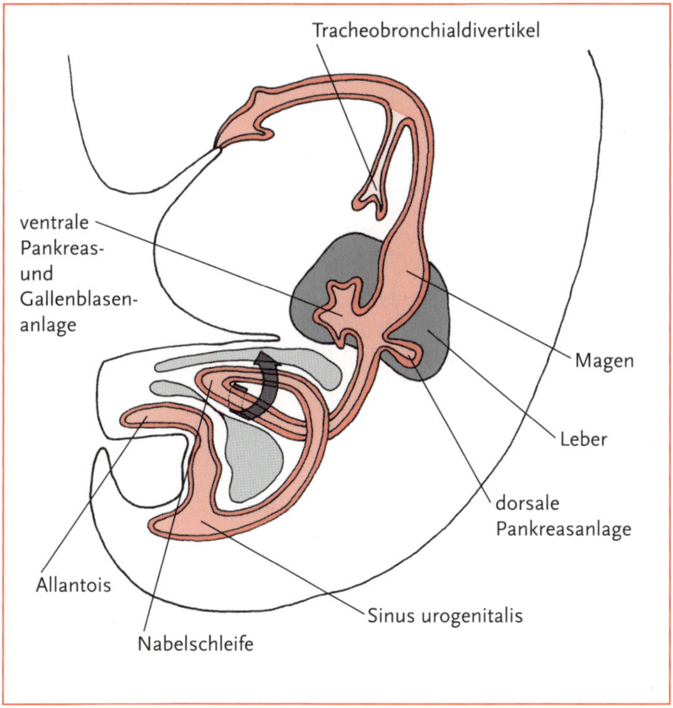

Abb. 33: Embryo zu Beginn der sechsten Entwicklungswoche. Der Pfeil zeigt die Drehrichtung der Nabelschleife an.

Abb. 34: Lageentwicklung des Magens und des Darms

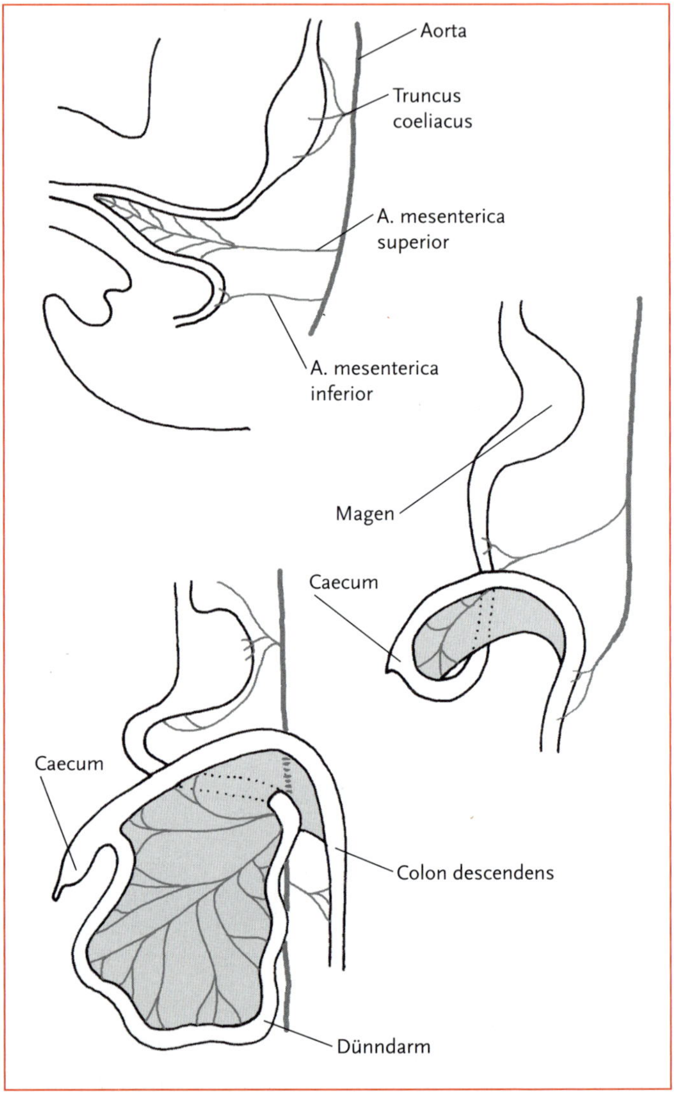

der Magen seine definitive Lage und Form bekommt. Diese **Magendrehung** kann am besten durch Zerlegung in zwei Komponenten beschrieben werden, und zwar durch Drehungen im Uhrzeigersinn um jeweils ca. 90 Grad um eine kraniokaudale und eine dorsoventrale Achse. Dadurch kommt die ursprünglich dorsal gelegene große Kurvatur an die Unterseite des Magens und dieser selbst in eine angenähert waagerechte Position, mit dem Mageneingang links und dem Magenausgang rechts.

Bereits am Beginn der Magendrehung ist die spätere **Bursa omentalis** als Eindellung der rechten Zölomhöhle erkennbar. Durch die Magendrehung gelangt sie hinter den Magen, wo sie sich nach links ausdehnt.

Die funktionelle Entwicklung der Magenschleimhaut findet mit dem Beginn der Salzsäureproduktion durch die Belegzellen kurz vor der Geburt ihren Abschluß. **Ektopische Magenschleimhaut** entwickelt sich häufig auch außerhalb des Magens, z. B. im Meckel-Divertikel. Sie kann durch die Produktion von Magensaft Geschwüre hervorrufen.

Duodenum

Nach der Magendrehung verläuft der Abschnitt des Darmrohrs, der dem Magen unmittelbar folgt, in einer frontalen Ebene annähernd waagerecht von links nach rechts (Pars transversa duodeni). In einer rechtskonvexen Schleife (Duodenalschleife) zieht das Entodermrohr zur Mittellinie zurück. Diese Schleifenbildung des Darmrohrs im Bereich des Duodenums ist ein wesentlicher Faktor für die Entwicklung der definitiven Lageverhältnisse der Ausführungsgänge von Leber, Gallenblase und Pankreas.

Jejunum, Ileum, Kolon und Appendix vermiformis

Der Abschnitt des Entodermrohrs, der Jejunum, Ileum und Kolon bildet, ist mit einem dorsalen Mesenterium an der hinteren Leibeswand fixiert, ein ventrales Mesenterium findet sich nicht. Durch das rasche Wachstum des Darmrohrs kommt es zu einer nach ventral gerichteten Schleifenbildung. Diese Schleife findet im Inneren der Zölomhöhle keinen Platz und wird daher ab der siebenten Entwicklungswoche vorrübergehend durch den Nabelring in den Nabelstrang verlagert (**physiologischer Nabelbruch**, *siehe Abb. 33, und Abb. 34*).

Während dieser Hernienbildung macht die Darmschleife eine Drehbewegung um eine dorsoventrale Achse um etwa 270 Grad gegen den Uhrzeigersinn (**Darmdrehung**, **Drehung der Nabelschleife**). Die Drehachse ist die A. mesenterica superior. Ab der zehnten Entwicklungswoche gelangen die nach extraembryonal verlagerten Abschnitte des Darmrohrs zurück in die embryonale Leibeshöhle, zuerst die Dünndarmabschnitte, dann die Dickdarmabschnitte. Die Drehung des Darms um ca. 270 Grad gegen den Uhrzeigersinn spiegelt sich im Verlauf des Kolons wieder.

Das Kolon weist vor der Geburt zahlreiche gut ausgebildete Zotten auf. Da eine wichtige vorgeburtliche Funktion des Darmrohrs die Resorption des vom Fetus geschluckten Fruchtwassers ist, dienen sie möglicherweise der Vergrößerung der Diffusionsoberfläche.

Die Appendix vermiformis entsteht durch eine Aussackung aus dem Zäkum.

6.2.4 Fehlentwicklungen des Darmrohrs

Situs inversus, invers gedrehte Nabelschleifen

Man nimmt an, daß die laterale Asymmetrie des Darmrohrs den gleichen genetischen Steuerungsmechanismen unterliegt wie die Festlegung der Lateralität des Körpers insgesamt. Darüber hinaus könnte **Tubulin** in der entwicklungsmechanischen Kaskade, die zu der Drehung der Nabelschleife führt, eine bedeutende Rolle spielen. Dies kann daraus geschlossen werden, daß beim Immotile-cilia-Syndrom, bei dem es durch einen genetischen Defekt des Tubulins zum Funktionsverlust dieses Motorproteins kommt, häufig ein Situs inversus besteht, d. h. eine spiegelbildliche Transposition von Organen, u. a. des Darmrohrs. Aber auch ohne diese Tubulinopathie kann ein Situs inversus auftreten.

Persistierender physiologischer Nabelbruch und Gastroschisis

Beiden Störungen ist gemeinsam, daß Darmabschnitte außerhalb der Leibeshöhle liegen. Beim persistierenden physiologischen Nabelbruch, bei dem die Retraktion der Darmschlingen in die Leibeshöhle unterbleibt, sind die Darmschlingen von Amnion bedeckt. Bei der Gastroschisis bildet sich die Leibeswand nicht vollständig aus und die Darmschlingen liegen offen zu Tage.

Atresien des Darmrohrs

Wenn das Epithel im zweiten und dritten Entwicklungsmonat stark proliferiert, kommt es regelmäßig zu Verklebungen der epithelialen Auskleidung des Darmrohrs, und der entsprechende Abschnitt wird undurchgängig. Normalerweise werden diese Atresien wieder durchgängig, sie können aber auch post partum persistieren.

Im Ösophagus und im Duodenum kommen derartige Atresien häufig vor. Vor der Geburt führen **Ösophagusatresien** zu einer Vermehrung des Fruchtwassers (**Hydramnion**), da der Embryo das Fruchtwasser nicht schlucken kann. Dies ist mithin ein wesentlicher Mechanismus zur Regulation des Volumens des Fruchtwassers. Neugeborene mit **Duodenalatresien** erbrechen nach dem Trinken. Unbehandelt führen Duodenalatresien ebenso wie Ösophagealatresien zum Tode.

Meckel-Divertikel

Die Verbindung des Darmrohrs mit dem Dottersack wird üblicherweise völlig zurückgebildet. Selten sind persistierende offene Verbindungen zwischen Darmrohr und Nabel (Dottergangfisteln). Häufiger sind Aussackungen aus dem Dünndarm (typischerweise ca. ein Meter oral von der Valvula ileocaecalis), die als Meckel-Divertikel bezeichnet werden. Sie sind der nicht zurückgebildete Rest der Abzweigung des Dotterganges aus dem Darmrohr. Ihre Häufigkeit wird mit bis zu 1 % angegeben. Oft sind sie klinisch unauffällig. Wenn sie jedoch Magenschleimhaut oder Pankreasgewebe enthalten, verursachen sie entzündliche Beschwerden.

Ösophageal- und Trachealfisteln

Der Ösophagus wird von der Trachea ebenso wie das Rektum vom Sinus urogenitalis durch Septen abgetrennt. Eine unvollständige Trennung führt zu Fistelbildungen, die bei der Entwicklung des Respirationstraktes bzw. bei der Entwicklung des Urogenitalapparates besprochen werden.

Megacolon congenitum (Hirschsprung-Krankheit)

Die Vorläufer der Ganglienzellen, die die intramuralen Plexus bilden, wandern aus der **Neuralleiste** in die Darmwand ein. Unterbleibt diese Einwanderung oder die ordnungsgemäße Verteilung und Differenzierung, kommt es zum Megacolon congenitum. Darmtonus und Peristaltik fehlen, und die betroffenen Darmabschnitte erweitern sich stark. Praktisch sind immer nur kaudale Abschnitte des Kolons betroffen.

Das Darmrohr entwickelt sich aus dem Entodermrohr und dem umgebenden Splanchnopleuramesoderm. Durch Drehbewegungen des Magens und der Nabelschleife kommt es zur typischen Topographie des Darmrohrs in der Leibeshöhle.

6.3 Entodermale Organe im Bereich der Pharyngealbögen

6.3.1 Pharyngealbögen und Pharyngealtaschen (Schlundbögen und Schlundtaschen)

Das Aussehen eines Embryos im Kopf-Hals-Bereich ist während des zweiten Entwicklungsmonats ganz wesentlich von den sogenannten **Pharyngeal-**, **Schlund-** oder **Branchialbögen** geprägt (siehe Entwicklung des Kopfes und des Halses). Beim Menschen werden vier derartige Pharyngealbögen angelegt, die durch Einziehungen des Ektoderms (**Pharyngealfurchen**) voneinander und nach kaudal abgegrenzt werden. Jeder Pharyngealfurche liegt eine Ausstülpung des Kopfdarms in Richtung Ektoderm gegenüber, die als **Pharyngealtasche** bezeichnet wird. Ein Teil des Entoderms der Pharyngealtaschen grenzt zeitweise direkt an das Oberflächenektoderm. Es gibt somit beim Menschen vier Pha-

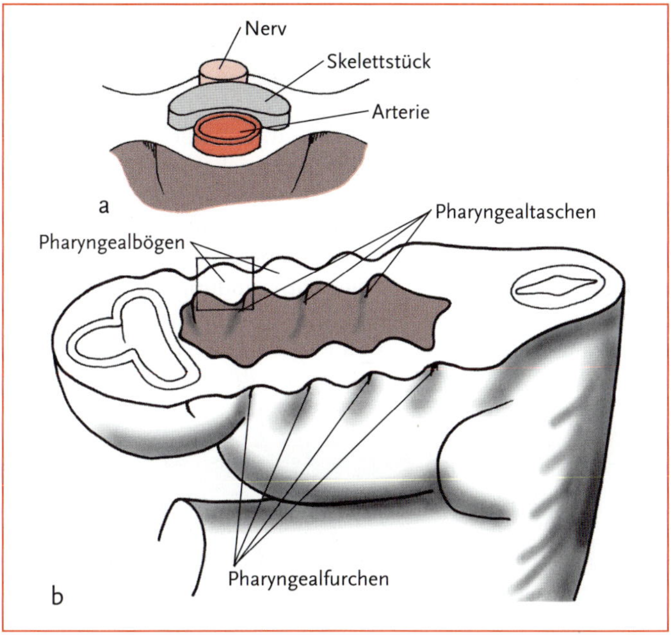

Abb. 35: Schnitt durch den Kopf eines Embryos zu Beginn des zweiten Entwicklungsmonats:
a Bildausschnitt: einzelner Pharyngealbogen
b Lagebeziehung von Pharyngealbögen, -furchen und -taschen

ryngealtaschen. Jeder individuellen Pharyngealtasche ist ein für sie charakteristisches späteres Schicksal bestimmt.

Bereits in einem sehr frühen Stadium der Entwicklung wird in den Pharyngealtaschen ***Pax-1*** und ***Pax-9*** exprimiert. Fehlt diese Expression, so differenzieren sich die Pharyngealtaschenderivate nicht. Die individuelle Identität von Pharyngealbögen wird durch die Expression der Gene ***HOXB-6*** bis ***HOXB-9*** festgelegt, wobei die Identität des Mesenchyms durch die Identität des Ektoderms determiniert wird. Als Signalmoleküle sind an der Signalkaskade, die die regionale Identität der Pharyngealbögen festlegt, auch **FGF-7**, **FGF-8**, **BMP** und **Sonic hedgehog** beteiligt. Die Festlegung der Pharyngealbogenidentität kann durch **Vitamin A** gestört werden. Obwohl die Festlegung der Identität der Pharyngealtaschen bisher nicht direkt untersucht worden ist, kann doch mit einiger Sicherheit davon ausgegangen werden, daß diese durch die regionale Identität des Mesenchyms gesteuert wird. ***Pax-1*** wird jedoch auch in experimentell isoliertem Entoderm angeschaltet.

Derivate der einzelnen Pharyngealtaschen

1. Pharyngealtasche

Die 1. Pharyngealtasche behält ihre ursprüngliche Morphologie im wesentlichen bei, nämlich die einer sackartigen Ausstülpung aus dem Entodermrohr. Aus ihr entstehen die **Tuba auditiva** sowie die epitheliale Auskleidung der **Paukenhöhle** und das innere Epithel des **Trommelfells**. Näheres wurde bei der Entwicklung des Ohres besprochen. An der Einmündungsstelle der Tuba auditiva in den Pharynx entwickelt sich lymphatisches Gewebe (Tonsilla tubaria).

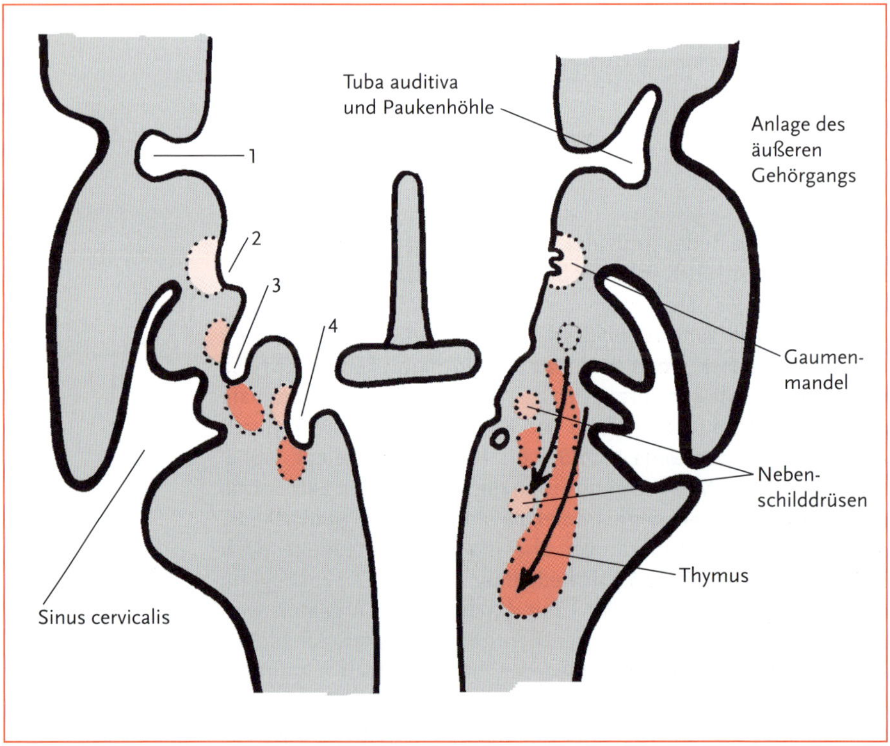

Abb. 36: Darstellung der Pharyngealtaschen 1-4 und ihrer Derivate in zwei verschiedenen Entwicklungsstadien

2. Pharyngealtasche

Auch die 2. Pharyngealtasche behält ihre ursprüngliche Morphologie einer Aussackung bei; aus ihr entwickeln sich die epithelialen Bestandteile der **Tonsillae palatinae** (Gaumenmandeln). Im letzten Schwangerschaftsdrittel entwickelt sich in der Lamina propria der Tonsillenschleimhaut lymphatisches Gewebe.

3. Pharyngealtasche

Die dorsale Wand der 3. Pharyngealtasche proliferiert zu Beginn des zweiten Entwicklungsmonats viel stärker als die ventrale Wand. Das Epithel der dorsalen Wand wird mehrschichtig und schließlich zu einer soliden Ansammlung epithelialer Zellen. Die 3. Pharyngealtasche verlängert sich daraufhin stark nach kaudal und verliert die Verbindung mit dem Entodermrohr. Der dorsale Anteil verlagert sich nach kaudal bis auf das Niveau des Unterrandes der Schilddrüse und lagert sich dieser als **Glandula parathyreoidea inferior** am Ende des zweiten Entwicklungsmonats an.

Der ventrale Anteil wird durch Proliferation der Zellen gleichfalls solid, verliert seine Verbindung zum dorsalen Anteil und verlagert sich bis in den Brustraum. Dort verschmelzen die Anlagen aus der rechten und der linken Pharyngealtasche miteinander und bilden den **Thymus**.

Ab dem dritten Entwicklungsmonat besiedeln Lymphozyten als Antwort auf ein chemotaktisches Signal den Thymus. Die epithelialen Zellen nehmen eine lockere, retikuläre Konfiguration an und bilden die **Stromazellen** des Thymus, die **Hassall-Körperchen** und die **Ammenzellen**. Auch Neuralleistenzellen beteiligen sich am Thymusstroma. Beim Menschen können bisher die Stromazellen weder dem Entoderm noch der Neuralleiste definitiv zugeordnet werden. Mäuse ohne funktionierendes ***Pax-9***-Gen entwickeln keinen Thymus.

4. Pharyngealtasche

Die 4. Pharyngealtasche ähnelt der 3. insofern, als daß auch sie aus einer mehrschichtigen soliden dorsalen und einer dünnen ventralen Wand besteht.

Die dorsalen Anlagen der 4. Pharyngealtasche beider Seiten gewinnen Anschluß an den oberen Schilddrüsenpol und werden zu den **Glandulae parathyreoideae superiores**. Die Verbindung zum Pharynx und zum ventralen Teil der Pharyngealtasche geht verloren.

Die ventralen Teile der 4. Pharyngealtaschen leisten möglicherweise einen geweblichen Beitrag zum **Thymus**.

Ultimobranchialer Körper

Die solide Ansammlung von Zellen an der Spitze der 4. Pharyngealtasche stellt den ultimobranchialen Körper dar. Er wurde gelegentlich (beim Menschen) als rudimentäre 5. Pharyngealtasche gedeutet.

Transplantationsexperimente an Vogelembryonen haben ergeben, daß die Zellen des ultimobranchialen Körpers aus der Neuralleiste stammen. Sie wandern im Lauf der weiteren Entwicklung auf die Schilddrüsen zu und werden zu den **parafollikulären Zellen** oder **C-Zellen**.

6.3.2 Schilddrüse

Die Anlage der Schilddrüse entsteht als mediane, nach kaudal und dorsal gerichtete Einstülpung des Entoderms am Ende des ersten Entwicklungsmonats. Diese Anlage entsteht auf dem kraniokaudalen Niveau, das der Anlage der 1. Pharyngealtasche entspricht. Dieser Ort läßt sich auch noch beim Erwachsenen als **Foramen caecum** auf der Zungenoberfläche erkennen. Die Einstülpung vergrößert sich rasch in kaudaler Richtung und wird als **Ductus thyreoglossus** bezeichnet. Die Spitze des Ductus thyreoglossus erreicht ihre definitive Position am Ende des zweiten Entwicklungsmonats und differenziert sich dort zur Schilddrüse.

Während sich die Schilddrüse entwickelt, werden in ihrem Gewebe verschiedene Transkriptionsfaktoren und Signalmoleküle exprimiert, darunter **TTF-1**, **HOXA-3**, **Endothelin-1** und **Sonic hedgehog**. Welche Rolle diese Moleküle spielen, ist nicht genau bekannt. Ab dem vierten Monat werden physiologisch re-

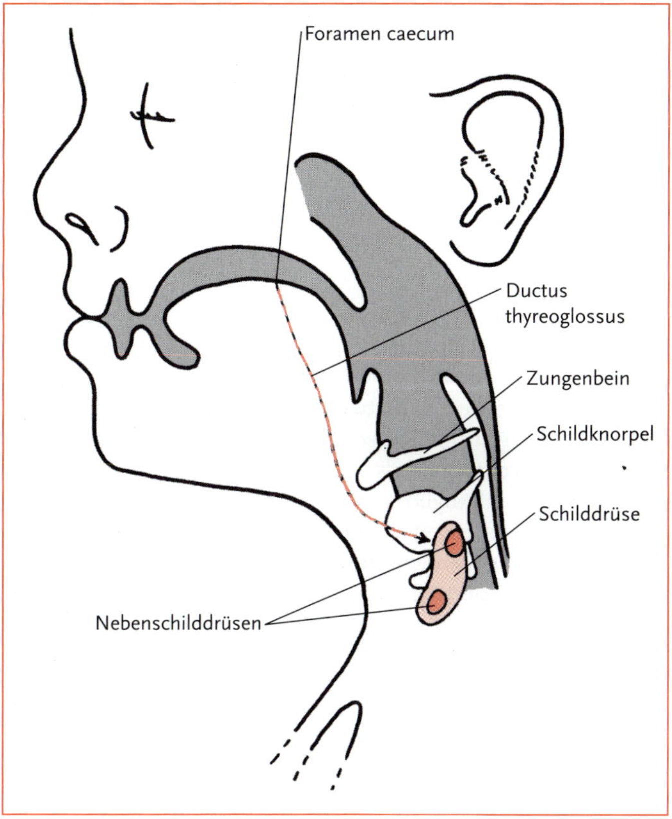

Abb. 37: Verlagerung der Schilddrüsenanlage bis zu ihrer definitiven Position

levante Mengen von Schilddrüsenhormonen gebildet. Die Verbindung zwischen Pharynx und Schilddrüse verschwindet normalerweise vollkommen. *Pax-8*-Mutanten der Maus haben keine Schilddrüsenfollikel und bilden daher kein Hormon.

Die **Schilddrüsenhormone Trijodthyronin und Thyroxin** sind, seien sie mütterlicher oder kindlicher Herkunft, für die embryonale und fetale Entwicklung von eminenter Bedeutung. Die pränatale Rolle der Schilddrüsenhormone läßt sich zusammenfassend als wachstums- und differenzierungsfördernd charakterisieren.

Ein vorgeburtlicher Mangel an Schilddrüsenhormon kommt beispielsweise dann zustande, wenn mit der Nahrung nicht ausreichend Jod zugeführt wird. Dies ist insbesondere in Gegenden oder Situationen der Fall, wo die Nahrung keine maritimen Bestandteile enthält. Unter diesen Bedingungen entsteht der **Kretinismus**, eine Entwicklungsstörung, die durch Wachstumsretardation und erhebliche geistige Behinderung charakterisiert ist. Seit dem Speisesalz Jod zugesetzt wird, ist diese Entwicklungsstörung praktisch nicht mehr zu beobachten.

6.3.3 Speicheldrüsen

Die Zuordnung der einzelnen Speicheldrüsen zu Ektoderm oder Entoderm ist nicht eindeutig möglich. Für das Entwicklungspotential und die weitere Entwicklung dieser Drüsen scheint jedoch die Herkunft des Drüsenepithels keine Rolle zu spielen. Speicheldrüsen entstehen als solide, sich baumartig verzweigende epitheliale Einsenkungen, die sekundär ein Lumen erhalten. In Analogie zu anderen entodermalen Organen kann mit großer Wahrscheinlichkeit angenommen werden, daß das Wachstum und die Differenzierung dieser Drüsen durch **epitheliomesenchymale Interaktionen** gesteuert wird, wobei das Startsignal für die Drüsenentwicklung und die Information über die jeweilige histologische Differenzierung aus dem Mesenchym kommt.

Die genaue stoffliche Natur dieser Wechselwirkungen ist nicht bekannt, doch scheint der regionalen Zusammensetzung der **Basalmembranen** in der Signalkaskade eine bedeutende Rolle zuzukommen. Unter proliferierenden und sich verzweigenden Abschnitten des Drüsenepithels fehlen z. B. **Kollagen Typ I** und **Typ IV** weitgehend. Die mesenchymalen Areale, in die die Drüsen einwachsen, enthalten besonders viel wasserbindende **Glykosaminoglykane**.

6.3.4 Fehlbildungen

Klinisch relevante Fehlbildungen der Schilddrüse und der Derivate der Pharyngealtaschen entstehen praktisch ausschließlich durch das Persistieren von normalerweise zurückgebildeten Anteilen.

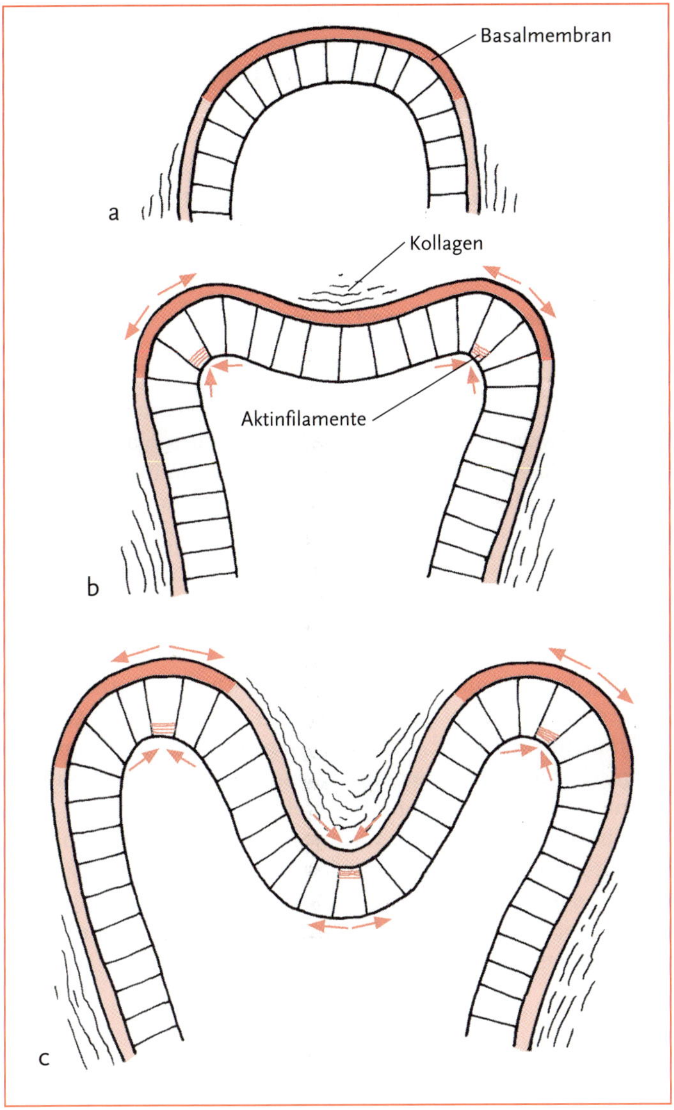

Abb. 38: Epithelio-mesenchymale Interaktionen und Zellverformungen bei der Entwicklung von Speicheldrüsen. Die Basalmembran ist an den proliferierenden und sich verzweigenden Stellen des Epithels modifiziert (dunkle Rotschattierung), darunter liegt besonders lockeres Mesenchym.

Branchiogene Fisteln

Bei der Entstehung von branchiogenen Fisteln werden schlauchartige Einstülpungen lateral an der Pharynxwand beobachtet. Sie entsprechen den ehemaligen Abgangsstellen der 3. und 4. Pharyngealtasche. Wie aus der normalen Entwicklung leicht verständlich, führen diese häufig in Richtung auf die Schilddrüse. Derartige Fisteln neigen zu Entzündungen.

Mediane Halszysten und -fisteln

Bei diesen Fehlbildungen wird der Ductus thyreoglossus nicht vollständig zurückgebildet. Dies kann zu einer epithelial ausgekleideten Zyste in der vorderen Mittellinie des Halses führen (mediane Halszyste). Entwickelt sich eine Verbindung dieser Zyste mit dem Oberflächenektoderm, so kommt es zur medianen Halsfistel.

Ektopische Schilddrüsen

Entlang der gesamten Verlaufslinie des Ductus thyreoglossus kann sich aus nicht zurückgebildeten Resten dieses Ganges funktionstüchtiges Schilddrüsengewebe entwickeln. Derartiges **ektopisches Schilddrüsengewebe** kann Ausgangspunkt von Karzinomen oder Ursache für eine Schilddrüsenüberfunktion sein. Als klinisch unbedeutende Varietät kann der **Lobus pyramidalis** der Schilddrüse angesehen werden. Dieser nach kranial gerichtete Kegel aus Schilddrüsengewebe entspricht dem unmittelbar kranial der eigentlichen Schilddrüse liegenden Abschnitt des Ductus thyreoglossus.

Ektopische Nebenschilddrüsen

Ektopische Nebenschilddrüsen finden sich lateral an der Pharynxwand, entsprechend den Abgangsstellen der 3. und 4. Pharyngealtasche, aber auch am oberen Rand des Thymus, was durch den Deszensus dieser Strukturen verständlich ist.

Die Pharyngealtaschen sind vier paarige entodermale Einsenkungen, aus denen sich ganz unterschiedliche Strukturen und Organe entwickeln. Aus den ersten Pharyngealtaschen entstehen Tuba auditiva sowie die Auskleidung des Mittelohres, aus den zweiten entstehen die Tonsillae palatinae, aus den dritten und vierten entstehen Nebenschilddrüsen und Thymus. Die Schilddrüse entwickelt sich aus einer medianen Einsenkung des Entoderms im Bereich der späteren Zunge. Aus welchem Keimblatt die Speicheldrüsen entstehen, läßt sich nicht exakt angeben.

6.4 Respirationstrakt

Die Anlage von Larynx, Trachea und Lunge entwickelt sich am Ende des ersten Entwicklungsmonats als eine flache, zunächst furchenartige, nach ventral gerichtete Ausstülpung des Entodermrohrs, die als **Laryngotrachealrinne** bezeichnet wird.

Im Tierexperiment lassen sich ektopische Anlagen des Respirationssystems durch lokale Applikation von **Epidermal growth factor** (**EGF**) erzielen.

Die Laryngotrachealrinne entwickelt sich zu einem sackförmigen, nach ventral gerichteten Divertikel weiter, das als **Lungenknospe** oder **Tracheobronchialdivertikel** bezeichnet wird *(siehe Abb. 31 und 33)*. An dieser Transformation ist ein bindegewebiges Septum beteiligt, das **Ösophagotrachealseptum**, das von kaudal her Darmrohr und Lungendivertikel trennt.

6.4.1 Larynx

Das Mesenchym kaudal des 3. Pharyngealbogens proliferiert zu Beginn des zweiten Entwicklungsmonats sehr rasch und verengt die vom Entodermrohr abgehende Öffnung des Lungendivertikels zu einem dreieckigen bis T-förmigem Spalt. An dessen Oberkante befindet sich der **Epiglottiswulst**, lateral liegen die beiden **Arytaenoidwülste**. Aus diesem Mesenchym geht das **Kehl-**

kopfskelett hervor. Ebenso wie in anderen Abschnitten des Darmrohrs kommt es im Bereich des Larynx regelmäßig zu vorübergehenden Atresien. Zu Beginn des dritten Entwicklungsmonats werden die **Stimmbänder** und die **Recessus laryngis** erkennbar.

6.4.2 Trachea und Lunge

Glanduläre oder pseudoglanduläre Phase der Lungenentwicklung

Das Lungendivertikel verzweigt sich dichotom, wodurch ein baumartiges System von Gängen entsteht. Die erste Aufzweigung in einen linken und rechten Ast entspricht der Anlage der **Hauptbronchien**, die nächste Aufzweigung der Anlage der **Lappenbronchien**, gefolgt von der Anlage der **Segmentbronchien** etc. Es entstehen englumige Schläuche, die bis zum Beginn des fünften Entwicklungsmonats von einem hochprismatischen Epithel ausgekleidet sind.

Diese Gänge sind von Splanchnopleuramesoderm umgeben. Dadurch sieht die Anlage der Lunge in diesem Entwicklungsstadium einer exokrinen Drüse ähnlich, was dieser Phase der Lungenentwicklung ihren Namen gab. Die Verzweigung der Entodermschläuche und das distale Wachstum werden von Signalen aus dem Mesenchym kontrolliert. Rekombinationsexperimente haben gezeigt, daß das Mesenchym, das die Trachea umgibt, eine verzweigungs- und proliferationshemmende Wirkung auf das Entoderm ausübt. Das Mesenchym um die Knospen ist hingegen verzweigungs- und proliferationsfördernd. Für die Entwicklung der epithelialen Schläuche ist das Protein **Epimorphin** erforderlich. Fehlt es, entsteht keine Zellpolarität und es entwickeln sich epitheliale Zellstränge ohne Lumina.

Wird der Rezeptor für den Fibroblastenwachstumsfaktor 7 (FGF-7) ausgeschaltet, so kommt es wohl zur Anlage einer zweigeteilten Lungenknospe, doch unterbleibt die Aufzweigung dieser Anlage in den Bronchialbaum. Derartige Tiere weisen lediglich zwei epitheliale Schläuche auf, die vom Larynx bis zum Zwerchfell ziehen.

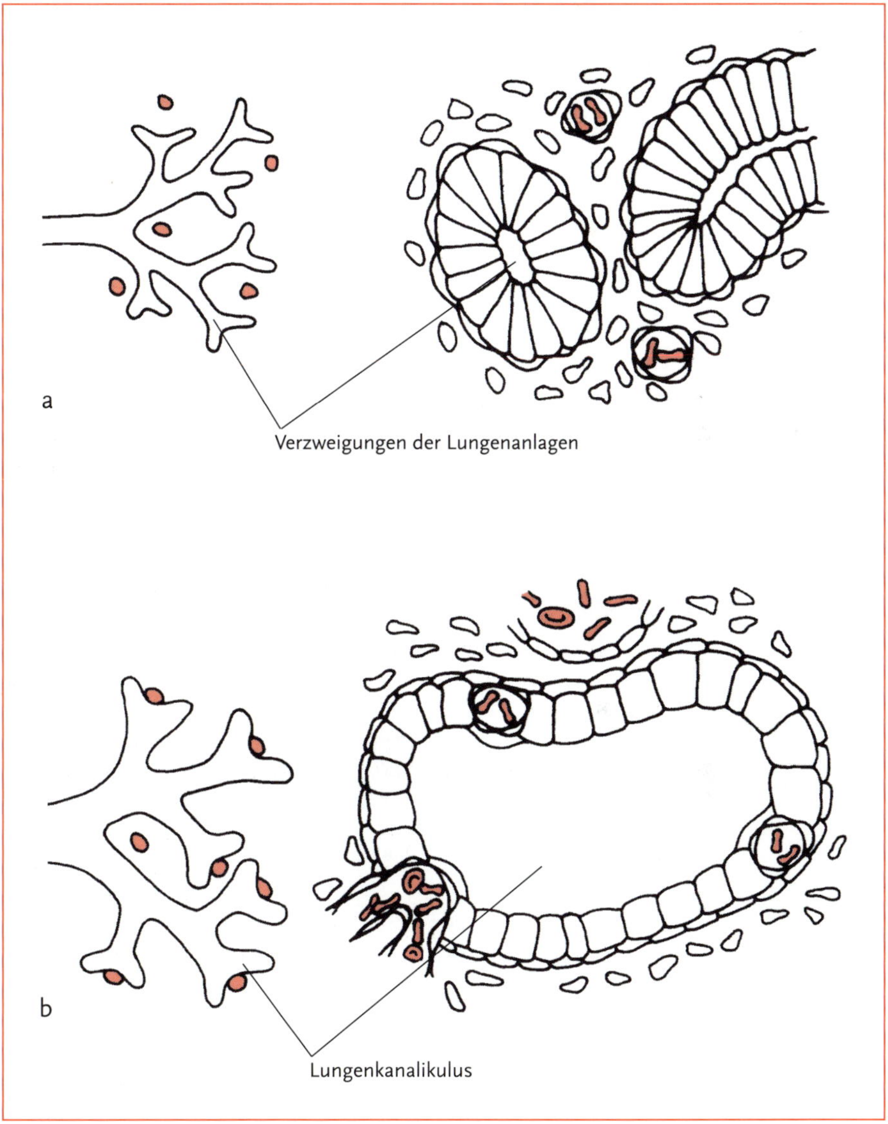

Abb. 39: Lungenentwicklung, **a** und **b** jeweils Übersicht, **c** und **d** (Seite 138) Detail; die pulmonalen Kapillaren bzw. darin enthaltene Blutzellen sind rot dargestellt. **a** pseudoglanduläres Stadium, **b** kanalikuläres Stadium, **c** Terminalsackperiode, **d** alveoläre Phase

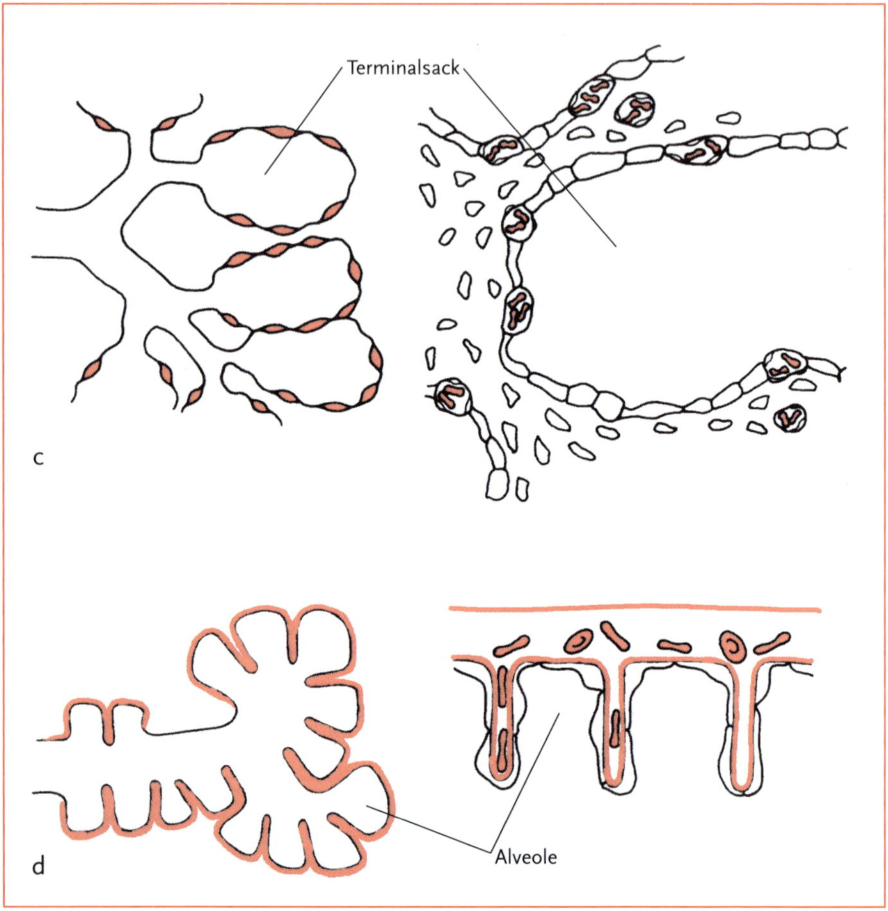

Kanalikuläres Stadium der Lungenentwicklung

Gegen Ende des pseudoglandulären Stadiums der Lungenentwicklung legt sich die Basalmembran der epithelialen Schläuche in Falten. Als Folge davon können sich die epithelialen Schläuche plötzlich weiterstellen, wodurch einerseits deren Lumen größer wird und andererseits das Epithel abflacht. Diese Transformation wird als **Kanalisierung** bezeichnet. Während dieses kanalikulären Stadiums der Lungenentwicklung dringen Kapillarschlingen scheinbar in das Epithel der Lungenkanalikuli ein.

Mit dieser „**Kapillarisierung**" des Epithels der Lungenkanalikuli wird die strukturelle Basis für die spätere Gasaustauschfunktion der Lunge vorbereitet. Der Begriff „Kapillarisierung" ist insofern irreführend, als daß die Kapillarschlingen niemals die Basallamina des Epithels durchbrechen, also stets außerhalb des Epithels bleiben.

Während des kanalikulären Stadiums der Lungenentwicklung werden auch die hoch- bis isoprismatischen Zellen des Typs II des Alveolarepithels von den flachen Typ-I-Zellen unterscheidbar. Die **Typ-II-Zellen** sind die Stammzellen des Alveolarepithels, die **Typ-I-Zellen** sind hingegen terminal differenziert. Die Alveolarepithelzellen vom Typ II bilden den **Surfactant**, ein Phospholipid, das die Oberflächenspannung in den gasaustauschenden Abschnitten der Lunge reduziert. Dadurch kann nach der Geburt die Lunge gleichmäßig belüftet und der Atemwiderstand reduziert werden. Ausreichende Mengen an Surfactant werden ab dem sechsten Monat gebildet. Glukokortikoide stimulieren die Produktion von Surfactant, was auch therapeutisch angewandt wird.

Terminalsackstadium

Ab dem siebten Entwicklungsmonat entstehen an den distalen Enden der baumartig verzweigten entodermalen Lungenanlage zwar weiterhin dichotome Verzweigungen, doch bleibt deren distales Wachstum weitgehend aus. Dadurch entstehen am Ende der entodermalen Schläuche große sackartige Erweiterungen, die als **Terminalsäcke** bezeichnet werden. Diese Terminalsäcke sind in der oben beschriebenen Weise „kapillarisiert", d. h. zum Gasaustausch befähigt. Dieser Entwicklungszustand der Lunge bleibt bis zum Zeitpunkt der Geburt und in großen Abschnitten der Lunge noch darüber hinaus erhalten.

Entstehung der Alveolen

Alveolen entstehen im wesentlichen nach der Geburt. Erst etwa im achten Lebensjahr wird die Bildung der Alveolen abgeschlossen. Sie entstehen auf zweierlei Weise: Zum einen entstehen Bindegewebssepten, die die Terminalsäcke in Alveolen unterteilen, zum anderen wachsen aus den jeweils fünf am weitesten distal gelegenen Aufzweigungen der entodermalen Lungenanlage Alveolen aus. Die Aufzweigungen proximal davon bilden den definitiven Bronchialbaum.

Lungenzirkulation

Die Anlage der Lunge wird zunächst vom Körperkreislauf aus der dorsalen Aorta, die zunächst paarig angelegt wird, durchblutet. Dieses Blut fließt über die Kardinalvenen ab. Aus diesen Gefäßen gehen die Aa. und Vv. bronchiales hervor. Die Lungenvenen entstehen als sich dichotom verzweigende Aussprossungen aus der Wand des linken Vorhofs. Die beiden ersten Teilungsgenerationen der Lungenvenen werden später in die Wand des Vorhofs wieder einbezogen, so daß vier definitive Lungenvenen in den linken Vorhof einmünden. Die Pulmonalarterien entstehen aus den 6. Pharyngealbogenarterien *(siehe Abb. 71)*. In welchem Ausmaß Gefäße des bronchialen Stromgebietes zu pulmonalen Gefäßen „umgewidmet“ werden, ist nicht bekannt.

6.4.3 Fehlbildungen des Respirationstraktes

Ösophagotrachealfisteln

Es gibt verschiedene morphologische Typen dieser Störung, deren gemeinsame Ursache eine fehlerhafte Entwicklung des Septum oesophagotracheale ist. Sie können mit einer Atresie des Ösophagus vergesellschaftet sein. Die mit Abstand häufigste Form ösophagotrachealer Fisteln ist die, bei der ein kranialer Teil des Ösophagus in einem nach oben offenen Blindsack endet und ein kaudaler Teil aus der Trachea abgeht.

Agenesien und Aplasien der Lunge

Unter Agenesie der Lunge versteht man das komplette Fehlen von Luftwegen und Lungengewebe, bei der Aplasie endigen Bronchien blind ohne Lungengewebe. Diese Entwicklungsstörungen sind meist einseitig und führen in etwa einem Drittel der

Fälle im ersten Lebensjahr zum Tode. Als Ursache für Agenesien und Aplasien der Lunge wird aus Tierversuchen ein Mangel an **Vitamin A** angenommen.

> Die Anlage der Lunge entsteht als Aussackung im kaudalen Abschnitt des Vorderdarms und durchläuft mehrere morphologische Stadien, die als pseudoglanduläres, kanalikuläres und Terminalsackstadium bezeichnet werden. Alveolen werden im wesentlichen erst nach der Geburt gebildet. Die Entwicklung der Lunge wird von Interaktionen zwischen Splanchnopleuramesoderm und Ektoderm geprägt und gesteuert.

6.5 Gallenblase, Leber und Pankreas

Gallenblase, Leber und Pankreas entstehen am kaudalen Ende des Vorderdarms *(siehe Abb. 31 und Abb. 33)*. Die Anlagen der drei Organe entstehen in enger räumlicher Nachbarschaft zueinander. Aus einer nach ventral gerichteten flachen Ausstülpung entstehen drei Divertikel, aus denen sich in kraniokaudaler Abfolge Leber, Gallenblase und ein Teil des Pankreas entwickeln. An der Entwicklung des Pankreas beteiligt sich auch eine **dorsale Pankreasanlage**, die auf etwa gleicher kraniokaudaler Höhe der Anlage der Leber gegenüberliegt.

6.5.1 Leber

Morphologische Entwicklung der Leber

Das **Leberdivertikel** verzweigt sich etwa ab der fünften Entwicklungswoche dichotom in das Splanchnopleuramesoderm. Dadurch entsteht ein sich baumartig verzweigendes System von Gängen, die **Leberstränge**. Die distalen Abschnitte der Leberstränge haben sehr enge Lumina, aus welchen sich die **Gallenkanalikuli** entwickeln. Die umgebenden Entodermzellen werden zu den **Hepatozyten**. Aus den Splanchnopleuramesodermzellen, in die die Leberstränge einwachsen, werden die bindegewebigen Komponenten der Leber, insbesondere die **Endothelzellen** der

Lebersinusoide. Die proximalen Anteile der Leberstränge werden zu den Gallengängen. Die **Kupffer-Zellen** sind monozytäre Zellen.

Das Splanchnopleuramesoderm, in das die Leberstränge einwachsen, ist reich vaskularisiert, so daß die Leberzellen von zahlreichen Lebersinusoiden umgeben sind. In diesen teilweise stark erweiterten Lebersinusoiden findet im mittleren Schwangerschaftsdrittel die **Blutbildung** statt. In dieser Entwicklungsphase wird auch in der Milz Blut gebildet.

Die Funktionen der Leber werden bereits vor der Geburt nachweisbar, ab dem vierten Monat insbesondere die Produktion von **Galle** und die Produktion und Speicherung von **Glykogen**.

Molekulare Aspekte der Leberentwicklung

Die Entwicklung der Leber beruht auf wechselseitigen induktiven Einflüssen zwischen Mesenchym und Entoderm. Sie läuft in mehreren Schritten ab. Gewebsrekombinationsexperimente haben gezeigt, daß Seitenplatten- und intermediäres Mesoderm die Differenzierung der Leber fördern, axiales und paraxiales Mesoderm ihre Differenzierung jedoch hemmen.

Es existieren in der sich entwickelnden Leber (aber auch in anderen entodermalen Strukturen) **leberspezifische Transkriptionsfaktoren**, **Hepatic nuclear factors** (**HNF**), die für die Induktion und Determination der Leber verantwortlich sind. Einige von ihnen sind Genprodukte von Homöoboxgenen. Eine wesentliche Rolle bei der Entwicklung der Leber spielt der **Hepatocyte growth factor** (**HGF**), der mit dem **Scatter factor** identisch ist, der in der Muskelentwicklung eine bedeutende Rolle spielt. Der HGF wird im Mesenchym gebildet und stimuliert das Wachstum und die Differenzierung von Leberzellen. Er ist ein Ligand für das Protoonkogen ***c-met***, einen Tyrosinkinaserezeptor, der an der Oberfläche von Zellen exprimiert wird.

Für das Wachstum der Leber ist die Expression des **homöotischen Gens *Hlx*** erforderlich. Die Proliferation der Leber wird durch den **Transforming growth factor β (TGF-β)** gehemmt.

Für die Entwicklung der Glykogenspeicherfähigkeit der Leber ist **ACTH** erforderlich.

6.5.2 Gallenblase

Aus der Morphologie der adulten Gallenblase läßt sich deren Entwicklung direkt ableiten: Die Gallenblase entsteht als Aussackung aus dem Entodermrohr und bleibt im wesentlichen in dieser Morphologie bestehen. Die Tatsache, daß die Anlage der Leber und die Anlage der Gallenblase aus einem zunächst gemeinsamen Divertikel hervorgehen, dessen kranialer Teil zur Leberanlage und dessen kaudaler Teil zur Anlage der Gallenblase wird, erklärt, daß die Gallenblase an der Unterseite der Leber liegt, und sich **Ductus hepaticus** und **Ductus cysticus** zu einem **Ductus choledochus** vereinigen, der in das Entodermrohr (Duodenum) einmündet.

6.5.3 Pankreas

Morphologische Entwicklung des Pankreas

Das Pankreas entsteht aus zwei Anlagen, einer **ventralen** und einer **dorsalen Pankreasanlage** *(siehe Abb. 31 und Abb. 33)*. Die ventrale Pankreasanlage entsteht als kaudale Aussackung aus der gemeinsamen Anlage mit Leber und Gallenblase, die dorsale Pankreasanlage als dorsalwärts gerichtete Aussackung des Entodermrohrs gegenüber der Leberanlage. Manchmal können zwei nebeneinanderliegende ventrale Pankreasanlagen beobachtet werden. Es ist jedoch schwierig, diese Situation von der ersten Bifurkation einer einzigen ventralen Pankreasanlage zu unterscheiden. Die Pankreasanlagen entstehen am Ende der vierten Entwicklungswoche. Ebenso wie bei der Anlage von Lunge und Leber entsteht ein sich dichotom verzweigendes System von Gängen. Aus den Spitzen der Gänge (Knospen) entwickeln sich einerseits die **exokrinen Azini** und andererseits durch Abschnürung die endokrinen Zellen des **Langerhans-Inselorgans**.

Durch die Drehung der Duodenalschleife kommt es in der fünften und sechsten Entwicklungswoche zu einer Drehung der Pankreasanlagen um das Duodenum als Drehachse. Dabei drehen sich beide Pankreasanlagen im Uhrzeigersinn um das Duodenum, so daß beide links hinter das Duodenum zu liegen kommen und miteinander verschmelzen. Meist verschmelzen auch die Ausführungsgänge, teilweise obliterieren sie. Deshalb haben die meisten Menschen einen **Ductus pancreaticus**, dessen proximaler Teil dem Ausführungsgang der ventralen Pankreasanlage und dessen distaler Teil dem der dorsalen Pankreasanlage entspricht. Bei etwa 10 % aller Erwachsenen obliteriert der proximale Teil des Ausführungsganges der dorsalen Pankreasanlage nicht und es entsteht ein **Ductus pancreaticus accessorius**.

Trypsinogen wird am Ende des vierten Entwicklungsmonats nachweisbar. Auch in fetalen Leberzellen werden vorübergehend Pankreasenzyme exprimiert. Ab dem fünften Monat produzieren die Zellen des endokrinen Anteils des Pankreas in nennenswertem Ausmaß **Insulin**.

Abb. 40: In der Anlage des Pankreas werden die Langerhans-Inseln von den exokrinen Anteilen abgegliedert

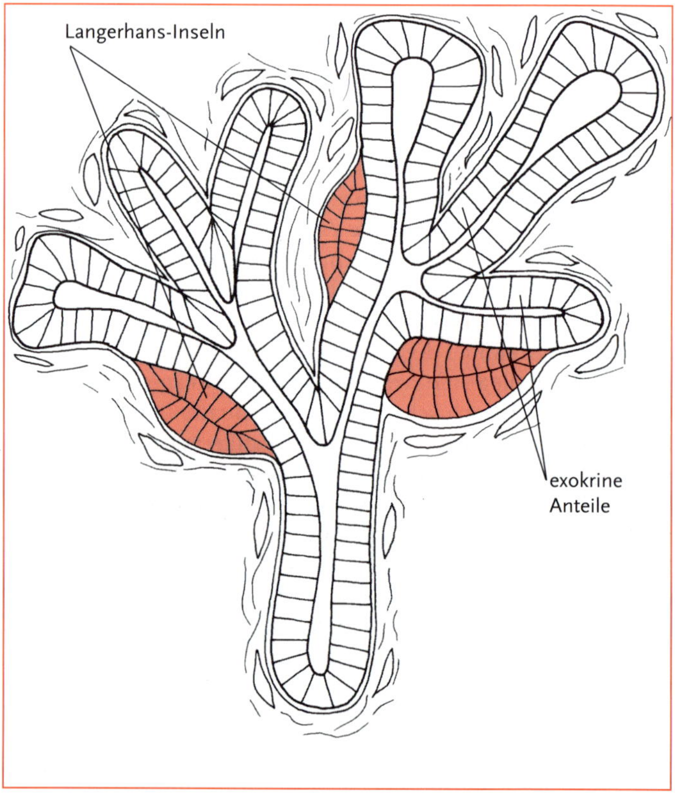

Molekulare Aspekte der Pankreasentwicklung

In denjenigen Anteilen des Entodermrohrs, aus denen das Pankreas entsteht, wird der Transkriptionsfaktor **Insulin promoter factor 1 (IPF-1)** exprimiert, bevor die Morphologie erkennbar wird. Dieser Transkriptionsfaktor wird von dem Homöoboxgen ***pdx-1*** kodiert. In Mausembryonen, in denen dieses Gen inaktiviert wird, entwickelt sich kein Pankreas. IPF-1 wird auch im adulten Leben in β-Zellen der Langerhans-Inseln exprimiert und aktiviert die Insulinsynthese.

Werden epitheliale Anteile der Pankreasanlage isoliert in Kultur gehalten, so entwickeln sie sich zu **Langerhans-Inseln.** Werden jedoch epitheliale und mesenchymale Anteile gemeinsam kultiviert, so entwickeln sich auch **exokrine Strukturen**. Daraus kann geschlossen werden, daß die epitheliale Pankreasanlage primär zur Differenzierung in endokrine Zellen (Langerhans-Inseln) bestimmt ist und die Differenzierung in exokrine Anteile Signale aus dem Mesenchym voraussetzt. Diese Signale sind offensichtlich recht unspezifisch, da Mesenchym aus ganz unterschiedlichen Quellen die Differenzierung von exokrinen Pankreasanteilen induzieren kann. Untersuchungen in vitro deuten darauf hin, daß es sich bei dem mesenchymalen Signal um den **Hepatozytenwachstumsfaktor/Scatter factor** handeln könnte, da dieser in Kultur die Entwicklung von exokrinen Stukturen aus Pankreas(karzinom)zellen bewirkt. ***Pax-4*** ist für die Entwicklung von insulinproduzierenden β-Zellen erforderlich, während die Entwicklung von glukagonproduzierenden α-Zellen ***Pax-6*** erfordert.

Die Verzweigung der Gänge der Pankreasanlage kann durch das Protein **Aktivin** blockiert werden. Das Protein **Follistatin** bindet Aktivin und hemmt dessen Effekte auf die sich entwickelnden Verzweigungen. Da beide Proteine in Organen exprimiert werden, in denen baumartig verzweigte Gänge entstehen, kann geschlossen werden, daß das Verzweigungsmuster des Pankreas, aber auch das anderer Organe, unter der Kontrolle von Aktivin und Follistatin steht.

Die Differenzierung von Pankreasgewebe wird (wie z. B. auch die Differenzierung von Alveolarepithel) durch **Kortikosteroide** stark gefördert.

6.5.4 Fehlbildungen und Varietäten von Leber, Pankreas und Gallenblase

Varietäten im Verlauf der Ausführungsgänge

Unterschiede im Verlaufs- und Vereinigungsmuster der Ductus cysticus, hepaticus und pancreatici sind außerordentlich häufig. Sie bleiben normalerweise ohne klinische Bedeutung, müssen jedoch bei der operativen Behandlung von Steinleiden beachtet werden.

Intrahepatische Gallengangsatresien

Die Ursache dieser Fehlbildung, bei der es zu einer partiellen oder totalen Atresie der intrahepatischen Gallengänge kommt, ist nicht bekannt. Betroffene Individuen haben bei der Geburt Gelbsucht. Durch Diät und Substitutionstherapie ist diese Fehlbildung mit dem Leben üblicherweise vereinbar.

Pancreas annulare

Die Entstehung dieser Fehlbildung ist umstritten. Viele nehmen an, daß die Rotation der ventralen Pankreasanlage ausbleibt. Beim Pancreas annulare ist das Duodenum von einem Ring von Pankreasgewebe umgeben, der ein mechanisches Passagehindernis darstellt und dadurch zu Verdauungsbeschwerden führen kann.

Ektopisches Pankreasgewebe

Wie schon erwähnt, ist Mesenchym verschiedener Herkunft in der Lage, die Differenzierung von Entoderm zu Pankreasgewebe zu ermöglichen. Es ist daher nicht verwunderlich, daß ektopisches oder versprengtes Pankreasgewebe an vielen Stellen vorkommt. In der Mehrheit der Fälle verursacht es keine oder leichte, wenig spezifische Beschwerden, es kann jedoch auch zu Ulzerationen, Entzündungen und Hämorrhagien führen.

Leber, Gallenblase und Pankreas entwickeln sich aus entodermalen Aussackungen am kaudalen Ende des Vorderdarms. Ihre Entwicklung und Differenzierung wird durch Gewebsinteraktionen und die Expression von lokalspezifischen Wachstums- und Transkriptionsfaktoren kontrolliert.

Kapitel 7

Mesoderm

7.1 Mesodermgliederung

Wie im Kapitel „Gastrulation“ dargestellt, ist der Epiblast im Bereich des Primitivknotens und -streifens der Hauptlieferant des intraembryonalen Mesoderms. Das Mesoderm, das mittlere Keimblatt, ist zunächst größtenteils mesenchymal strukturiert und in folgende Abschnitte untergliedert:

- **axiales Mesoderm**
- **paraxiales Mesoderm**
- **intermediäres Mesoderm**
- **Seitenplattenmesoderm**

In allen Mesodermkompartimenten kann zwischen primärem und sekundärem Mesoderm unterschieden werden. Das während der Gastrulation entstandene mesenchymale Gewebe wird als primäres Mesoderm bezeichnet. Ein großer Teil dieses Mesenchyms wird im Verlauf der weiteren Entwicklung epithelialisiert. Dadurch werden die einzelnen Abschnitte deutlich voneinander abgegrenzt. Aus diesen mesodermalen Epithelien gehen später wieder mesenchymal strukturierte Gewebe hervor, die in ihrer Gesamtheit als sekundäres Mesoderm bezeichnet werden. Durch die Differenzierung des sekundären Mesoderms

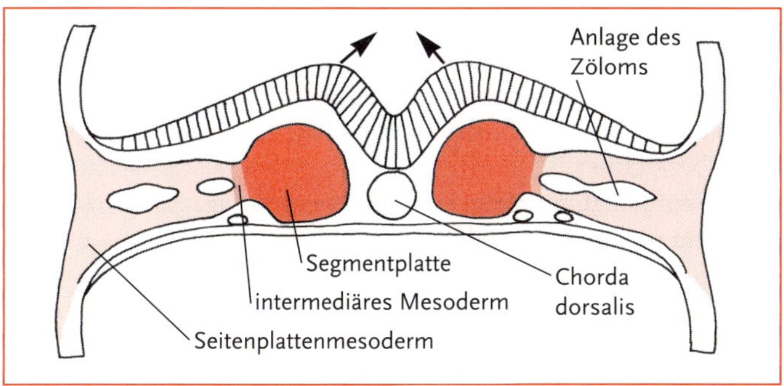

Abb. 41: Kompartimentierung des intraembryonalen Mesoderms in Segmentplatte, intermediäres Mesoderm und Seitenplatte. Der Schnitt entspricht der Höhe der unteren Rotmarkierung in der *Abb. 42*.

entstehen dann verschiedene Gewebetypen wie z. B. Knorpel, Knochen, Muskulatur oder Nierengewebe. Am Kopf wird das Mesoderm vor dem Ohr nicht epithelialisiert, es bleibt von seiner Entstehung bis zur Differenzierung mesenchymal strukturiert.

7.1.1 Axiales Mesoderm

Die Entstehung des axialen Mesoderms aus dem Primitivknoten und seine Unterteilung in zwei Abschnitte, das prächordale Mesoderm und den Kopffortsatz, wurde im Kapitel „Gastrulation" geschildert. Das axiale Mesoderm setzt die Richtung des Primitivstreifens fort und legt die longitudinale Körperachse definitiv fest. Der Kopffortsatz entwickelt sich zur **Chorda dorsalis**, während aus dem rostral vom Kopffortsatz gelegenen prächordalen Mesoderm Zellen in lateraler Richtung auswandern, die sich an der Bildung der äußeren Augenmuskeln beteiligen.

Die junge Chorda dorsalis bildet Signalstoffe (z. B. Sonic hedgehog), die für die Entwicklung des Neuralrohrs und der Somiten von großer Bedeutung sind. Auf diese Funktion der Chorda dorsalis wird bei der Darstellung der Wirbelsäulenentwicklung näher eingegangen.

7.1.2 Paraxiales Mesoderm

Das paraxiale Mesoderm besteht aus zwei Abschnitten, einem präotischen und einem postotischen. Der präotische Abschnitt wird nicht epithelialisiert und bildet im Gegensatz zum postotischen Abschnitt keine Somiten. Die **Somitogenese** ist das auffälligste Merkmal des postotischen Abschnittes und läuft in kraniokaudaler Richtung ab. Der kaudale Abschnitt des paraxialen Mesoderms, der noch nicht segmentiert ist, wird als **Segmentplatte** bezeichnet.

Die Segmentation erfolgt erst dann, wenn das im Primitivstreifen gebildete paraxiale Mesoderm einen gewissen Reifegrad erlangt hat und schließlich epithelialisiert wird. Die zentral liegenden Zellen bleiben von dieser Epithelialisierung ausgenommen, so daß im Inneren des epithelialen Schlauches noch mesenchymal angeordnete Zellen vorhanden sind. Von diesem Schlauch werden regelmäßig epitheliale Bälle, die **Somiten** (früher Urwirbel), abgeschnürt. Das Epithel umschließt einen Raum, das **Somitozöl**, in dem mesenchymal angeordnete Zellen (**Somitozölzellen**) liegen.

Die Somiten begründen so ein auffälliges **Metameriemuster** in der Körperwand, da sie in prinzipiell identischer Bauweise entlang der Körperachse periodisch aufeinander folgen und den postotischen Abschnitt des paraxialen Mesoderms in prinzipiell gleichartige Segmente zerlegen.

Da die Fähigkeit zur Segmentierung auf das paraxiale Mesoderm beschränkt ist, kann davon ausgegangen werden, daß diese musterbildende Eigenschaft bereits bei der Bildung des paraxialen Mesoderms im Primitivstreifen erworben wird. Innerhalb der Segmentplatte wurden mesenchymale Segmente (**Somitomere**) beschrieben, aus denen später die Somiten hervorgehen. Die Zellen der Segmentplatte exprimieren ***Pax-3*** und ***Pax-7***.

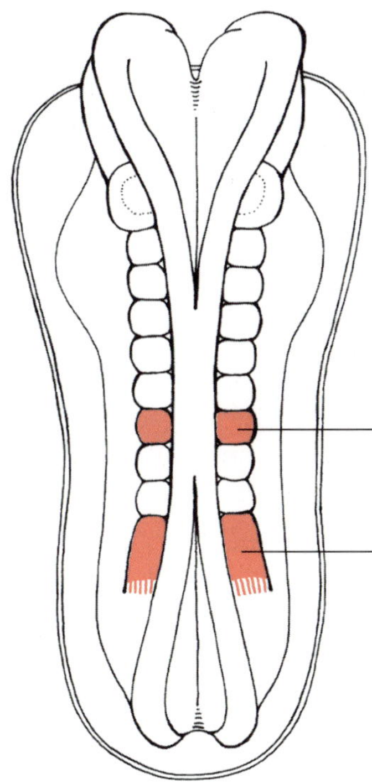

Abb. 42: Aufsicht auf einen 22 Tage alten Embryo mit acht Somitenpaaren. Der drittletzte Somit und der kraniale Abschnitt der Segmentplatte sind rot hervorgehoben. Die *Abb. 41* und *Abb. 43* sind Querschnitte aus diesen beiden Bereichen.

Bei Maus- und Vogelembryonen konnte gezeigt werden, daß die Epithelialisierung der Segmentplatte und damit die Somitenbildung aufgrund von Signalen erfolgt, die vom Oberflächenektoderm ausgesandt werden und in der Segmentplatte zur Expression eines Gens führen, das als ***paraxis*** bezeichnet wird, und dessen Produkt zur Gruppe der DNA-bindenden basischen Helix-loop-Helix-Proteine gehört. Wird das Oberflächenektoderm entfernt oder aber das Anschalten des Gens ***paraxis*** verhindert, so bilden sich keine Somiten. Die Somitomere bleiben jedoch erhalten und bilden z. B. Rippen. Die segmental geordnete Verteilung des Anlagematerials ist jedoch an die Anwesenheit von epithelialen Somiten geknüpft. Die Somitenbildung wird desweiteren durch die periodische Expression von ***hairy*** vorbereitet. Dieses Gen ist auch bei *Drosophila melanogaster* in den Segmentierungsprozeß involviert.

7.1.3 Intermediäres Mesoderm

Unter dem intermediären Mesoderm versteht man einen schmalen Gewebsstreifen zwischen dem paraxialen Mesoderm und dem Seitenplattenmesoderm. Erst wenn acht bis zehn Somitenpaare gebildet worden sind, wird es epithelialisiert und

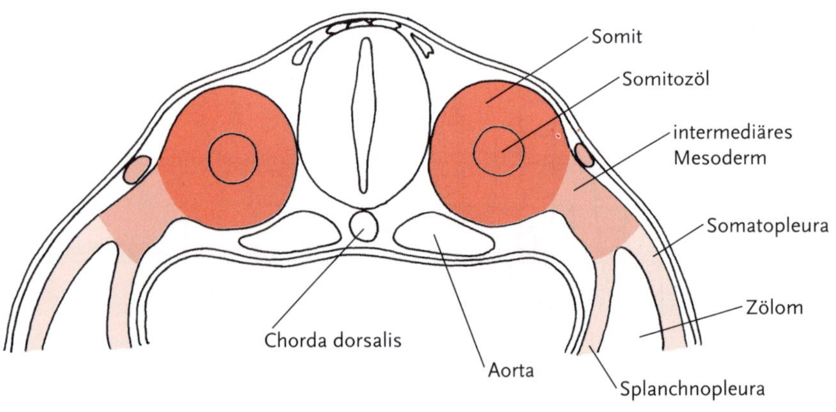

Abb. 43: Querschnitt in Höhe des drittletzten Somiten. Der Embryo beginnt, sich vom Dottersack abzufalten.

dadurch abgrenzbar *(siehe Abb. 41 und Abb. 43)*. Man findet es vom 6. Somiten abwärts, in Höhe der Somiten 1 bis 5 fehlt es.

Im Gegensatz zum paraxialen Mesoderm wird das intermediäre Mesoderm nicht segmental gegliedert. Aus seinem kaudalen Halsabschnitt wird vom 9. bis zum 13. Somiten nach dorsal ein segmentüberschreitendes mesenchymales Blastem abgegliedert, das epithelialisiert wird und ein Lumen ausbildet. Dieses dünne Rohr, dessen kaudale Spitze während des Wachstums mesenchymal bleibt, wächst nach kaudal aus und bekommt später Anschluß an die Kloake. Es ist dies der **Nierengang**, dessen verschiedene Abschnitte als **Vornieren-** und **Urnierengang (Wolff-Gang)** bezeichnet werden. Der Urnierengang liegt dem intermediären Mesoderm dorsal auf. Aus ihm geht auch die **Ureterknospe** hervor, die den definitiven Nierengang (**Harnleiter**) bildet. Auf die Bedeutung des intermediären Mesoderms und des Nierengangs für die Entwicklung der Harn- und Geschlechtsorgane wird später eingegangen.

7.1.4 Seitenplattenmesoderm

Das Seitenplattenmesoderm entstammt dem mittleren Abschnitt des Primitivstreifens *(siehe Kap. 3 „Gastrulation")*. Nachdem die mesenchymalen Zellen ihr Ziel durch Migration in kraniolateraler Richtung erreicht haben, lagern sie sich zu Epithelien zusammen. Es entstehen so zwei epitheliale Blätter, die einen Spaltraum, das intraembryonale **Zölom** begrenzen.

Das dorsale Blatt grenzt an das Oberflächenektoderm und wird als **somatisches Mesoderm** (**Somatopleura**) bezeichnet *(siehe Abb. 43)*. Es stellt das Anlagematerial der ventrolateralen Körperwand mit Ausnahmen der Rippen und der Muskulatur dar. Das ventrale Blatt ist dem Entoderm benachbart und wird als **viszerales Mesoderm** (**Splanchnopleura**) bezeichnet. Aus ihm gehen das Herz, die bindegewebige Darmwand sowie das Bindegewebe der Lungen und der Darmdrüsen hervor.

Die epitheliale Somatopleura und die Splanchnopleura werden in mesenchymales Gewebe transformiert. Diese mesenchymalen Zellverbände werden als somatisches (parietales) und viszerales Mesenchym bezeichnet. Als Auskleidung des Zöloms bleibt ein einschichtiges Epithel als **Serosaepithel** erhalten. Die weitere Entwicklung dieser Gewebsschichten wird später dargestellt.

Das Mesoderm gliedert sich in vier Kompartimente mit unterschiedlichen Entwicklungsfunktionen: Das axiale Mesoderm organisiert das Achsenskelett, das paraxiale Mesoderm prägt die Körpermetamerie, das intermediäre Mesoderm bildet Niere und Geschlechtsorgane und das Seitenplattenmesoderm begrenzt die Leibeshöhle nach außen als Körperwand und nach innen als bindegewebige Darmwand.

7.2 Somiten

Das paraxiale Mesoderm läßt sich in einen vor der Ohrblase gelegenen präotischen und einen dahinter gelegenen postotischen Abschnitt unterteilen *(siehe Abb. 42)*. Der postotische Abschnitt, die Segmentplatte, wird in segmentale Blöcke, die Somiten, untergliedert.

Am 20. Tag der Entwicklung entsteht das erste Somitenpaar. Es handelt sich um das am weitesten rostral gelegene erste Okzipitalsomitenpaar. Vom 20. bis 30. Tag entwickeln sich nach und nach in kraniokaudaler Folge weitere Somitenpaare: fünf okzipitale, sieben zervikale, zwölf thorakale, fünf lumbale, fünf sakrale und acht bis zehn kokzygeale. Häufig werden dem Okzipitale nur vier und dem Halsabschnitt acht Somiten zugeordnet. Die unterschiedliche Beschreibung kommt dadurch zustande, daß sich die Grenze zwischen Hinterhaupt und Hals in die Mitte des 5. Somiten projiziert. Von den kokzygealen Somiten werden die meisten wieder zurückgebildet.

Molekulare Aspekte der Somitogenese

Bevor die Somiten gebildet werden, wird die Segmentplatte epithelialisiert. Voraus geht die Expression von ***paraxis***, einem Gen, das für einen Transkriptionsfaktor kodiert, der mit einem Helix-loop-Helix-Motiv ausgestattet ist. In Mausmutanten mit inaktiviertem ***paraxis***-Gen bilden sich keine Somiten. Durch welche Signale ***paraxis*** aktiviert wird, hat man bisher nicht herausgefunden, man weiß nur, daß sie vom Oberflächenektoderm und den Axialorganen ausgehen. In der Segmentplatte und in den Somiten wird eine große Anzahl von Genen exprimiert, deren Rolle bei der Somitenbildung noch nicht klar ist. Dazu gehören auch ***Pax-3*** und ***Pax-7***. ***Notch-1*** und ***engrailed*** werden im kranialen Abschnitt der Segmentplatte angeschaltet. ***Presenilin 1*** ist ein Gen, das für ein Protein kodiert, das als Vorläufer von Amyloid bei Patienten mit Alzheimer-Krankheit auftritt. Dieses Genprodukt schaltet in der Segmentplatte die Gene ***notch-1*** und ***delta*** an. ***Delta*** ist für die Aufrechterhaltung der Segmentgrenzen erforderlich. Eine Inaktivierung von ***notch-1*** führt zu Veränderungen der Somitenform und -größe. Es ist interessant, daß die Epithelialisierung der Segmentplatte und die Somitenbildung mit einer verstärkten Produktion des Zelladhäsionsmoleküls **N-Cadherin** einhergehen. In den neu gebildeten Somiten ist N-Cadherin besonders deutlich an den inneren Seiten der Somitenzellen zu sehen. Auf der äußeren basalen Seite des Somiten treten die extrazellulären Matrixkomponenten Laminin und Fibronektin vermehrt auf, die für die Stabilisierung und Erhaltung des Somitenepithels von Bedeutung sein dürften. Hinzu kommen Kollagen und Tenascin. Alle diese Komponenten bilden die Basalmembran des Somiten und verbinden ihn mit den umgebenden Strukturen wie Oberflächenektoderm, Neuralrohr, Chorda dorsalis, Entoderm, Aorta und Wolff-Gang. Lediglich zum Seitenplattenmesoderm hin besteht eine kontinuierliche zelluläre Brücke durch das intermediäre Mesoderm, das früher fälschlicherweise als segmental gegliederte Struktur beschrieben und dann den einzelnen Somiten als „Somitenstiel" zugeordnet worden ist.

Schon die Segmentplatte besitzt eine **Segmentidentität**. Wird bei jungen Hühnerembryonen Segmentplatte aus dem Thoraxabschnitt in den Halsbereich transplantiert, so entwickeln sich dort Rippen.

Hox-Code

Die Regionalisierung entlang der Körperachse wird durch Genkomplexe gesteuert, die sich bei praktisch allen Tieren nachweisen lassen und während der Evolution in erstaunlichem Umfang

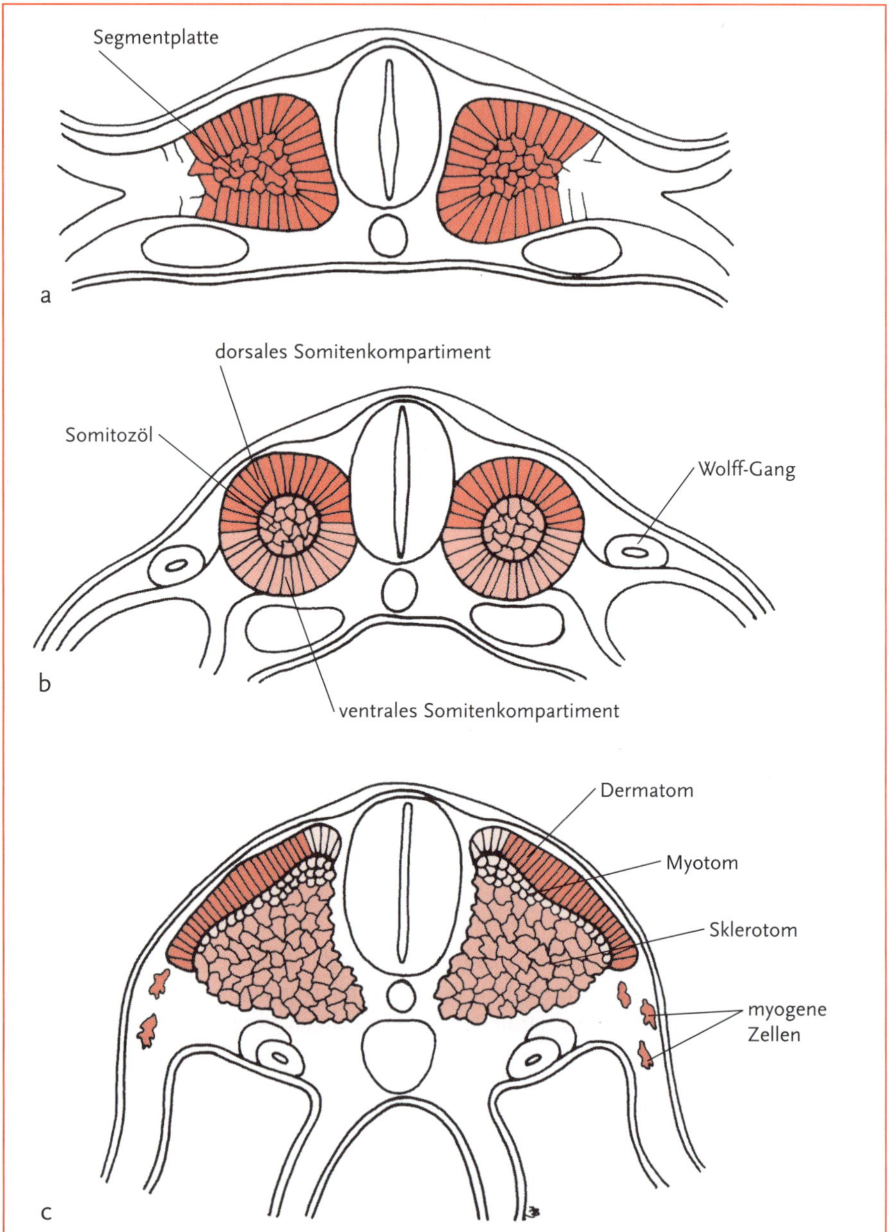

Abb. 44: Genexpression und Kompartimente des Somiten: **a** kranialer Abschnitt der Segmentplatte; Expression von ***Pax-3*** und ***Pax-7*** (dunkelrot); **b** dorsales Somitenkompartiment exprimiert ***Pax-3*** und ***Pax-7*** (dunkelrot); das ventrale Somitenkompartiment und die Somitozölzellen exprimieren ***Pax-1*** und ***Pax-9*** (hellrot); **c** mit zunehmender Differenzierung des Somiten werden myogene Determinationsfaktoren exprimiert (rosa).

konserviert worden sind. Es handelt sich um die bereits erwähnten **Homöoboxgene**, die ***HOM***-Gene der Fliege bzw. die ***Hox***-Gene der Vertebraten. Die entlang der Körperachse exprimierten Gene bilden einen axialen ***Hox***-Code und legen die **Segmentidentität** fest. Jeder Somit enthält seine Segmentidentität durch die Expression einer bestimmten, nur für diesen Somiten typischen Kombination von ***Hox***-Genen. Jeder Somit hat also einen binären Code; den einzelnen Bits entspricht Expression/Non-expression eines bestimmten ***Hox***-Gens.

7.2.1 Entwicklung der Somiten zu Sklerotom und Dermomyotom

Die ventrale Hälfte des Somiten, das ventrale Somitenkompartiment, verändert seine Zellorganisation in auffälliger Weise. Hier löst sich der epitheliale Zellverband unter dem Einfluß der Chorda dorsalis auf und die Somitenzellen bilden ein Mesenchym, das nun als Sklerotom bezeichnet wird. Dieser Strukturveränderung liegt eine verminderte Bildung des Zelladhäsionsmoleküls **N-Cadherin** zugrunde. Der Somit besteht nun aus zwei unterschiedlich strukturierten Anteilen: einem dorsalen epithelialen Teil, der als Dermomyotom bezeichnet wird, und dem ventral gelegenen mesenchymalen Sklerotom, zu dem auch die Somitozölzellen beitragen.

Pax-Gene

Mit dieser Kompartimentierung der Somiten ändert sich das Expressionmuster der ***Pax***-Gene. Diese gehören zu einer Familie von Entwicklungskontrollgenen, die aufgrund von Homologie mit dem bei Drosophila identifizierten Segmentierungsgen ***paired*** entdeckt wurde. Den Genen ist eine Sequenz gemeinsam, die als **Paired box** bezeichnet wird und 384 Basenpaare umfaßt. Vier dieser Gene enthalten darüber hinaus eine Homöobox. Bis heute sind neun Mitglieder dieser Genfamilie (***Pax-1*** bis ***Pax-9***) beschrieben worden, die alle für Transkriptionsfaktoren kodieren. Beim Menschen sind zwei Erbkrankheiten bekannt, denen Mutationen von ***Pax***-Genen zugrunde liegen. Eine Mutation von ***Pax-3*** ist beim Menschen die Ursache des **Waardenburg-Syndroms**, das mit Taubheit, Pigmentierungsstörungen und Gesichtsveränderungen einhergeht. Eine ***Pax-6***-Mutation führt zum **Aniridia-Phänotyp** mit Fehlbildungen des Auges.

Entwicklung des Sklerotoms

Die Dermomyotomzellen exprimieren ***Pax-3*** und ***Pax-7***, während in den Sklerotomzellen ***Pax-1*** und ***Pax-9*** angeschaltet wird. Man nimmt an, daß dies unter dem Einfluß des Signalmoleküls **Sonic hedgehog (Shh)** geschieht, das in der Chorda dorsalis und später auch im ventralen Abschnitt des Neuralrohrs, der Bodenplatte, gebildet wird. Fehlt das Shh-Signal, wird ***Pax-1*** nicht aktiviert. Das führt bei Maus- und Hühnerembryonen zu einem Phänotyp, bei dem Wirbelkörper und Bandscheiben nicht ausgebildet werden.

Das Sklerotom wird weiter kompartimentiert und zunächst in eine **kraniale** und eine **kaudale Sklerotomhälfte** unterteilt. In der kaudalen Hälfte liegen die Zellen dichter gepackt als in der kranialen. Darüber hinaus unterscheiden sich diese beiden Komparti-

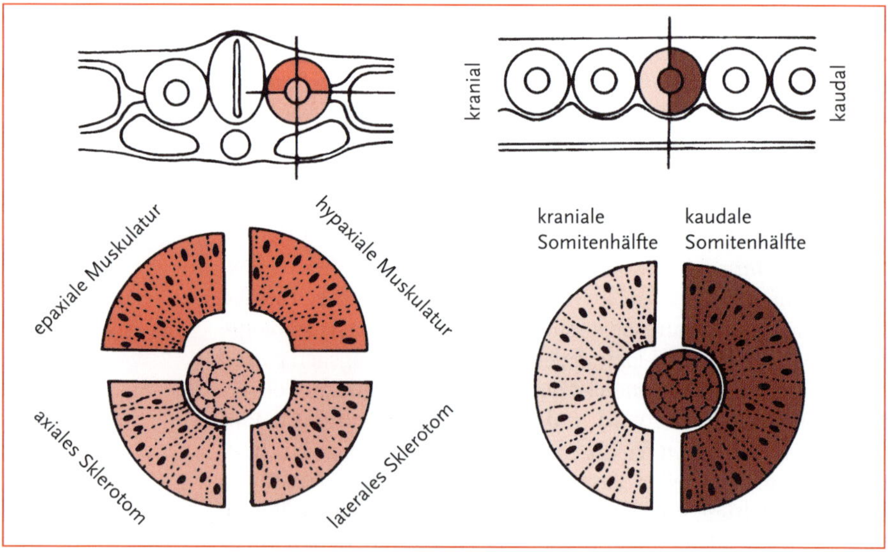

Abb. 45: Kompartimente des epithelialen Somiten

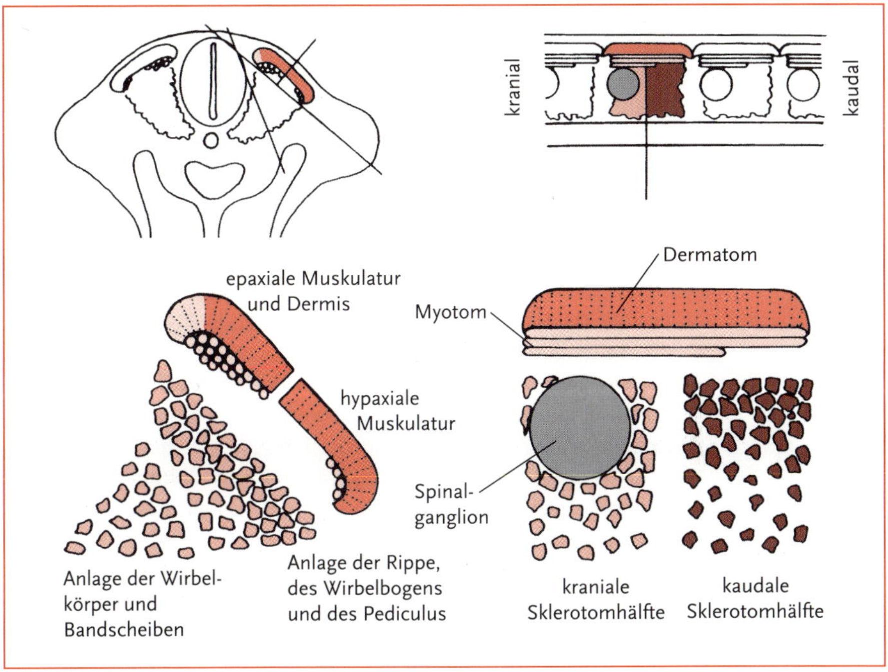

Abb. 46: Kompartimente des weiter differenzierten Somiten

mente hinsichtlich der Zelladhäsionsmoleküle und der extrazellulären Matrixkomponenten. Nur in die kraniale Sklerotomhälfte wandern die Neuralleistenzellen und die aus dem Neuralrohr auswachsenden Nervenfortsätze ein. Auf diese Weise werden die **Spinalganglien** und **Spinalnerven** segmental angeordnet.

Die Zellen der kaudalen Somitenhälfte exprimierten ***delta-1***, das dem Drosophila-Gen ***delta*** homolog ist, welches für ein Transmembranprotein kodiert, das wiederum das Gen ***notch*** aktiviert. Bei Mäusen mit inaktiviertem ***delta***-Gen werden die Somitengrenzen nicht aufrechterhalten.

Auch in mediolateraler Richtung ist das Sklerotom untergliedert: von lateral nach medial besteht ein Dichte- und Differenzierungsgradient. Der Raum um die Chorda dorsalis herum, in dem sich später die Wirbelkörper und Bandscheiben entwickeln, ist zunächst frei von Zellen. In diesen Raum wandern Sklerotomzellen ein, die unter dem Einfluß von Signalen der Chorda dorsalis und des ventralen Neuralrohrabschnitts Moleküle der

Knorpelmatrix, wie Chondroitinsulfat-Proteoglykan, zu bilden beginnen. Die dicht strukturierten dorsolateralen Sklerotomabschnitte bilden Rippen, Wirbelbögen und Bogenwurzeln. Für die Proliferation und Differenzierung dieser Blasteme sind Wachstumsfaktoren erforderlich, die vom dorsalen Somitenkompartiment und Neuralrohr gebildet werden.

Entwicklung des Dermomyotoms

Der als Dermomyotom bezeichnete dorsale epitheliale Somitenabschnitt exprimiert unter anderem ***Pax-3***, ***Pax-7***, ***Follistatin*** und ***paraxis***. Das Dermomyotom entwickelt sich durch Einflüsse des Oberflächenektoderms und des Neuralrohrs, die auch zur Erhaltung des Dermomyotoms erforderlich sind. Die in der medialen, dem Neuralrohr benachbarten Kante dieses Epithels gelegenen Zellen beginnen **myogene Determinationsfaktoren** (**MDFs**) zu exprimieren *(siehe Abb. 44)*.

7.2.2 Muskelentwicklung

Die myogenen Determinationsfaktoren sind die vier Transkriptionsfaktoren **MyoD** (**Myf3**), **Myogenin** (**Myf4**), **Myf5** und **MRF-4**.

Sie weisen ein Helix-loop-Helix-Motiv auf und binden an die DNA. Die myogenen Schlüsselgene ***MyoD (Myf3)***, ***Myogenin (Myf4)***, ***Myf5*** und ***MRF-4*** kodieren für diese Faktoren, die an die Steuerregion (Enhancer box: CANNTG) der zu kontrollierenden Gene binden. Bindegewebs-, Fett- oder auch Nervenzellen können durch Transfektion mit mRNA dieser MDFs in Richtung Muskeldifferenzierung umprogrammiert werden. Durch die Aktivierung der MDFs wird in den Dermomyotomzellen das Muskeldifferenzierungsprogramm angeschaltet. Im Zusammenhang mit den MDF-Proteinen wirken die **MEF2-Proteine** auf die Expression einzelner Muskelproteine. ***MEF2*** ist die Abkürzung von Myocyte-specific enhancer factor 2. Bei Vertebraten kommen vier ***MEF2***-Gene vor (***MEF2***-*A* bis ***-D***), deren Produkte Transkriptionsfaktoren darstellen. ***MEF2*** wird von den ***MDFs*** aktiviert und verstärkt seinerseits die Expression der *MDFs*. Der Wachstums- und Differenzierungsfaktor **GDF-8**, **Myostatin**, der zur TGF-β-Superfamilie gehört, bremst das Muskelwachstum. Wird sein Gen inaktiviert, so entsteht eine gigantische Muskelmasse, wobei die Zahl und die Größe der Muskelfasern zunimmt.

Epaxiale Muskulatur

Unter dem Dermomyotom entwickelt sich aus seinen Zellen eine zweite Schicht, das **Myotom** *(siehe Abb. 44)*. Es entsteht von dorsomedial nach ventrolateral und besteht zunächst aus teilungsunfähigen, terminal differenzierten Myoblasten. Später wandern auch noch teilungsfähige Myoblasten ein, die den FGF-Rezeptor FREK exprimieren. Nach der Entstehung des Myotoms heißt die dorsale Zellschicht des Dermomyotoms Dermatom, obwohl aus diesem weiterhin Myoblasten hervorgehen.

Die epaxialen Myotome bilden die **autochthone Rückenmuskulatur** (epaxiale Muskulatur), die demnach zunächst segmental angeordnet ist. Wenn die Myoblasten unter dem Einfluß des Adhäsionsmoleküls M-Cadherin zu fusionieren beginnen und vielkernige lange Myotuben bilden, verbinden sich die Oberflächenanteile der Blasteme zu segmentübergreifenden Muskeln wie

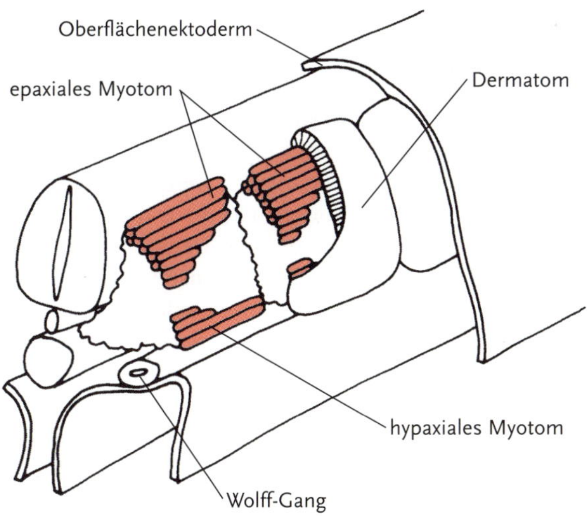

Abb. 47: Zwischen den Extremitäten liefert das hypaxiale Myotom Bauchwand- und Interkostalmuskulatur, das epaxiale Myotom die autochtone Rückenmuskulatur.

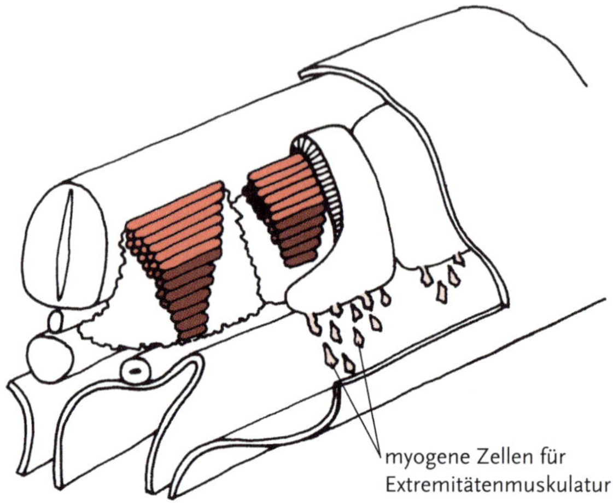

Abb. 48: In Höhe der Extremitäten bildet das gesamte Myotom autochthone Rückenmuskulatur. Die dunkelroten Zellen des Myotoms sind älter als die hellroten. Die Vorläufer der Extremitätenmuskeln gliedern sich als Einzelzellen nach und nach aus der lateralen Dermatomhälfte ab.

die Mm. iliocostalis oder longissimus dorsi. Dabei ist interessant, daß die Zellen, die aus einem Myotom hervorgehen, sich später über mehrere Segmente verteilen.

Hypaxiale Muskulatur

Der laterale Anteil des Dermomyotoms zeigt in Abhängigkeit von der Körperregion ein unterschiedliches Verhalten.

In Höhe der Arm- und Beinanlagen werden keine hypaxialen Myotome angelegt. Hier wandern ***Pax-3***-positive, noch teilungsfähige Muskelvorläuferzellen aus den Dermomyotomen in die Gliedmaßenanlagen ein, wo sie sich später zur **Extremitätenmuskulatur** differenzieren. Dazu müssen die Zellen den epithelialen Zellverband des Dermomyotoms verlassen. Diese **epitheliomesenchymale Transformation** wird gesteuert über einen Dialog zwischen **Hepatocyte growth factor/Scatter factor (HGF/SF)** und seinem Rezeptor, der **c-met-Tyrosinkinase**. HGF/SF wird von Zellen gebildet, die an der Basis der Extremitätenanlage lokalisiert sind. Der c-met-Rezeptor wird im lateralen Abschnitt aller Dermomyotome exprimiert. Bei der Mausmutante ***Splotch***, der ein funktionierendes ***Pax-3***-Gen fehlt, wird der c-met-Rezeptor nicht in den lateralen Dermomyotomen exprimiert. Hier bleibt die Auswanderung der Muskelvorläuferzellen aus, und die Extremitäten enthalten keine Muskulatur.

Da im Thoraxbereich der HGF/SF fehlt, verbleiben die Dermomyotomzellen hier in einem epithelialen Zellverband. Dieser verbreitert sich nach lateral und bildet eine zweischichtige epitheliale Knospe aus, die aus undifferenzierten Dermatom- und differenzierten Myotomzellen besteht. Die Knospe wächst in die seitliche Körperwand ein und stellt das Anlagematerial der **Interkostal- und Bauchmuskulatur** dar.

Die medialen und lateralen Dermomyotomknospen bleiben als Proliferationszentren über lange Zeit erhalten. Hier entstehen ständig weitere Myoblasten. Die in die **Extremitätenanlage**, die **Zunge** und das **Zwerchfell** eingewanderten Muskelvorläuferzellen teilen sich, bis die erforderliche Menge von Myoblasten erreicht ist. Vor ihrer terminalen Differenzierung exprimieren sie ebenfalls ***MDFs***.

7.2.3 Haut, Unterhaut und Gefäße als Somitenderivate

Der Dermatomabschnitt zwischen der medialen und lateralen Dermomyotomknospe verliert unter dem Einfluß von **Neurotrophin 3 (NT-3)**, das im dorsalen Neuralrohrabschnitt gebildet wird, seine epitheliale Struktur und geht in ein Mesenchym über, aus dem sich die **Subkutis** und die **Dermis des Rückens** bilden.

Als weiteres Derivat aller Somitenabschnitte treten **Gefäßendothelzellen** auf, die sich auch über die Segmentgrenzen hinaus ausbreiten. Schon im Stadium des epithelialen Somiten wird in den Zellen seines dorsomedialen Quadranten sowie in den Somitozölzellen der Rezeptor **KDR (VEGFR-2)** für den **Vascular endothelial growth factor (VEGF)** exprimiert. Von den Somiten abstammende Endothelzellen lassen sich später u. a. in Gefäßen des Neuralrohrs und der Extremitäten nachweisen.

Die Somiten werden durch den *Hox*-Code in ihrer Segmentidentität festgelegt. Sie werden durch Signale der umgebenden Organe kompartimentiert. Ihre Derivate sind die Skelettmuskulatur des Rumpfes, die Wirbelsäule, die Rippen, die Dermis und Subkutis des Rückens und Endothelien. Zellen der medialen Somitenhälfte bilden die autochthone Rückenmuskulatur (epaxiale Muskulatur) und Zellen der lateralen Somitenhälfte die Extremitäten-, Zungen-, Interkostal- und Bauchmuskulatur (hypaxiale Muskulatur).

7.3 Wirbelsäule und Rippen

Anlagematerialien der Wirbelsäule und der Rippen sind die Somiten, die einander sehr ähnlich sehen, sich aber dennoch verschieden entwickeln.

Die Segmentplatte wird durch den **axialen *Hox-Code*** regionalisiert. Diese Segmentidentität betrifft nur das Skelett und nicht die Muskulatur. So ist bei der Maus beispielsweise der Atlas (C1) durch die Expression von ***HoxB-1, HoxA-1, HoxA-3*** und ***HoxD-4*** charakterisiert. Vitamin A und seine Derivate verändern den *Hox*-Code, wodurch die Grenzen der Regionen verschoben werden. Dies wird als **homöotische Transformation** bezeichnet. Die **Atlasassimilation** oder die **Sakralisation** des fünften Lendenwirbels sind Beispiele derartiger Transformationen.

7.3.1 Sklerotomkompartimente

In Bezug auf die Gewebsdifferenzierung sind die Zellen der Segmentplatte und der jeweils letzten drei Somiten noch nicht determiniert. Wird ein solcher Somit 180° um die kraniokaudale Achse gedreht, so bilden die prospektiven Sklerotomzellen, die jetzt dorsal liegen, die dorsalen Kompartimente Dermatom und Myotom. Führt man dieses Experiment mit weiter kranial gelegenen Somiten durch, die in ihrer Differenzierung weiter fortgeschritten sind, so entwickeln sich die Kompartimente nicht mehr ortsgemäß, sondern herkunftsgemäß.

Die Wirbelsäule und die Rippen sind Derivate des ventralen Somitenkompartiments, des Sklerotoms. In das Sklerotom werden die Somitozölzellen miteinbezogen. Als frühe Marker der Sklerotomdifferenzierung gelten ***Pax-1*** und ***Pax-9***. Insbesodere ***Pax-1*** ist für eine normale Wirbelsäulenentwicklung unentbehrlich. Für ***Pax-1*** ist nachgewiesen, daß seine Expression durch **Sonic hedgehog (Shh)**, das von der Chorda dorsalis und der Bodenplatte des Neuralrohrs gebildet wird, hochreguliert wird.

Um die Wirbelsäulen- und Rippenentwicklung zu verstehen, ist es erforderlich, die oben erwähnte Kompartimentierung des Sklerotoms zu berücksichtigen *(siehe Abb. 45)*. Jedes Sklerotom untergliedert sich in eine **kraniale und eine kaudale Hälfte**. Weiterhin ist besonders innerhalb der kaudalen Hälfte noch einmal eine Gliederung in einen **lateralen**, **myotomnahen** und in einen **medialen (axialen) Abschnitt** zu beobachten. Die Somitozölzellen sind im kaudalen Sklerotomabschnitt lokalisiert. In der kranialen Sklerotomhälfte werden die aus dem Neuralrohr auswachsenden Nervenfortsätze und die spinalganglienbildenden Neuralleistenzellen gebündelt bzw. gesammelt. Dadurch wird das **periphere Nervensystem** segmental gegliedert.

7.3.2 Wirbelbögen, Wirbelkörper und Bandscheiben

Teile des lateralen Abschnitts der kranialen Sklerotomhälften eines Somiten bilden zusammen mit dem lateralen Abschnitt der kaudalen Sklerotomhälfte des nächsthöheren Somiten ein mesenchymales Blastem, das im Transversalschnitt dreieckig erscheint. Die nach dorsal gerichtete Ecke stellt die Anlage des **Wirbelbogens** dar, die nach ventral gerichtete Ecke ist das Anlagematerial der **Rippe** bzw. der rippenhomologen Strukturen. Die nach medial gerichtete Ecke verbindet sich später als **Bogenwurzel (Pediculus)** mit dem Wirbelkörper. Für die Entwicklung dieses Blastems, insbesonders der aus ihm hervorgehenden Rippen, sind Fibroblastenwachstumsfaktoren (FGFs) erforderlich, die von den Myotomzellen gebildet werden.

Das Anlagegebiet der **Wirbelkörper** und **Bandscheiben** ist zunächst zellfrei. Hier wandern Sklerotomzellen ein und bilden die vorübergehend unsegmentiert erscheinende Perichordalröhre. In der Nähe der Chorda dorsalis treten mesenchymale Verdich-

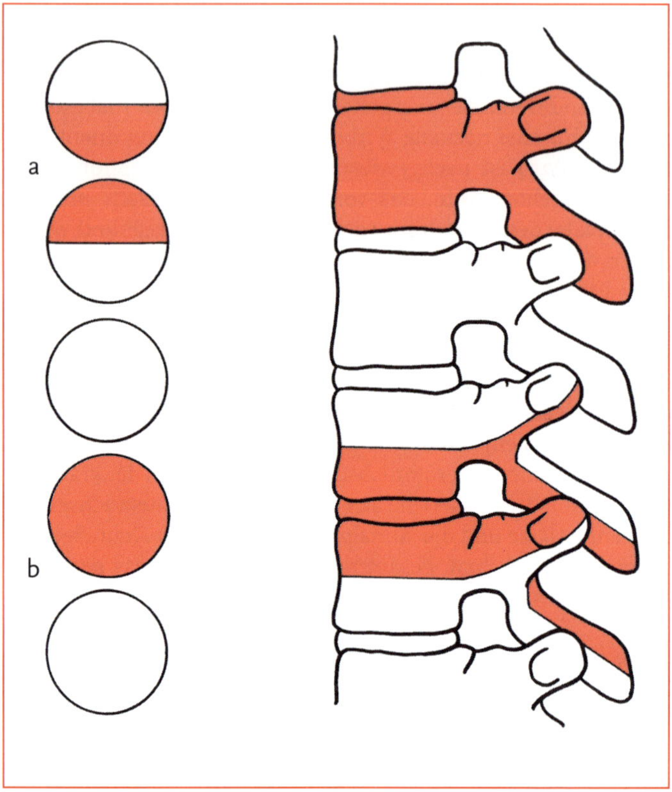

Abb. 49: Projektion der Somiten auf die Wirbelsäule. **a** Zwei Somitenhälften benachbarter Somiten bilden einen Wirbel und eine Bandscheibe; **b** Ein Somit begründet ein Bewegungssegment.

tungen auf, die zum großen Teil von den Somitozölzellen gebildet werden. Diese Verdichtungszonen stellen die **Bandscheibenanlagen** dar und liegen in bezug auf die ursprünglichen Somitengrenzen in der Mitte des Segmentes. Axiales Material aus der kranialen Hälfte eines Somiten verbindet sich mit axialem Material aus der kaudalen Hälfte des nächsthöheren Somiten zur Bildung eines Wirbelkörpers. Das führt zu einer Verschiebung der Wirbelkörpergrenzen gegenüber den Somitengrenzen um ein halbes Segment. Dieses Phänomen wurde bereits in der Mitte des vergangenen Jahrhunderts beobachtet und als **Um- oder Neugliederung** der Wirbelsäule beschrieben.

Bewegungssegment

Die Funktionseinheit der Wirbelsäule wird in der Klinik als Bewegungssegment bezeichnet und umfaßt zwei angrenzende Wirbel mit allen dazwischenliegenden Strukturen wie Bandscheiben, Wirbelbogengelenke, Bänder, Muskeln und Spinalnerven. Der beschriebene Umgliederungsprozeß führt dazu, daß die Strukturen, die aus einem Somiten hervorgehen bzw. durch ihn geprägt werden, ein Bewegungssegment bilden. Die in der Mitte des Somiten gelegenen Somitozölzellen projizieren sich dabei auf die beweglichen Anteile der Wirbelsäule, die Bandscheiben und Wirbelbogengelenke.

7.3.3 Genetische Kontrolle der Entwicklung des Achsenskeletts: *Pax-1* und *Pax-9*

Wie bereits oben dargestellt, können ***Pax-1***- und ***Pax-9***-Transkripte als frühe Sklerotommarker angesehen werden. Die Expressionsdomänen beider Gene sind jedoch nicht völlig deckungsgleich. ***Pax-1*** ist vorzugsweise im axialen Kompartiment der Wirbelsäulenanlage und ***Pax-9*** im lateralen Kompartiment nachweisbar. Daraus kann gefolgert werden, daß ***Pax-1*** vorzugsweise die Entwicklung der Wirbelkörper und Bandscheiben und ***Pax-9*** in erster Linie die Entwicklung der Wirbelbögen, Rippen und Bogenwurzeln (Pedikel) kontrolliert. ***Pax-9*** ist besonders stark in der kaudalen Sklerotomhälfte exprimiert. Bei einer Inaktivierung des ***Pax-1*** Gens werden weder Wirbelkörper noch Bandscheiben ausgebildet, während die Derivate der lateralen Sklerotomkompartimente keine nennenswerten Defekte aufweisen.

Weiterhin spielt ***Pax-1*** eine Rolle bei der **Erhaltung der Segmentgrenzen.** Im okzipitalen und sakralen Abschnitt des Wirbelsäulenblastems wird das ***Pax-1***-Gen früh abgeschaltet. Das führt zu einer segmentübergreifenden Fusion der Skelettelemente in diesen Abschnitten und damit zur Entwicklung des Os basioccipitale und des Os sacrum. Das Os basioccipitale ist der knöcherne Ring, der das Foramen magnum umgibt. Beim Menschen ist es ein Teil des Os occipitale.

Paarigkeit des Anlagematerials

Die Wirbelsäule geht aus beiden Somitenreihen hervor und ist damit ursprünglich paarig angelegt. Während axial sehr früh eine unpaar erscheinende Perichordalröhre entsteht, aus der sich die Wirbelkörper und Bandscheiben entwickeln, kommt es dorsal der Rückenmarksanlage erst wesentlich später zu einer Fusion der paarigen Bogenanlagen, aus denen dann noch die unpaaren, nach dorsal gerichteten Dornfortsätze hervorgehen. Ist dieser Fusionsprozeß gestört, resultieren dorsale Spaltbildungen (z. B. Spina bifida).

Bandscheiben

In der sechsten Entwicklungswoche, wenn menschliche Embryonen 12 mm groß sind, werden die annähernd planparallelen Bandscheibenanlagen von einem Bindegewebe aufgebaut, das sich zur Peripherie hin zu den Anuli fibrosi verdichtet. Bei 25 mm großen Embryonen ist die fibrilläre Außenzone des Anulus fibrosus vom knorpligen **Nucleus pulposus** deutlich abgegrenzt. Die Chorda dorsalis wird im Zuge der Wirbelsäulenentwicklung segmental gegliedert. In Höhe der Bandscheiben nimmt ihr Durchmesser zu, gleichzeitig verdichtet sich hier das Chordagewebe zum sogenannten **Chordasegment**, das innerhalb der Bandscheibenanlage liegt. Im Bereich der Wirbelkörper wird der Durchmesser der Chorda dorsalis vermindert, bis schließlich gar keine Chordazellen mehr nachweisbar sind. Die Zellen des Chordasegments dienen als Platzhalter für den späteren Nucleus pulposus. Die Bandscheiben werden vorübergehend vaskularisiert. Nach dem zweiten Lebensjahr beginnt die Rückbildung der Gefäße. Beim vierjährigen Kind sollen in den Bandscheiben keine Gefäße mehr vorkommen.

7.3.4 Knorpel- und Knochenentwicklung in der Wirbelsäule

Die Verknorpelung der Wirbelkörper und der ventralen Bogenhälften beginnt bei 12 mm großen Embryonen. Neues Material wird den Wirbelkörpern durch Proliferation des Bandscheiben-

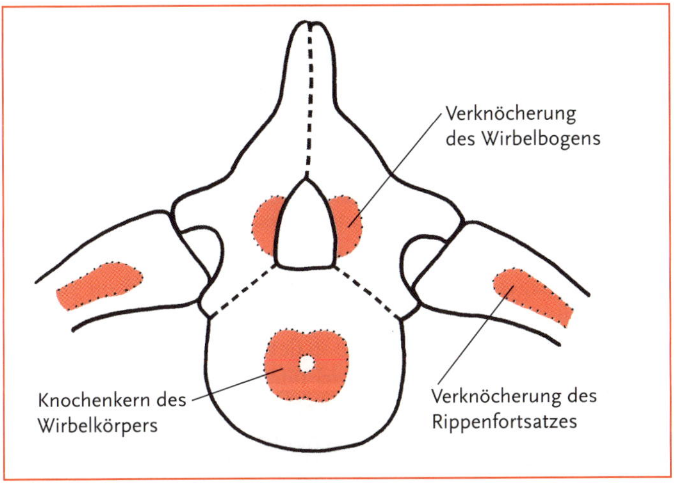

Abb. 50: Verknöcherung eines Brustwirbels

blastems angelagert. Die dorsalen Bogenanteile umwachsen die Rückenmarksanlage, bis sie bei 50 mm langen Embryonen in der Mittellinie aufeinandertreffen und verschmelzen. Die Verknorpelung der Bögen schreitet nach dorsal fort und ergreift zuletzt die mesenchymalen Anlagen der Processus transversi.

Die **Verknöcherung der Wirbelkörper** beginnt bei Feten von 6,5–7,0 cm Länge in der zwölften Woche ihrer Entwicklung an der Grenze zwischen Brust- und Lendenwirbelsäule und schreitet von dort aus nach kranial und kaudal fort. Bei Feten von 10 cm reicht sie vom vierten Zervikal- zum vierten Sakralwirbel. Sie läuft als enchondrale Osteogenese ab und geht von einem unpaaren Knochenkern aus.

Die **Verknöcherung der Wirbelbögen** beginnt auf beiden Seiten perichondral am inneren, dem Wirbelkanal zugewandten Bogenrand. Sie setzt sich dann als enchondrale Osteogenese fort. Dieser Verknöcherungsprozeß beginnt an den kranialen Halswirbeln und schreitet in kaudaler Richtung fort. Wachstum und Knochenbildung gehen in der Kindheit weiter. Die **Deckplatten** der Wirbelkörper bleiben als dicke, hyalinknorpelige Epiphysen und Wachstumszonen bestehen. Vom zehnten Lebensjahr an bildet sich als Vorläufer der knöchernen **Randleiste** die sogenannte Ringepiphyse.

7.3.5 Zervikookzipitale Übergangsregion

Diese Region reicht vom 1. bis zum 8. Somiten und stellt den am frühesten angelegten Körperabschnitt dar. Von hier aus verlängert sich der Embryo durch appositionelles Wachstum insbesondere nach kaudal und auch nach rostral. Neben den Skelettstücken und Muskeln, die hier besonders modifiziert sind, werden Neuralleistenzellen aus dieser Region an das Herz und den gesamten Magen-Darm-Trakt abgegeben. Sie beteiligen sich an der Septierung der Ausflußbahn des Herzens und bilden das intramurale Nervensystem. Weil in der zervikookzipitalen Übergangsregion auch die lebenswichtigen Zentren des ZNS für Atmung und Kreislauf lokalisiert sind, wird diese Region auch **vitales Zentrum** des Menschen genannt.

Bursa pharyngea

Die Sklerotome der rostralen $4^1/_2$ Somiten fusionieren und bilden das Os basioccipitale. Es wird von der Chorda dorsalis in dorsoventraler Richtung schräg durchsetzt. Sie verläßt in ihrem weiteren Verlauf das Skelett der Schädelbasis und ist dann ventral (bzw. basal) vom Os basioccipitale gelegen. Hier treten Chordazellen in Interaktion mit dem Rachendachepithel, was zu einer schlauchförmigen Einsenkung des Epithels führt, die bis an die Schädelbasis heranreichen kann. Diese epitheliale Tasche wird als **Bursa pharyngea** bezeichnet. Falls sie persistiert, liegt ihre Öffnung hinter der Tonsilla pharyngea.

Skelettstücke der zervikookzipitalen Übergangsregion

Die Grenze zwischen Kopf und Hals verläuft durch den 5. Somiten, dessen kraniale Sklerotomhälfte sich an der Bildung des Os basioccipitale beteiligt. Seine kaudale Sklerotomhälfte bildet mit der kranialen Sklerotomhälfte des 6. Somiten den **Proatlas**, der beim Menschen in der Regel nicht persistiert. Sein Material bildet die Spitze des **Dens axis** und gibt möglicherweise noch Zellen an die Hinterhauptskondylen ab. Ist die Fusion von Proatlas und Dens axis gestört, bleibt der Proatlas als selbständiges Knöchel-

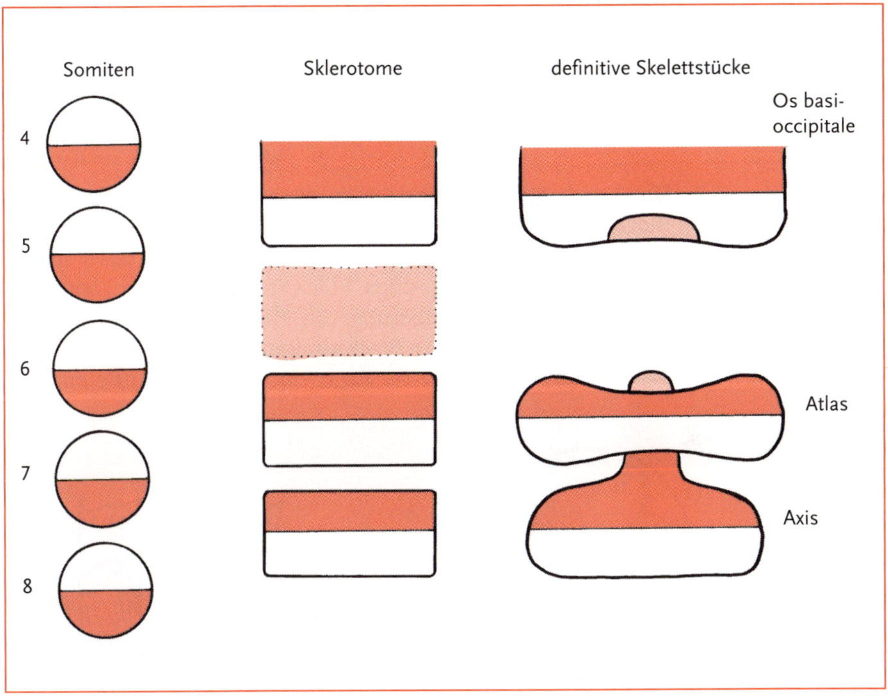

Abb. 51: Skelettderivate der Somiten im Übergangsgebiet von Kopf und Hals

chen erhalten (**Os odontoideum mobile**). Die kaudale Sklerotomhälfte des 6. Somiten bildet mit der kranialen Hälfte des 7. Somiten den Dens axis und den Atlas. Der Dens axis stellt eigentlich den Körper des Axis dar und ist von ihm auch vorübergehend durch eine Bandscheibe getrennt. Die kaudale Sklerotomhälfte des 7. Somiten bildet mit der kranialen Sklerotomhälfte des 8. Somiten den Axiskörper.

Muskulatur der zervikookzipitalen Übergangsregion

Die okzipitalen Somiten beteiligen sich an der Bildung der **kurzen Nackenmuskulatur**, der **Zungenmuskulatur**, der **infrahyalen Muskulatur** und der **Kehlkopfmuskulatur**. Die Vorläuferzellen für die Zungenmuskulatur wandern als noch teilungsfähige Zellen von den Dermomyotomen der okzipitalen Somiten in das

Anlagematerial der Zunge ein. Das intramuskuläre Bindegewebe ist mesektodermaler Herkunft, entstammt also der Neuralleiste.

7.3.6 Fehlbildungen der Wirbelsäule

Die knöcherne Verschmelzung zweier Wirbelkörper wird als Blockwirbel bezeichnet. Sie findet physiologischerweise im Os basioccipitale, zwischen Dens axis und Axiskörper sowie im Os sacrum statt. Pathologischen Blockwirbelbildungen kann eine zu frühe Herunterregulierung von ***Pax-1*** zugrunde liegen. Als weitere Ursache kommen **Blocksomiten** in Betracht, die gelegentlich vorkommen und in der Regel nur unilateral auftreten. Ein-

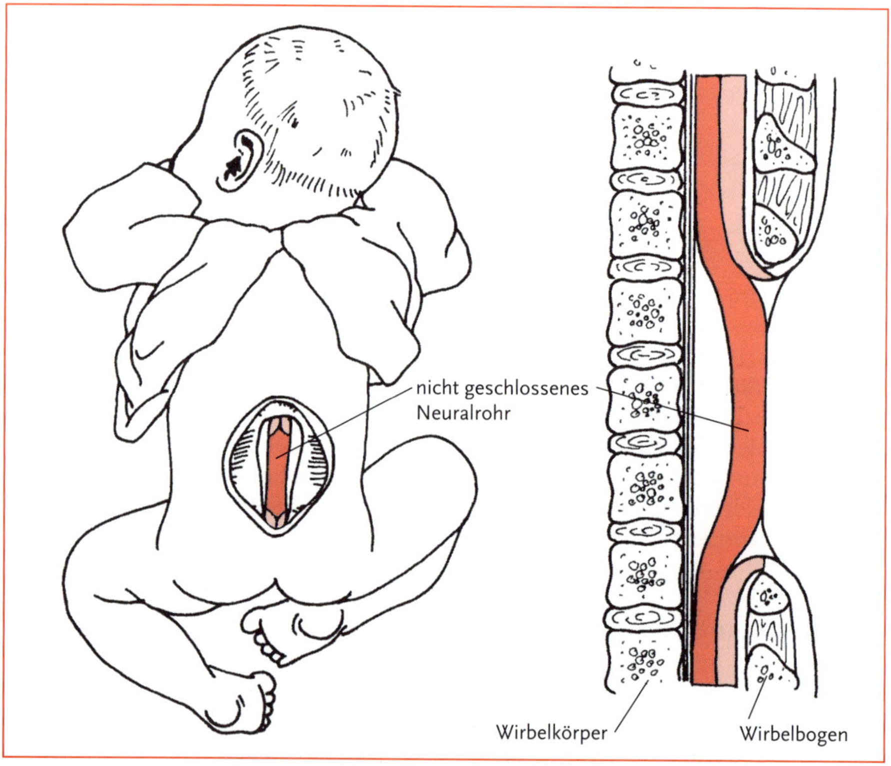

Abb. 52: Rachischisis, eine Entwicklungsstörung des Rückenmarks und der Wirbelsäule. Die Spaltbildung betrifft das Rückenmark, das nicht geschlossen ist, sowie die Wirbelsäule.

seitige Blockwirbelbildungen führen zu seitlichen Verkrümmungen der Wirbelsäule (**Skoliosen**). **Spaltbildungen** betreffen am häufigsten die Wirbelbögen. Hintere Wirbelbogenspalten treten besonders oft im lumbosakralen Übergang auf und werden als **Spina bifida** bezeichnet.

Man unterscheidet verschiedene Schweregrade, wobei die Rückenmarkshäute und sogar das Rückenmark mitbetroffen sein können. Weitere Varianten oder Fehlbildungen der Wirbelsäule sind die **homöotischen Transformationen**, die Grenzverschiebungen ihrer Abschnitte. Beispiele beim Menschen sind die Einbeziehung des fünften Ledenwirbels in das Kreuzbein (**Sakralisation** des fünften Lendenwirbels), die Eigenständigkeit des ersten Sakralwirbels (**Lumbalisation des ersten Sakralwirbels**), die Verwachsung des Atlas mit dem Hinterhaupt (**Atlasassimilation**) oder **Halsrippen**. Homöotische Transformationen entstehen durch Veränderungen des ***Hox***-Codes, die experimentell mit Vitamin A oder dessen Derivaten (Retinoiden) erzeugt werden können. Wird ***Pax-1*** in den Bandscheiben hochreguliert, bleiben die Wirbel getrennt, wird es herunterreguliert, verschmelzen sie.

7.3.7 Rippen

Die Rippen und rippenhomologen Strukturen der übrigen Wirbel (Processus costales, Tubercula anteriora der Processus transversi) entwickeln sich aus den seitlichen, myotomnahen Abteilungen des Sklerotoms. Sie wachsen von den ventralen Ecken dieser Verdichtungszonen in das somatische Mesenchym der Brustwand ein. Die Köpfe der Rippen liegen auf Höhe der Bandscheiben und werden hauptsächlich von den **Somitozölzellen** gebildet. An der Bildung der anschließenden distalen Rippenanteile sind zwei benachbarte Somiten beteiligt. Aus einem Somiten gehen Ursprünge und Ansätze der Interkostalmuskulatur zweier benachbarter Rippen hervor.

Mausmutanten mit inaktiviertem ***Myf5***-Gen haben keine distalen Rippenanteile. Dies wird darauf zurückgeführt, daß eine frühe Generation der Myotomzellen fehlt, die Fibroblastenwachstumsfaktoren (FGFs) bildet. Die Proliferation der Rippenblasteme wird demnach durch **FGFs** gesteuert.

Die Wirbelkörper und Bandscheiben können den axialen Sklerotomkompartimenten zugeordnet werden, die Wirbelbögen, Bogenwurzeln und Rippen den lateralen. Die Grenzen der Somiten und der Wirbelanlagen sind gegeneinander versetzt. Aus jeweils einem Somiten entwickelt sich jeweils eine Funktionseinheit der Wirbelsäule, ein Bewegungssegment. Die segmentale Identität wird durch den *Hox*-Code kontrolliert. *Pax-1* kontrolliert die Differenzierung des axialen Somitenkompartiments und erhält die Selbständigkeit der Wirbelanlage. *Pax-9* ist zusammen mit *Pax-1* für die Differenzierung der lateralen Sklerotomkompartimente von Bedeutung. Für die Rippenentwicklung aus dem lateralen Blastem sind FGFs erforderlich, die von Myotomzellen gebildet werden.

7.4 Paraxiales Kopfmesoderm

Das paraxiale Mesoderm kann in einen postotischen und einen präotischen Abschnitt untergliedert werden. Ein prinzipieller Unterschied zwischen diesen beiden Anteilen besteht darin, daß eine Epithelialisierung und Somitenbildung nur postotisch abläuft. Es ist jedoch zu berücksichtigen, daß die $4^1/_2$ am weitesten rostral gelegenen Somiten in die Bildung von Kopfstrukturen miteinbezogen werden. Das betrifft gleichermaßen Skelett, Muskulatur und bindegewebige Strukturen. Der präotische Abschnitt des paraxialen Mesoderms ist das paraxiale Kopfmesoderm im engeren Sinne. Es bleibt immer mesenchymal strukturiert. Von manchen Autoren wird eine segmentale Gliederung des Kopfmesoderms in Somitomere und damit eine segmentale Organisation des Kopfes postuliert. Diese Somitomere sind jedoch bisher nicht morphologisch definiert worden.

Ein weiteres Derivat des paraxialen Kopfmesoderms sind die Endothelzellen der Blutgefäße. Schon in frühen Stadien der Entwicklung exprimieren die Zellen einen Rezeptor für den Vascular endothelial growth factor (VEGF), den **VEGFR-2**, der beim Menschen als **KDR** bezeichnet wird.

Im Bereich der Pharyngealtaschen und Pharyngealbögen werden die Derivate des paraxialen Kopfmesoderms segmentähnlich verteilt. Die Muskulatur der Pharyngealbögen sowie die äußere Augenmuskulatur entwickeln sich aus dem prächordalen Mesoderm und dem paraxialen Kopfmesoderm. Das Schädeldach sowie Skelettanteile im Hinterhaupt- und Felsenbeinbereich sollen dem Kopfmesoderm entstammen. Neuralleistenzellen beteiligen sich hier auch an der Entwicklung von Bindegewebe, glatter Muskulatur, Knorpel, Knochen und Zähnen. Sie bilden zuvor einen mesenchymalen Zellverband, das **Mesektoderm**. Nur mit speziellen Markierungstechniken läßt sich klären, welche Mesenchymzellen des Kopfes der Neuralleiste und welche dem Mesoderm entstammen.

7.5 Seitenplattenmesoderm des Kopfes

In der Region der okzipitalen Somiten wird auch ein Seitenplattenabschnitt postuliert, dessen Derivate man nicht genau kennt, weil dieser postulierte Abschnitt des Mesoderms im Kopf morphologisch nicht definiert ist. Einige Autoren gehen davon aus, daß **Kehlkopfknorpel** (Ringknorpel und wahrscheinlich Aryknorpel), Dermis im ventrolateralen Halsbereich sowie mediale Anteile der **Clavicula** aus dem Seitenplattenmesoderm in Höhe des ersten okzipitalen Somiten und der Ohrplakode hervorgehen. Neuere Untersuchungsergebnisse haben jedoch gezeigt, daß der mediale Teil der Clavicula im Ursprungsbereich des M. sternocleidomastoideus der Kopfneuralleiste entstammt. Im Kopf entstehen paarige **Kopfhöhlen** (Head cavities), die medial von der Neuralleiste und ihren Derivaten liegen. Man unterscheidet prämandibuläre, mandibuläre und hyale Höhlen. Die Kopfhöhlen erhalten Zellen aus dem prächordalen Mesoderm, diese sind das Anlagematerial der äußeren Augenmuskeln.

7.6 Somatopleura und somatisches Mesenchym im Rumpf

Die epitheliale Somatopleura grenzt außen an das Oberflächenektoderm und innen an die **Leibeshöhle** (**Zölom**, *siehe Abb. 43*). Aus ihr bilden sich zwei Schichten: Serosaepithel und somatisches Mesenchym. Das Serosaepithel kleidet als wandständiges **Rippenfell**, **Bauchfell** und **Herzbeutel** die serösen Höhlen aus, die sich aus dem intraembryonalen Zölom entwickeln. Das aus der Somatopleura stammende somatische Mesenchym wird dicker und bildet schließlich den Teil der ventrolateralen Körperwand, der zwischen dem Derivat des Oberflächenektoderms (der Epidermis) und dem Serosaepithel liegt. Dazu gehören auch alle Skelettanteile (Sternum, Skelett der Extremitäten und des Schulter- bzw. Beckengürtels) mit Ausnahme der Rippen, deren Anlagen von den Somiten her in die Brustwand einwachsen, und eines Teils der Clavicula. Die Muskulatur der Brust- und Bauchwand sowie der Extremitäten entstammt ebenfalls den Somiten.

Das paraxiale Mesoderm wird rostral der Ohrblase nicht epithelialisiert. Es liefert die Vorläuferzellen für die meisten Kopf- und Branchialmuskeln und differenziert sich auch zu Chondroblasten, Fibroblasten und Angioblasten.
Das Seitenplattenmesoderm des Kopfes bildet wahrscheinlich Dermis im Halsbereich und Kehlkopfknorpel.

7.7 Extremitäten

Die Arme und Beine sind Derivate der Somatopleura (somatisches Mesoderm) und des Oberflächenektoderms. In die Extremitätenanlagen wandern Neuralleistenzellen ein, die die Schwann- und Pigmentzellen liefern. Auch die Zellen, die die quergestreifte Skelettmuskulatur ergeben, wandern aus den Somiten in die Extremitätenanlagen ein.

7.7.1 Kontrollmechanismen der Extremitätenentwicklung

In der vierten Woche der Entwicklung treten entlang der longitudinalen Körperachse auf jeder Seite zwei Falten aus somatischem Mesenchym und Ektoderm in Erscheinung: kranial die **Armknospe** und kaudal die **Beinknospe**.

Bei der Darstellung der Somitenentwicklung wurde bereits ausgeführt, daß die Regionalisierung entlang der Körperachse durch einen Code nacheinander exprimierter ***Hox***-Gene kontrolliert wird. Dies gilt auch für die Extremitätenanlagen.

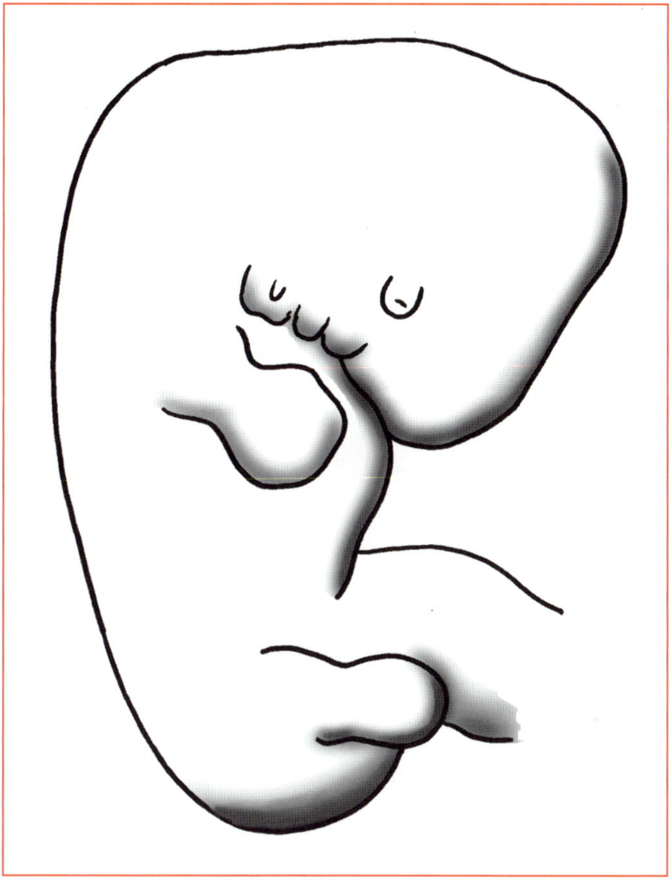

Abb. 53: Seitenansicht eines 32 Tage alten Embryos

Experimente an Hühnerembryonen haben gezeigt, daß die Bildung von Extremitätenknospen an induktive Einflüsse geknüpft ist, die vom paraxialen Mesoderm ausgehen. Unterbindet man den Kontakt zwischen dem paraxialen Mesoderm und der Somatopleura, bilden sich keine Extremitäten (**Amelie**). Daher liegt es nahe anzunehmen, daß die Extremitätenfelder, in denen die Knospen entstehen, durch die Expression von ***Hox***-Genen spezifiziert werden. Haben Somatopleura und Ektoderm diese Information erhalten, entwickeln sie ihre Form- und Strukturmerkmale weitgehend autonom. Sie besitzen danach die Fähigkeit zur Selbstdifferenzierung. Dies läßt sich experimentell dadurch prüfen, daß man Anlagematerialien isoliert und an anderen Orten oder in der Kultur weiterwachsen läßt.

Das Homöoboxgen ***HoxC-6*** ist im Extremitätenmesoderm früh exprimiert und kann als molekularer Marker der Extremitätenidentität angesehen werden.

Die Verknüpfungen der komplexen Mechanismen, die die Entwicklung der Extremitätenknospen zu Armen oder Beinen steuern, ist noch nicht in allen Einzelheiten bekannt. Wichtige Erkenntnisse wurden durch Experimente an Amphibien-, Hühner- und Mausembryonen gewonnen.

7.7.2 Extremitätenknospen

Die Extremitätenknospen bestehen aus einem mesenchymalen Kern, der aus der Somatopleura hervorgegangen ist, und einer ektodermalen Umhüllung. Es ist der mesenchymale Kern, der die Information für die Extremitätenentwicklung enthält und an das Ektoderm weitergibt. Das Ektoderm induziert daraufhin seinerseits das darunterliegende Mesoderm, sich zu Extremitätenstrukturen zu entwickeln. Es kommt also zu einem Dialog oder Ping-Pong-Spiel zwischen Ektoderm und Mesoderm. Wird das Extremitätenmesoderm experimentell mit Oberflächenektoderm in Kontakt gebracht, das normalerweise keine Extremität bildet, so kann eine Extremitätenentwicklung in Gang gesetzt werden. Kombinationen von Ektoderm der Extremitätenfelder mit Somatopleura, die normalerweise auch keine Extremitäten bildet, führt jedoch niemals zur Extremitätenentwicklung.

Das Muster für Arm bzw. Bein ist ebenfalls im Mesenchym verankert. Wird im Experiment Mesenchym der Armknospe mit Ektoderm der Beinknospe kombiniert, entwickelt sich ein Arm. Dem kraniokaudalen Differenzierungsgradienten des Embryos entsprechend ist die Entwicklung der Armknospe weiter fortgeschritten als die der Beinknospe.

7.7.3 Signalnetzwerk und Hox-Gene bei der Extremitätenentwicklung

Das Ektoderm der Arm- und Beinknospe leitet sich vom oberen und unteren Abschnitt einer ektodermalen Leiste ab, die in kraniokaudaler Richtung über die seitliche Körperwand verläuft und als Wolff-Leiste bezeichnet wird. Diese Leiste wird wahrscheinlich unter dem Einfluß des Mesoderms gebildet. Fibroblastenwachstumsfaktoren (FGFs), die vom Ektoderm gebildet werden, steuern das Auswachsen der Knospe. Transkripte von ***FGF-8*** können sehr früh im Ektoderm nachgewiesen werden. Wird im späteren Thoraxabschnitt, also zwischen dem Arm- und dem Beinfeld, zusätzlich FGF-8 appliziert, entwickelt sich eine weitere Extremitätenknospe. Diese ist armähnlich, wenn sie in der Nachbarschaft der Armknospe induziert wird, und beinähnlich, wenn sie in Nachbarschaft der Beinanlage entsteht.

Das Wachstum der Extremitätenknospe sowie die Anordnung ihrer Teile erfolgt in einem räumlichen Koordinatensystem. Man kann drei Achsen unterscheiden: eine proximodistale, eine anteroposteriore (kraniokaudale) und eine dorsoventrale. Die Anlage wächst entlang der proximodistalen Achse durch Apposition von Mesenchym am distalen Ende in die Länge. Interaktionen zwischen dem distalen Ektoderm und dem darunter gelegenen somatischen Mesenchym, das als **Progress zone** bezeichnet wird, steuern das Längenwachstum.

Das distale Ektoderm der Extremitätenknospe ist an derem freien Rand zu einer Leiste verdickt, die in anteroposteriorer Richtung über die Extremitätenknospe verläuft und das dorsale vom ventralen Ektoderm trennt. Diese **ektodermale Randleiste** (**Apical ectodermal ridge**, **AER**) bildet Fibroblastenwachstumsfaktoren (FGF-2, FGF-4 und FGF-8), die eine hohe Proliferationsaktivität des Mesenchyms der Progress zone aufrecht erhalten.

Die dorsale und ventrale Seite der Extremitätenanlagen unterscheiden sich schon vor ihrem Auswachsen zur Knospe durch unterschiedliche Genexpression. Das dorsale Ektoderm exprimiert ***Wnt-7a*** und ***Radical fringe (r-fng)***, das dorsale Mesoderm ***lmx-1***. Das ventrale Ektoderm exprimiert ***engrailed-1***. Es ist interessant, daß das Auswachsen der Extremitätenknospe bei Vertebraten und des Flügels bei der Fliege durch identische molekulare Mechanismen kontrolliert wird. ***Radical fringe*** kodiert für ein Protein, das die Bildung der AER induziert. Das homologe Gen ***fringe*** wird in den Randzellen der Flügelanlage von Fliegen exprimiert.

Wird bei Hühnerembryonen die AER entfernt, so hört das appositionelle Wachstum der Extremitätenknospe auf. Später fehlen die distalen Strukturen, die zum Zeitpunkt des Eingriffs noch nicht angelegt waren. Transplantiert man eine zusätzliche AER auf die Extremitätenknospe, bildet sich eine zweite proximodistale Achse und die distalen Strukturen verdoppeln sich schließlich.

FGF-2, FGF-4 oder FGF-8 können die Funktion der AER nachahmen, wenn diese im Experiment entfernt wird. Nachdem alle distalen Strukturen gebildet sind, degeneriert die AER. Wird die ektodermale Hülle einer Extremitätenknospe isoliert und mit Nichtextremitätenmesoderm gefüllt, so geht die AER zugrunde. Aufgrund dieses Experimentes wird im Mesenchym der Extremitätenknospe ein Faktor postuliert, der seinerseits die Aktivität der AER steuert. Dieser Faktor wird im angloamerikanischen Schrifttum als **Apical ectodermal maintenance factor** (**AEMF**) bezeichnet. Er ist am höchsten im posterioren Abschnitt der Extremitätenknospe konzentriert, wo die AER auch dicker ist als im anterioren Randbereich. Ebenfalls im posterioren Knospenabschnitt wird auch die Signalsubstanz **Sonic hedgehog** (**Shh**) gebildet. Das Shh-Signal stimuliert die **FGF-4**-Produktion in der Randleiste. Auch **Bone morphogenetic proteins** (**BMPs**) sind Faktoren des Signalnetzwerks der Extremitätenknospe. BMPs bilden eine Gruppe von Zytokinen, die zur Transforming growth factor β-(TGF-β)-Superfamilie gehören. ***BMP-7*** wird beispielsweise in der AER exprimiert und scheint die proliferationsfördernde Wirkung der FGFs begrenzend zu regulieren. ***BMP-2*** wird im posterioren Mesenchym der Extremitätenknospe durch Shh aktiviert. ***BMP-4*** wird im oberflächlichen Mesoderm der anterioren Seite exprimiert.

Das Signalsystem entlang der anteroposterioren Achse wurde in Transplantationsexperimenten an Hühnerembryonen entdeckt. Wird ein umschriebenes Mesenchymareal aus dem posterioren Umfang der Extremitätenknospe nach anterior oder unter die AER transplantiert, so entwickeln sich Extremitäten mit verdoppelten distalen Strukturen. In diesem Fall sind die Finger bzw. Zehen spiegelbildlich angeordnet. Da das transplantierte Mesodermareal entlang der anteroposterioren Achse offenbar polarisierend wirkt, wurde es als **Zone of polarizing activity** (**ZPA**) bezeichnet. Bereits 50 ZPA-Zellen reichen aus, um nach heterotoper Transplantation Verdoppelungen der distalen Strukturen zu induzieren. Derselbe Effekt kann durch Implantate erzeugt werden, die mit **Retinsäure** getränkt sind. Es hat sich gezeigt, daß die Zellen der ZPA Sonic hedgehog (Shh) sezernieren. Retinsäure kann ebenso wie Shh die Bildung von FGF-4 in der AER induzieren bzw. stimulieren.

Die regionalen Identitäten (Positionsinformationen) finden ihren Ausdruck in ***Hox***-Codes der Extremitätenanlagen. Entlang der proximodistalen Achse werden ***HoxA***-Gene, entlang der anteroposterioren Achse ***HoxD***-Gene exprimiert. FGF-4, Shh und Retinsäure beeinflussen die ***HoxD***-Expression.

Auf die Entwicklung der dorsoventralen Polarität wurde im Zusammenhang mit den Funktionen der AER bereits eingegangen.

7.7.4 Apoptose

„Wenn das Weizenkorn aber erstirbt, so bringt es viel Frucht."
(Evangelium des Johannes 12, 25)

Ein weiterer wichtiger morphogenetischer Prozeß bei der Extremitätenentwicklung ist der Zelltod. Zonen mit absterbenden Zellen finden sich am anterioren und am posterioren Rand der Extremitätenknospen des Hühnchens und werden dementspre-

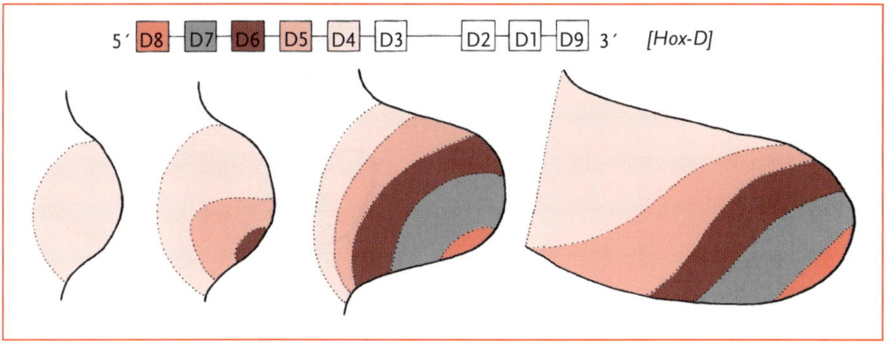

Abb. 54: Expression von HoxD-Genen in der Flügelknospe des Hühnchens

chend **anteriore** (**ANZ**) und **posteriore Nekrosezone** (**PNZ**) genannt. Ihre Funktion besteht möglicherweise darin, die Breite des Hand- bzw. Fußtellers und damit die Zahl der Finger- bzw. Zehenstrahlen zu reduzieren. Bei Arten mit weniger als fünf Finger- und Zehenstrahlen sind tatsächlich die Nekrosezonen ausgeprägter als bei Spezies mit pentadaktylen Extremitäten.

Beim Menschen kommen ferner **interdigitale Nekrosezonen** (**INZ**) vor, die für die Separation der Finger und Zehen wichtig sind.

Die Persistenz von Schwimmhäuten (z. B. bei der Ente) ist auf eine Verminderung der Nekroserate dieser Zonen zurückzuführen. Es konnte in Transplantationsexperimenten gezeigt werden, daß von einem bestimmten Zeitpunkt an, der deutlich vor dem ersten Auftreten von Zellnekrosen liegt, die Zellen hinsichtlich ihres Todeszeitpunkts determiniert sind. Man hat daher von „programmiertem Zelltod“ oder Apoptose gesprochen. Bei der

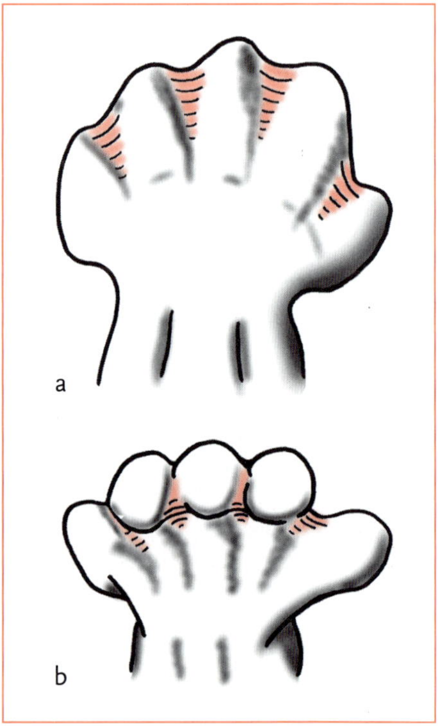

Abb. 55: Handanlage
a eines 48 Tage alten und **b** eines 50 Tage alten Embryos. Die Finger werden durch appositionelles Wachstum und interdigitale Apoptosen getrennt (rot).

Apoptose wird die DNA durch eine besondere Endonuklease abgebaut. Die Zelle und ihr Kern schrumpfen, kondensieren und zerfallen in membranumhüllte Fragmente. Man stellt sich vor, daß in allen Zellen das Todesprogramm eingeschaltet ist, und daß der Zelltod durch ein überlagertes Überlebensprogramm verhindert wird. Dieses Überlebensprogramm wird danach durch Wachstumsfaktoren in Gang gehalten. Die Apoptose wird durch die Expression von Genen gesteuert, die zu einer **Fragmentierung von DNA** und letztendlich zum Absterben der Zellen führen. Bei Krebszellen wird diese Selbstmordmaschinerie aufgrund eines Gendefekts nicht angeworfen. Morphologisch sind Zellen, die apoptotisch zugrundegehen, durch pyknotische Zellkerne charakterisiert.

7.7.5 Entstehung der menschlichen Extremitäten

Beim Menschen werden die Armknospen am 26. oder 27. Tag und die Beinknospen am 27. oder 28. Tag der Entwicklung sichtbar. Die Armknospen entwickeln sich in Höhe der kaudalen Halssomiten, die Beinknospen in Höhe der Lumbal- und oberen Sakralsomiten. Die frühen Extremitätenfalten sind zunächst nach lateral gerichtet. Später geraten sie zunehmend in eine Adduktionsstellung.

Formentwicklung des Armes

Die Armanlage gliedert sich in proximodistaler Richtung. Der distale Abschnitt plattet sich in dorsoventraler Richtung ab und verbreitert sich in radioulnarer Richtung. So entsteht ein flächiger Handteller, der dem stielförmigen Unterarm aufsitzt. Dieser Stiel wird länger und gliedert sich in Oberarm und Unteram. Die Unterarmanlage wird gegenüber dem Oberarm im Sinne einer Flexion abgewinkelt. An der Knickstelle entsteht der Ellenbogen. Mit zunehmender Flexion im Ellenbogen wird der Handteller proniert. Durch die Auswärtsverlagerung des Ellenbogens wird der Oberarm abduziert und antevertiert. Die Daumenanlage gelangt durch diese Wachstumsbewegungen in die „Daumenlutschstellung“. Die Finger werden separiert und zunehmend

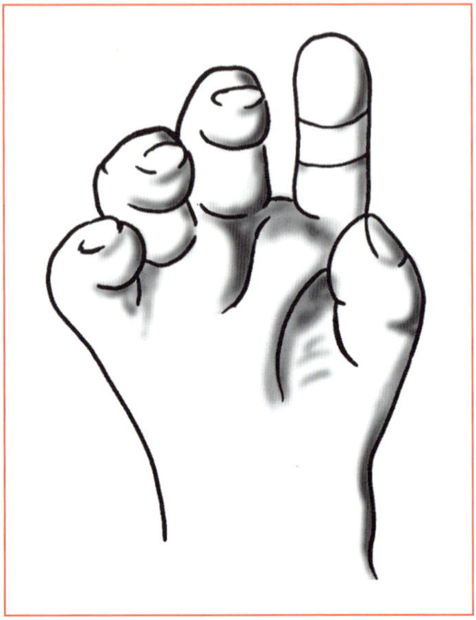

Abb. 56: Hand eines Embryos im dritten Entwicklungsmonat. Man beachte die typische Stellung der einzelnen Finger.

gebeugt, wobei der Zeigefinger am deutlichsten gestreckt und somit in einer „Zeigestellung“ bleibt. Daumen und kleiner Finger wachsen darüber hinaus in eine Oppositionsstellung, die beim Daumen allerdings viel ausgeprägter ist als beim kleinen Finger.

Formentwicklung des Beines

Die Entwicklung des Beines ist gegenüber der des Armes um einige Tage verzögert, was auf den kraniokaudalen Differenzierungsgradienten zurückzuführen ist. Die zunächst annähernd kegelförmige Beinknospe wird wie die Armknospe während des Wachstums adduziert. Die Fußplatte verbreitert sich schnell und gliedert sich von der Unterschenkelanlage ab. Daraus entwickelt sich kranial die Großzehe, die sich durch ihr mächtiges Kaliber von Anfang an deutlich von den übrigen Zehen unterscheidet.

Durch unterschiedliches Wachstum untergliedert sich die Beinanlage in Ober- und Unterschenkel und es entsteht das Knie, das zunächst nach kraniolateral zeigt. Der Unterschenkel ist zunächst gegenüber dem Oberschenkel steiler abgewinkelt als der Unterarm gegenüber dem Oberarm. Charakteristisch für das Bein

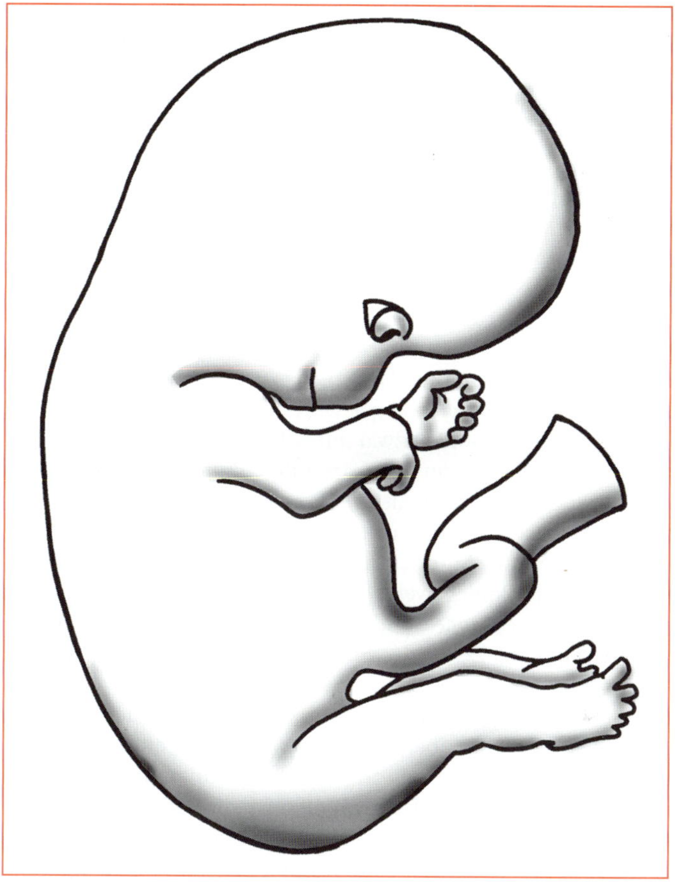

Abb. 57: 55 Tage alter Embryo. Man beachte die unterschiedliche Stellung von Arm und Bein.

ist die deutliche Supination der Fußanlage. Der Vorderfuß ist nach dorsal flektiert und die mächtige Großzehe steht leicht abduziert, verbleibt jedoch in der Ebene der übrigen Zehen.

Strukturentwicklung innerhalb der Extremitäten

Die Extremitätenknospen zeigen einen proximodistalen Differenzierungsgradienten, der es ermöglicht, daß distal im Bereich der Progress zone noch undifferenziertes Zellmaterial neu entsteht, während proximal bereits eine deutliche Schichtung des

Mesenchyms als Ausdruck der beginnenden Differenzierung erfolgt ist. Es verdichtet sich im Zentrum zum Vorknorpelblastem. Neben dem proximodistalen gibt es noch einen posteroanterioren Differenzierungsgradienten. Die zentral gelegene chondrogene Zone spiegelt annähernd die äußere Form der Extremitätenanlage wieder. Das hängt damit zusammen, daß die oberflächliche Ektodermschicht ECM-Moleküle sezerniert, die die Knorpelbildung in der oberflächlichen Schicht der Extremitätenanlage verhindern (**Antichondrogenic zone**). Auf diese Weise überträgt sie ihre Kontur auf das Knorpelblastem. Im runden Oberarm bzw. Oberschenkel entsteht ein einziges rundes Skelettstück, im dorsoventral abgeplatteten Unterarm bzw. Unterschenkel dagegen ein abgeplattetes Vorknorpelblastem, das, zumindest beim Vogelembryo, durch eine zentral gelegene Apoptosezone in zwei Skelettstücke (Ulna/Radius bzw. Fibula/Tibia) untergliedert wird.

Unter dem Ektoderm der Extremitätenknospe verdichtet sich das Mesenchym zur Dermis und Unterhaut. In der Intermediärzone entwickelt sich die Muskulatur aus Zellen, die aus den Dermomyotomen der Somiten ausgewandert sind. Das intra- und perimuskuläre Bindegewebe (Endomysium, Perimysium, Epimysium und Faszie) sowie die Ursprungs- und Ansatzsehnen gehen aus ortsständigen Zellen des somatischen Mesoderms hervor. Die Bindegewebselemente innerhalb des Muskelblastems vermitteln die Information über Form- und Strukturmerkmale der Muskeln.

Wie bereits weiter oben dargelegt worden ist, entwickeln sich die Mesenchymzellen innerhalb der Extremitätenanlagen entsprechend einer oder mehrerer Positionsinformationen, die durch Genexpressionsmuster und Signalmoleküle vermittelt werden. Werden in den Extremitätenknospen mesenchymale Zellen aus der chondrogenen Zone unter das Ektoderm verpflanzt, so entwickeln sie sich zu Dermiszellen. Prospektive Dermiszellen in das Innere transplantiert, differenzieren sich zu Knorpelzellen. Die prospektiven Knorpelzellen sind früher determiniert als die prospektiven Dermiszellen.

7.7.6 Extremitätenskelett

Erstes Anzeichen der Skelettentwicklung ist das **Vorknorpelblastem**. Wie bereits im vorangehenden Abschnitt ausgeführt, werden die oberflächliche Dermis und die myogene Intermediärzone durch Einflüsse des Oberflächenektoderms vor der Verknorpelung bewahrt (Antichondrogenic zone). Die dicht gelagerten Zellen im Vorknorpelblastem scheiden eine für den Knorpel typische extrazelluläre Matrix (ECM) aus. Dabei ist ein proximodistaler und posteroanteriorer Differenzierungsgradient zu beobachten. Zuerst wird der Humerus angelegt, gefolgt von der Ulna und den ulnar gelegenen Skelettelementen der Handwurzel. Die Ulna und die Fingerstrahlen 4 und 5 werden als **postaxialer Abschnitt**, der Radius und die Fingerstrahlen 1, 2 und 3 als **präaxialer Abschnitt** bezeichnet.

Jede Vorknorpelzelle produziert einen basophilen Hof von sie umgebender ECM. Darin befinden sich Typ-II-Kollagen-Filamente, Typ-IV-Kollagen sowie knorpeltypische Glykosaminoglykane und das Proteingerüst der Proteoglykane. Die Zellen können nun als **Chondroblasten** bezeichnet werden. Sie besitzen ein ausgedehntes rauhes endoplasmatisches Retikulum, einen großen Golgi-Apparat sowie reichlich Mitochondrien. Durch die anhaltende Ausscheidung von Knorpel-ECM wird der Extrazellularraum vergrößert und die Chondroblasten rücken auseinander. Das führt zum interstitiellen Wachstum der Skelettstücke. Durch Teilungen der Chondroblasten entstehen Knorpelzellfamilien (Chondrone). Die knorpeligen Skelettstücke werden außen von einem verdichteten Bindegewebe (Perichondrium) umgeben, das sich in zwei Schichten unterteilt: eine äußere faserreiche und eine innere zellreiche. Die Zellen der inneren Schicht sind Chondroblasten, die bei appositionellem Wachstum und Reparaturvorgängen aktiviert werden können.

7.7.7 Osteogenese

Mit Ausnahme eines Teils des Schlüsselbeins werden alle anderen Skelettstücke der Extremitäten und ihrer Gürtel hyalinknorpelig vorgebildet. Bei der Osteogenese wird das Knorpelgewebe dann durch Knochengewebe ersetzt. Die Knochenbildung auf knorpeliger Grundlage wird als chondrale oder indirekte Osteogenese bezeichnet. Die Osteogenese ist nicht auf den embryonalen Organismus beschränkt. Im adulten Organismus werden die Skelettstücke ständig umgebaut, was ebenfalls mit Knochenneubildung einhergeht. Nach Knochenbrüchen erfolgt ebenfalls eine Osteogenese als Reparaturmaßnahme. Die Knochenbildung wird durch Wachstumsfaktoren kontrolliert, die zur Familie der Transforming growth factors β (TGF-β) gehören. Sie werden als **Bone morphogenetic proteins (BMPs)** bezeichnet. Inzwischen sind acht derartige osteoinduktive Proteine (BMP-1 bis BMP-8) bekannt.

Chondrale Osteogenese

Der Knorpel der Skelettstücke wird nach zwei verschiedenen Mustern ersetzt, als **perichondrale** und **enchondrale** Osteogenese.

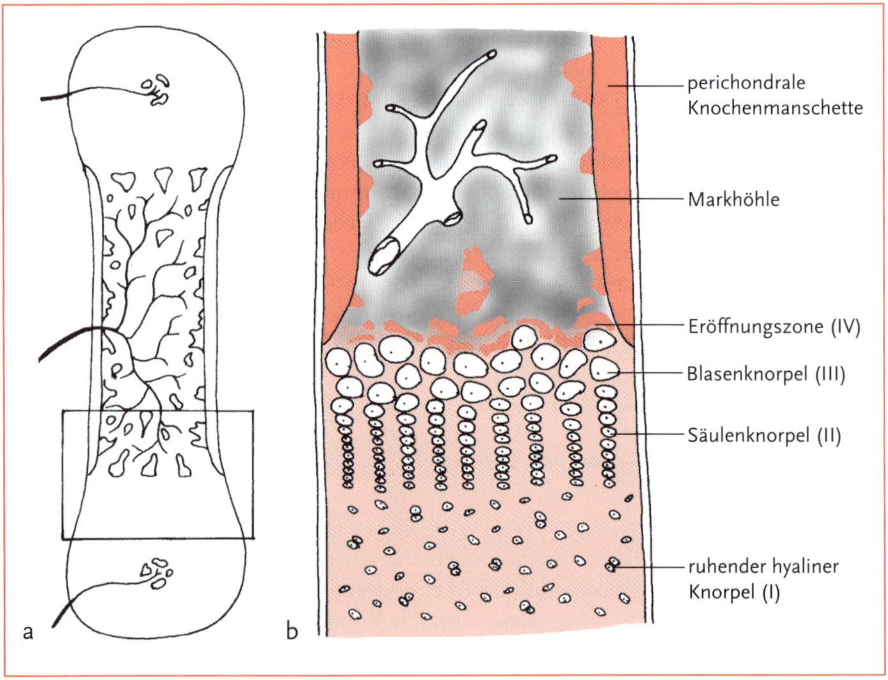

Abb. 58: Chondrale Osteogenese eines langen Röhrenknochens. Im Schaftbereich **a** beginnt die Verknöcherung perichondral und wird dann enchondral fortgeführt. In der Epiphyse verknöchert das Skelettstück nur enchondral. **b** Die Zonen der enchondralen Verknöcherung sind ruhender Knorpel (I), Säulenknorpel (II), großblasiger Knorpel (III) und Zone des Knorpelabbaus und Knorpelaufbaus (IV).

Perichondrale Osteogenese

Bei der perichondralen Osteogenese wird in der Schaftmitte der langen Skelettstücke um das Knorpelgewebe herum eine knöcherne Manschette ausgebildet. Es wird also nicht Knorpelgewebe durch Knochengewebe ersetzt, sondern vielmehr auf das knorpelige Skelettstück im Schaftbereich eine dünne Schicht von Knochengewebe aufgelagert.

Das Knochengewebe der perichondralen Knochenmanschette wird von Knochenbildungszellen aufgebaut, den **Osteoblasten**. Sie differenzieren sich aus Zellen des perichondralen Bindegewebes und sezernieren Kollagen und eine glykoproteinhaltige Grundsubstanz. Dieses organische Gerüst, das **Osteoid**, wird später mineralisiert. Auch daran sind die Osteoblasten beteiligt. Von ihnen schnüren sich sogenannte Matrixvesikel ab, die einen Durchmesser von 100 nm haben und ein Präzipitat aus Kalziumphosphat in das Osteoid transportieren. An den kollagenen Fibrillen werden die anorganischen Bestandteile als Hydroxylapatitkristalle abgelagert. Die perichondrale Knochenmanschette wird appositionell dicker und wächst in Richtung auf die Enden des Skelettstückes. Nachdem die Osteoblasten während des Knochenwachstums in das Knochengewebe eingemauert sind, nennt man sie Knochenzellen (**Osteozyten**). Sie sind länglich und stehen über schlanke Zellausläufer untereinander in Verbindung. Osteoblasten und Osteozyten sind terminal differenzierte, nicht mehr teilungsfähige Abkömmlinge von mesenchymalen osteogenetischen Stammzellen, zu denen auch Perizyten von Kapillaren gehören sollen.

Enchondrale diaphysäre Osteogenese

Während die perichondrale Knochenmanschette wächst, kommt es im knorpeligen Schaft zu charakteristischen Strukturveränderungen. Es beginnt die enchondrale Knochenbildung.

Die Knorpelzellen vergrößern sich und werden auffällig reich an Glykogen, alkalischer Phosphatase und Phosphorylase. Sie entziehen der umgebenden Knorpelmatrix Wasser und es entsteht ein sogenannter Blasenknorpel. Sobald in der Knorpelmatrix das Löslichkeitsprodukt von Ca^{2+} überschritten wird, fällt Ca^{2+} aus und es werden Kalksalze eingelagert. Die Diffusion von O_2 und anderen Molekülen durch die Matrix zu den Chondrozyten verschlechtert sich schlagartig, die Knorpelzellen gehen zugrunde. Sie begehen durch ihre Wasseraufnahme gewissermaßen Selbstmord.

Vom Periost aus, das die perichondrale Knochenmanschette umgibt, wächst Gefäßbindegewebe in den verkalkten Knorpel ein. Auf diese Weise gelangen auch Knorpelfreßzellen (**Chondroklasten**), die dem mononukleären Phagozytensystem (MPS) entstammen, an den Ort des Geschehens. Sie können aufgrund ihrer Enzymausstattung Knorpelmatrix abbauen. So entsteht im Bereich der Diaphyse ein sich vergrößernder Raum, der mit einem lockeren Gewebe, dem **primären Knochenmark**, ausgefüllt ist und der als **primäre Markhöhle** bezeichnet wird. Hier treten nun **Osteoblasten** und auch **Osteoklasten** auf, um Knochengewebe auf- und abzubauen. Ab dem fünften Fetalmonat differenziert sich das primäre zum **sekundären Knochenmark**, das die Funktion der **Blutbildung** übernimmt.

Die enchondrale Osteogenese schreitet von der Mitte des Schaftes in Richtung Epiphysen fort. Es lassen sich vier unterschiedlich strukturierte Zonen beschreiben, die für sie charakteristisch sind: An die Epiphyse schließt sich zuerst die **Reservezone** mit normalem hyalinem Knorpel an. Darauf folgt eine Zone, in der die Knorpelzellen zu annähernd parallelen Säulen angeordnet sind, und die deshalb **Säulenknorpel** heißt. Das ist eine Wachstumszone. Da sich diese Knorpelzellen häufig teilen, wächst das Skelettstück vorwiegend in die Länge. In der nächsten Zone liegt der **Blasenknorpel** mit stark aufgeblähten Knorpelzellen (Zone des großblasigen Knorpels). Zwischen diesen Zellen beginnt die Knorpelmatrix zu verkalken. Die vierte Zone, die Eröffnungszone, zeigt den **Abbau von Knorpel** und den **Aufbau von Knochengewebe**. Hier findet man Reste verkalkter Knorpelmatrix, an deren Oberfläche die Osteoblasten Knochenmatrix abscheiden.

Enchondrale epiphysäre Osteogenese

Die Epiphysen selbst bleiben während des gesamten intrauterinen Lebens knorpelig. Lediglich die distale Femurepiphyse und die proximale Tibiaepiphyse weisen beim ausgetragenen Neugeborenen einen Knochenkern auf. Diese Verknöcherungspunkte gelten als Reifezeichen.

Der Ablauf der epiphysären Osteogenese ist der diaphysären Osteogenese sehr ähnlich. Vom Epiphysenkern aus schreitet die Verknöcherung nach peripher fort. Bis zum Stillstand des Wachstums bleiben diaphysäre und epiphysäre Knochen durch eine Knorpelzone (**Epiphysenscheibe**, **Fugenknorpel**) getrennt, in der die Knorpelzellen proliferieren. Diese Proliferation ist für das Längenwachstum der Röhrenknochen der Extremitäten und damit für das Längenwachstum in Kindheit, Jugend und Adoleszenz verantwortlich. Zum Gelenk hin bleibt die Oberfläche der Epiphysen zeitlebens knorpelig (**Gelenkknorpel**). Auch die Apophysen der Skelettstücke werden von eigenen Knochenkernen aus ossifiziert.

Lamellenknochen

Bei der Osteogenese wird zunächst ein **geflechtartiger Knochen** (**Faserknochen**) gebildet, der teilweise noch Knorpelreste enthält, bei geringer Festigkeit relativ schwer ist und den mechanischen Beanspruchungen nicht optimal angepaßt ist. Dieser Gewebstyp wird später durch den höher differenzierten Lamellenknochen ersetzt. Baueinheit des lamellären Knochengewebes ist das **Osteon**, ein aus konzentrisch geschichteten **Lamellen** (**Speziallamellen**) aufgebautes System, in dessen Zentrum ein Kanal für Blutgefäße (**Havers-Kanal**) liegt. Die Ausbildung und Anordnung der Osteone wird durch die Gefäßarchitektur bestimmt. Die Osteoblasten bilden die Speziallamellen des Osteons von der Peripherie zum Zentrum hin.

Kontrollmechanismen des Knochenwachstums

Die Entwicklung des Knochengewebes sowie des Längenwachstums der Skelettstücke und damit des Körpers wird genetisch, hormonell und durch Wachstumsfaktoren gesteuert. Auf die Bedeutung der BMPs wurde bereits hingewiesen.

Somatotropin, das Wachstumshormon des Hypophysenvorderlappens, und das Schilddrüsenhormon **Thyroxin** fördern das Knochenwachstum. Gehemmt wird das Wachstum von Nebennierenrinden- und Geschlechtshormonen. Bei **Vitamin-D-Mangel** ist die Verkalkung des Osteoids gehemmt und die betroffenen

Skelettanteile bleiben weich und biegsam (**Rhachitis** oder **englische Krankheit**). Das **Parathormon** der Nebenschilddrüsen aktiviert die Osteoklastentätigkeit und sorgt für eine Erhöhung des Blutkalziumspiegels und für eine vermehrte Phosphatausscheidung in den Nieren. Demgegenüber setzt das in den C-Zellen der Schilddrüse gebildete **Calcitonin** die Osteoklastenaktivität herab, wodurch der Blutkalziumspiegel absinkt. Es steigert die Ausscheidung von Kalzium und Phosphat durch die Nieren.

Bei der genetisch bedingten **Chondrodystrophie** ist die Knorpelzellproliferation behindert, wodurch kurze und plumpe Extremitätenknochen entstehen. Eine große Anzahl der genetisch bedingten Knochendysplasien sind durch Mutationen der Gene verursacht, die für FGFRs, Typ I-, Typ II- und Typ X-Kollagen und weitere Proteine kodieren.

7.7.8 Gelenke

In den Extremitätenanlagen verdichtet sich das somatische Mesenchym zwischen den knorpeligen Skelettelementen zu scheibenförmigen Abschnitten des **interzonalen Bindegewebes**. Dieser Prozeß beginnt in den proximalen Extremitätenabschnitten in der sechsten Woche. In **Syndesmosen** oder **Synchondrosen** differenziert das interzonale Bindegewebe zu straffem kollagenfaserreichem Bindegewebe oder zu Knorpelgewebe. Bei den **synovialen Gelenken** wird der innere Abschnitt des interzonalen Bindegewebes dreischichtig. Während der äußere Anteil in die Bildung der Gelenkkapsel miteinbezogen wird, differenzieren sich die beiden an die Skelettstücke angrenzenden Schichten des inneren Abschnittes zu hyalinem Knorpel. In der lockeren Intermediärschicht dazwischen entsteht der Gelenkspalt durch **Zelluntergang (Apoptose)**. Das an den Spalt angrenzende Gewebe bildet die Gelenkinnenhaut und weitere intraartikuläre Strukturen. Die hier geschilderte Gelenkentwicklung kann auch in Extremitätenanlagen beobachtet werden, die keine Muskulatur enthalten. Fehlen die Bewegungsreize in der späten Fetalzeit, so versteifen die Gelenke.

7.7.9 Extremitätenmuskulatur

In Experimenten mit Hühner- und Wachtelembryonen wurde nachgewiesen, daß die Extremitätenmuskulatur aus den Somiten stammt. Beim Hühnerembryo operierte man die als Muskellieferanten in Frage kommenden Somiten heraus und ersetzte sie durch entsprechende Somiten eines Wachtelembryos. Die operierten Embryonen bildeten Extremitätenmuskulatur aus Wachtelzellen. Diese lassen sich aufgrund artspezifischer Heterochromatinmuster eindeutig von Hühnerzellen unterscheiden. Mit der Transplantation von Somitenhälften wurde gezeigt, daß die Vorläuferzellen der Extremitätenmuskulatur in der lateralen Somitenhälfte lokalisiert sind.

Wanderung der Muskelvorläuferzellen

Die undifferenzierten, noch teilungsfähigen Myoblasten wandern unter dem Einfluß von **Hepatozytenwachstumsfaktor/Scatter**

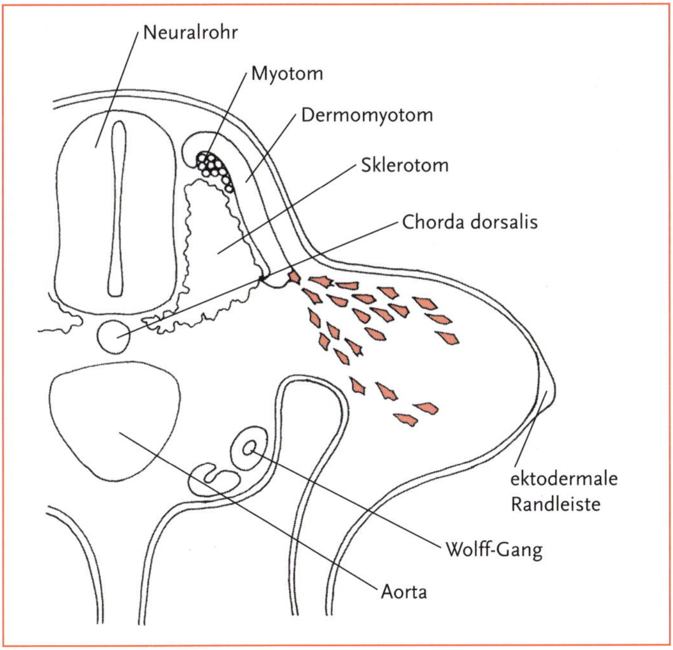

Abb. 59: Querschnitt eines ca. 26 Tage alten Embryos in Höhe der Armknospe. Die Zellen des lateralen Dermomyotoms wandern in die Armanlagen ein, in der sie sich später zur Armmuskulatur differenzieren.

factor (HGF/SF), der in der Basis der Gliedmaßenanlage gebildet wird, aus den Somiten aus.

HGF/SF bindet an den **c-met-Rezeptor** der lateralen Somitenzellen. Die wandernden Zellen exprimieren ***Pax-3*** und ***N-Cadherin***. N-Cadherin ist für die **Wegfindung** und **Zielerkennung** der wandernden Myoblasten von Bedeutung. Innerhalb der Extremitätenknospen wandern die Zellen entlang eines Juvenilitätsgradienten vom weiter differenzierten in das noch nicht so weit differenzierte somatische Mesenchym. Sie siedeln sich in der Extremitätenanlage im ortsständigen somatischen Mesenchym an und machen mehrere Zellteilungen durch, ehe sie sich in einer dorsalen und einer ventralen **Vormuskelmasse** anordnen.

Differenzierung der Myoblasten

Die terminale Differenzierung dieser Zellen beginnt mit der Aktivierung der Gene, die für die **myogenen Determinationsfaktoren (MDFs)** kodieren. Damit verlieren die Zellen ihre Teilungsfähigkeit; sie werden postmitotisch. Die terminal differenzierten Myoblasten bilden die Proteine Aktin und Myosin. Sie sind spindelförmige Zellen, die sich nach der Expression von **M-Cadherin** aneinanderlegen und fusionieren. Auf diese Weise entstehen die synzytialen mehrkernigen **Myotuben**, in denen die Kerne zentral und die Myofibrillen peripher angeordnet sind.

Mit der Organisation der Z-Scheiben, die reich an α-Aktinin sind und der Verankerung der Aktinfilamente dienen, bildet sich die Querstreifung aus. Die Sarkomere entstehen von der Peripherie zum Zentrum hin. Nachdem die Zellkerne aus dem Zentrum in die Peripherie verlagert wurden, ist aus der Myotube eine **Muskelfaser** geworden.

Verschiedene Generationen von Myoblasten

Während der Entwicklung entstehen drei Generationen von Myoblasten. Die embryonalen Myoblasten bilden **primäre Myotuben und Muskelfasern**. Eine spätere Generation von Myoblasten differenziert sich zu den **sekundären Myotuben und Muskelfasern**. Diese Differenzierung hängt von Nerveneinflüssen ab. Schließlich entstehen **Satellitenzellen**, die sich als teilungsfähige Myo-

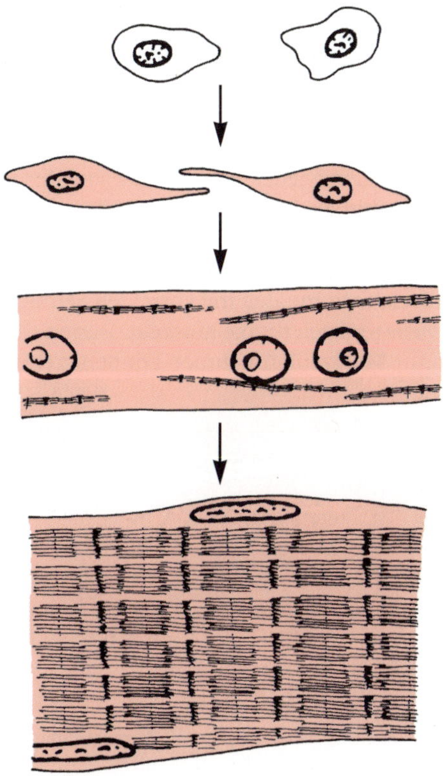

Abb. 60: Differenzierung der quergestreiften Skelettmuskulatur

blasten innerhalb der Basalmembran der Muskelfasern ansiedeln. Sie können später Muskeldefekte durch Proliferation und myogene Differenzierung reparieren. Ihre Aktivierung wird durch **FGF-6** gefördert. Neuere Befunde deuten darauf hin, daß auch das Knochenmark Zellen enthält, die zur reparativen Myogenese befähigt sind.

Entwicklung der Muskelform

Jeder Muskel kann durch seine Lage, Form und Struktur charakterisiert werden. Die Myoblasten selbst besitzen jedoch keine Information über ihre spätere Anordnung. Träger und Vollstrecker der morphogenetischen Informationen, die für die Entwicklung

anatomisch korrekter Muskeln verantwortlich sind, sind die **Fibroblasten**, die über ihre Position innerhalb des Organismus informiert sind und dieser positionellen Information entsprechend die Entwicklung der Muskelform steuern.
Diese Fibroblasten bilden später das intramuskuläre Bindegewebe. Die Umsetzung dieser morphogenetischen Informationen spiegelt sich auch in den Sehnen wieder, die sich aus somatischem Mesenchym entwickeln und die Muskeln mit dem Knochen verbinden. Werden die Myoblasten durch experimentelle Eingriffe daran gehindert, die Extremitätenknospen zu besiedeln, so entwickeln sich muskelfreie Extremitäten mit korrekten Sehnenverläufen und Bindegewebsgerüsten für die Muskeln. Diese Sehnen, die keinen Kontakt mit Muskeln aufnehmen können, gehen jedoch schnell zugrunde.

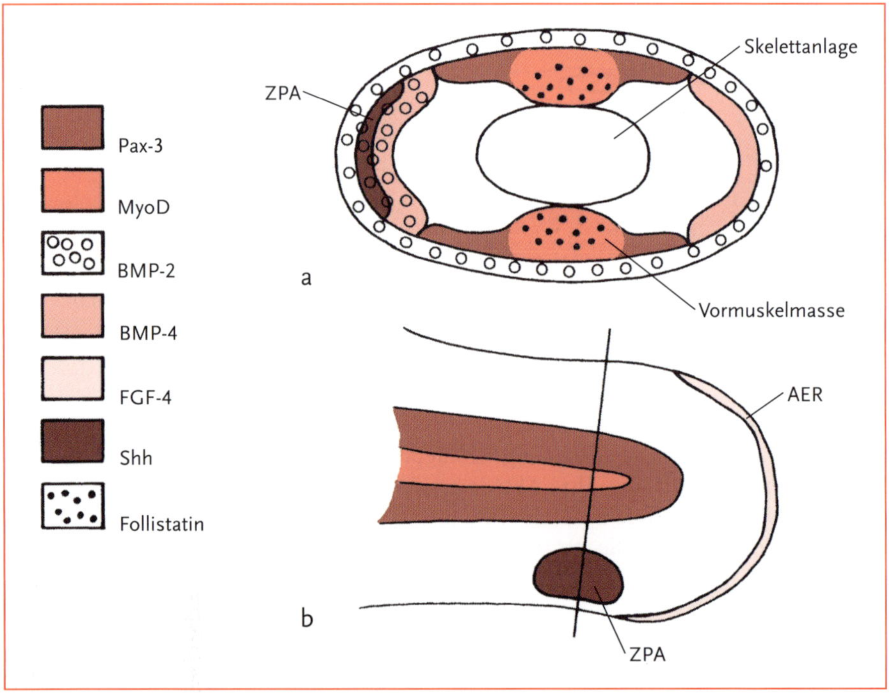

Abb. 61: Querschnitt durch eine Extremitätenknospe mit Zone of polarizing activity (ZPA). **b** ist eine Aufsicht auf die dorsale Vormuskelmasse, deren Zellen unterschiedlich weit differenziert sind. Die schwarze Linie in b gibt die Höhe des Querschnitts von **a** an, wo verschiedene Zonen von Genexpression dargestellt sind.

Die Mechanismen, die dazu führen, daß aus einer Vormuskelmasse individuelle und unverwechselbare Muskelindividuen entstehen, sind komplex. Zum einen wird eine Untergliederung (**Splitting up**) des Anlagematerials beobachtet. Zum anderen sind Verlagerungen und Fusionen von Blastemen beteiligt. Schließlich können Muskelblasteme durch **programmierten Zelltod** (**Apoptose**) zugrunde gehen. Das ist beim Menschen bei den Mm. contrahentes der Fall, die auf der Beugeseite der Hand vorübergehend nachweisbar sind. Bei den Menschenaffen persistieren diese Muskeln.

Die Extremitätenknospen entwickeln sich als Falten der Somatopleura unter dem Einfluß von FGF-8, der vom Ektoderm gebildet wird. Form und Struktur der Extremitäten entstehen in einem räumlichen Koordinatensystem, das entlang der Hauptachse durch unterschiedliche Hox-Gene und Signalstoffe charakterisiert ist. Bei der Morphogenese der Extremitätenanlagen und der Trennung der Finger bzw. Zehen spielt der programmierte Zelltod (Apoptose) eine wichtige Rolle. Die Formentwicklung der Extremitäten prägt deren spätere Funktion. Das Extremitätenskelett entsteht im Zentrum der Anlage als knorpeliges Blastem, das entlang der Längsachse durch Gelenke untergliedert wird. Die Verknöcherung der Skelettstücke beginnt perichondral und setzt sich im Inneren des Schaftes und später in den Epiphysen fort. Die Extremitätenmuskulatur entwickelt sich aus Somitenzellen, die als noch teilungsfähige Myoblasten von den lateralen Dermomyotomkanten in die Extremitätenanlagen einwandern. Das Muskelmuster wird durch das ortsständige Bindegewebe kontrolliert.

7.8 Hals

Der dorsale Teil des Halses, der Nacken, entwickelt sich als Teil des Rückens aus den Somiten. Der **M. trapezius**, der der Nackenmuskulatur oberflächlich aufliegt, entsteht wie der **M. sternocleidomastoideus** aus einem Blastem, das aus der Branchialregion hervorgeht und dessen Zellen wahrscheinlich aus dem paraxialen Kopfmesoderm und aus dem 1. Somiten stammen. Das intramuskuläre Bindegewebe dieser Muskeln kommt aus der kranialen Neuralleiste.

An der Bildung des ventralen Halsabschnitts beteiligen sich die Pharyngealbögen, die Neuralleiste und die Somatopleura. Derivate der Somatopleura sind Dermis, Ring- und vielleicht die Arytaenoidknorpel des Kehlkopfes sowie der mediale Abschnitt des Schlüsselbeins. Alle Halsmuskeln außer dem Platysma und dem M. sternocleidomastoideus gehen aus dem paraxialen Mesoderm hervor. Die genauen Modalitäten der Entwicklung der Halsmuskulatur sind noch nicht bekannt.

7.9 Brustwand

Ausgangsmaterial für die Brustwand ist die Somatopleura. Aus ihr entwickeln sich das **Brustbein** und das Bindegewebe der Brustwand, während die **Rippen** und die **Interkostalmuskeln** Somitenderivate darstellen.

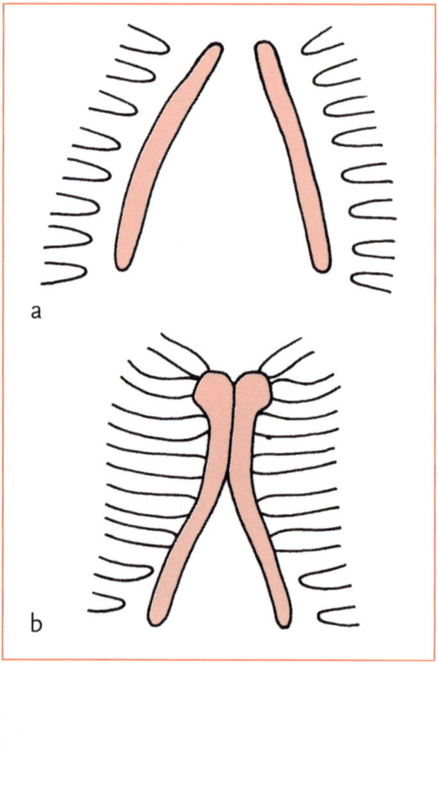

Abb. 62: Entwicklung des Brustbeins. Ventral vom distalen Ende der Rippen, die von den Somiten aus in die Brustwand einwachsen, entwickelt sich auf beiden Seiten aus Somatopleuramesoderm eine Sternalleiste **(a)**. Die paarigen Sternalleisten wandern aufeinander zu und verschmelzen zunächst mit ihren kranialen Abschnitten **(b)**.

Die frühe Brustwand weist einen dorsoventralen Differenzierungsgradienten auf. Während sich dorsal bereits die verschiedenen Gewebe differenzieren, ist der ventrale Abschnitt noch lockeres Mesenchym. Vor den einwachsenden Rippen bildet sich in der seitlichen Brustwand auf jeder Seite eine annähernd longitudinal verlaufende Mesenchymkondensation, die verknorpelt und als paarige **Sternalleiste** bezeichnet wird. Diese beiden Sternalanlagen nähern sich einander. Das dazwischen gelegene Bindegewebe geht zugrunde und beide Sternalleisten verschmelzen zum unpaaren **Brustbein**. Die Entwicklung des Sternums ist nicht abhängig von induktiven Einflüssen der Rippen. Die Interkostalmuskeln entwickeln sich aus den lateralen Dermomyotomknospen. Wie sie in die Brustwand einwachsen, ist noch nicht genau untersucht.

7.10 Bauchwand

Im frühen Embryo, der dem Dottersack noch dreischichtig aufliegt, befindet sich das Anlagematerial von Brust- und Bauchwand lateral vom Rücken und dorsal vom Zölom. Wenn sich der Embryo zunehmend vom Dottersack abfaltet und in die Länge wächst, werden Ektoderm und Somatopleura der Brust- und Bauchwand in die Sagittalebene verlagert. Kopf- und Schwanzfalte wachsen über den Dottersack hinaus und gewinnen gleichzeitig eine ventrale Abgrenzung. Wenn der Embryo weiter wächst und sich der Nabel bildet, entstehen die ventralen Abschnitte der Bauchwand. Sie enthalten zunächst ein lockeres undifferenziertes Bindegewebe, das zusammen mit dem Serosaepithel aus der Somatopleura hervorgegangen ist. Sobald der Nabel relativ kleiner wird, schreitet die Entwicklung der Bauchwand in ventraler Richtung fort.

Von den kaudalen Thoraxsomiten wachsen die **lateralen Dermomyotomknospen** in das somatische Mesenchym der Bauchwand ein. Diese Knospen bestehen aus undifferenzierten Dermatom- und differenzierten Myotomzellen. Sie verlieren im weiteren Entwicklungsverlauf ihre epitheliale Struktur und werden zu mesenchymalen Zellverbänden transformiert. Diese lösen sich auf, vermischen sich mit ortsständigen Zellen des somatischen Mesenchyms und bilden auf jeder Seite eine segmentübergrei-

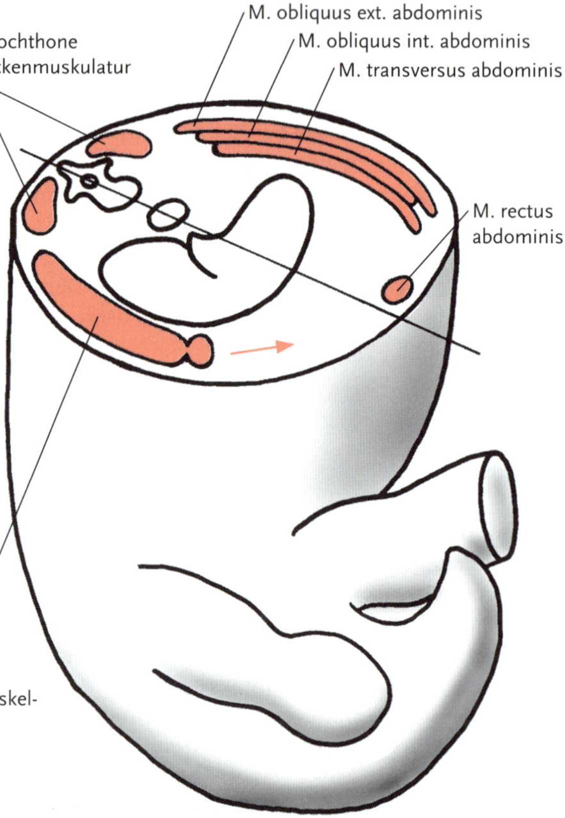

Abb. 63: Die Muskeln der Bauchwand wandern als Dermomyotomknospen in die seitliche Bauchwand ein, bilden eine zusammenhängende Vormuskelmasse (links im Bild), die in ventraler Richtung in die Bauchwand einwandert und sich in die einzelnen Muskelanlagen aufteilt (rechts im Bild).

fende Vormuskelmasse. Diese liegt noch im hinteren Abschnitt der seitlichen Bauchwand. Aus der Vormuskelmasse jeder Seite gehen die Blasteme der vier Bauchmuskeln hervor. Am weitesten ventral entsteht das Blastem des **M. rectus abdominis**, dahinter liegen übereinander die Blasteme des **M. obliquus externus abdominis**, des **M. obliquus internus abdominis** und des **M. transversus abdominis**. Während sich die eingewanderten Dermatom- und Myotomzellen zu Muskelfasern differenzieren, gehen aus dem somatischen Mesenchym die Aponeurosen, die Faszien und das intramuskuläre Bindegewebe hervor. Die Muskelblasteme werden nach ventral verlagert, bis sie ihre definitive Position erreicht haben. Diese Fortbewegung ist an Zell-Fibronektin-Interaktionen gebunden. Form und Struktur der Muskeln werden durch das intramuskuläre Bindegewebe und damit durch die Somatopleura bestimmt. Das Bindegewebe zwischen den beiden Rektusblastemen verdichtet sich zur **Linea alba**.

7.11 Intraembryonales Zölom

Noch bevor die Kopffalte entsteht, treten im Mesoderm vor der Bukkopharyngealmembran sowie im Seitenplattenmesoderm Vesikel auf, die Zölombläschen. Sie fließen zur intraembryonalen Leibeshöhle zusammen, sobald sich die Kopffalte bildet und der Embryo sich vom Dottersack abfaltet. Dabei werden die oberflächlichen Mesodermzellen polarisiert. Sie bilden seitliche Zellkontakte und werden epithelial (**Serosaepithel**). Das intraembryonale Zölom ist hufeisenförmig, wobei die Konvexität des Hufeisens nach kranial gerichtet ist, während die beiden Schenkel im Seitenplattenmesoderm in Höhe des letzten Somiten enden. Das Seitenplattenmesoderm wird durch das zunächst spaltenförmige Zölom in die ektodermnahe Somatopleura und die an das Entoderm angrenzende Splanchnopleura unterteilt *(siehe Abb. 43)*. Mit den Entwicklungsbewegungen im Bereich der Kopffalte gelangt der mittlere Teil des Zöloms, der zunächst kranial der Bukkopharyngealmembran gelegen war, in eine Position ventral des Kopfdarms und kaudal der Bukkopharyngealmembran. Das Zölom wird später kompartimentiert, wobei aus dem unpaaren rostralen Abschnitt die **Perikardhöhle** und aus den seitlichen Schenkeln die **Pleura-** und die **Peritonealhöhle** hervorgehen. Mit der Abfaltung des Embryos trennen sich intraembryonales und extraembryonales Zölom zunehmend (siehe Kap. „Eihäute und Plazenta"). Im Bereich des Nabels bleibt die Verbindung länger erhalten.

Das Serosaepithel besitzt beim Embryo keine Basalmembran. Es trägt ganz erheblich zur Bildung mesenchymaler und epithelialer Gewebe bei.

Brust- und Bauchwand sowie ventrolaterale Anteile des Halses entwickeln sich aus der Somatopleura. Rippen, Interkostalmuskeln und Bauchmuskeln wachsen als Sklerotomfortsätze bzw. laterale Dermomyotomknospen in das somatische Mesoderm der ventrolateralen Rumpfwand ein. Das Sternum entsteht paarig vor den ventralen Rippenabschnitten aus somatischem Mesoderm. Innerhalb des Seitenplattenmesoderms konfluieren einzelne Bläschen zum intraembryonalen Zölom, das sich später in Perikard- sowie Brust- und Bauchhöhle untergliedert.

7.12 Kreislauforgane

Das Kreislaufsystem, zu dem das Blut, die Blutgefäße und das Herz gehören, ist das erste funktionstüchtige Organsystem des Embryos. Es entsteht und verändert sich in Struktur und Funktion, während es schon aktiv ist.

7.12.1 Herz

Das kardiogene Mesoderm, aus dem sich das Herz entwickelt, bildet beim menschlichen Embryo während der dritten Woche eine hufeisenförmige Zone von verdicktem mesenchymalem Gewebe, das vor und seitlich der Bukkopharyngealmembran liegt. Nachdem das Zölom entstanden ist, ist die kardiogene Platte ein Bestandteil der **Splanchnopleura**. Mit dem Wachstum der Kopffalte zwischen dem 18. und 22. Tag kippt die ursprünglich rostral liegende Herzplatte mit dem dorsal aufliegenden Zölomspalt nach ventral, wodurch eine rostral blind endende Entodermtasche als Anlage des Kopfdarms entsteht. Aus dem kranialen Abschnitt des Zölomspaltes entwickelt sich die **Perikardhöhle**.

Die verdickte Splanchnopleura im Bereich der Herzanlage (**Promyokardium**) entwickelt sich zum Herzmuskel. Damit ist der Herzmuskel als Derivat der Splanchnopleura der Perikardhöhle anzusehen. Zwischen dieser Herzmuskelanlage und dem Entoderm des Kopfdarms treten von Angioblasten begrenzte Vesikel (**Proendokardium**) in Erscheinung, die sich der Mittellinie nähern und schließlich einen unpaaren **Herzschlauch** bilden.

Mausmutanten, die kein Fibronektin bilden, haben paarige Herzschläuche, die nicht fusionieren. Dies ist ein Hinweis darauf, daß das Herz zunächst paarig angelegt ist.

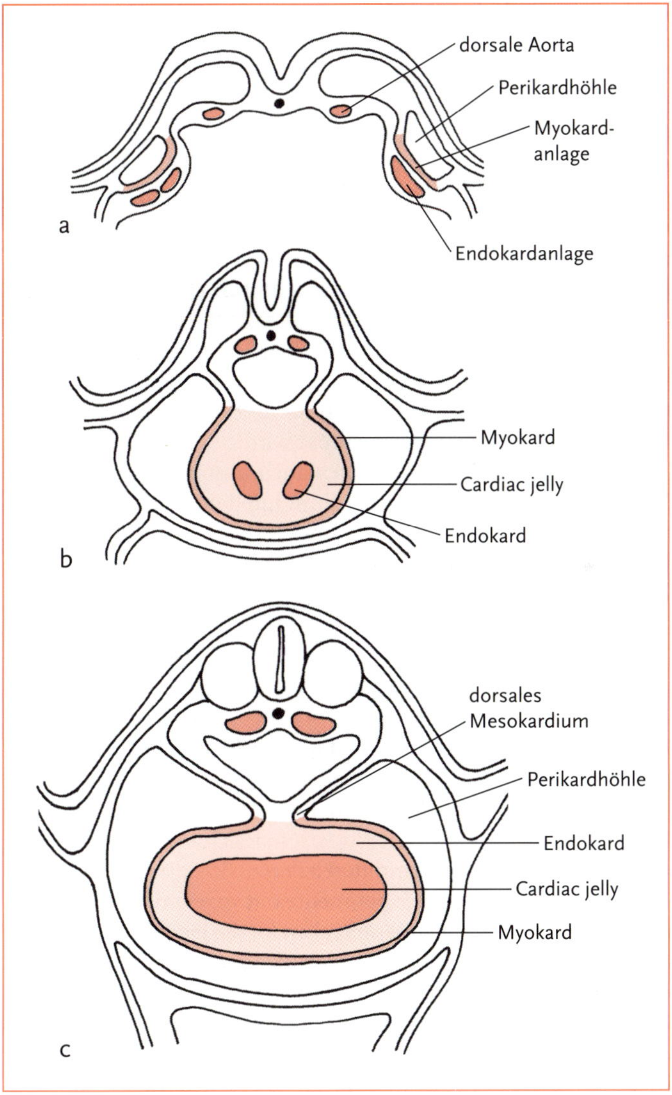

Abb. 64: Entwicklung der Herzanlage zum unpaaren Herzschlauch; Querschnitte durch die Herzanlage von Embryonen in unterschiedlichen Entwicklungsstadien (20. bis 22. Tag)

Auch beim Menschen läßt sich die Herzanlage als paarig erkennen, doch werden paarige Endokardschläuche normalerweise nicht gebildet, da die Herzanlagen bereits vor der Rohrbildung fusionieren.

Der unpaare Herzschlauch besteht aus drei Schichten. Innen wird er vom endothelialen Endokard ausgekleidet. Dieses grenzt an eine locker strukturierte Schicht spezialisierter extrazellulärer Matrix (**Cardiac jelly**, **myokardiale Basalmembran**, **Herzgallerte**). Die äußere Schicht stellt das Myokard dar, das im weiteren Verlauf vom **Epikard** überwachsen wird. Dessen Vorläuferzellen entstammen dem Serosaepithel, das dem Sinus venosus anliegt.

Der Herzschlauch verlängert sich in kraniokaudaler Richtung im Zusammenhang mit dem Deszensus der Darmpforte. Er weist entlang seiner Achse eine primitive Segmentierung auf (rechter Ventrikel, linker Ventrikel, atrioventrikulärer Übergang sowie Vorhof und Sinus venosus). Man geht davon aus, daß die Expression der Gene in den einzelnen Herzsegmenten durch spezifische Transkriptionsfaktoren kontrolliert wird. Die Kardiomyozyten sind zu Vorhof- bzw. zu Kammermuskulatur determiniert, bevor die Herzanlage sichtbar wird.

Vorübergehend ist der Herzschlauch innerhalb der Perikardhöhle über das dorsale Mesokardium mit dem vorderen Umfang des Pharynx verwachsen. Der weitere Entwicklungsverlauf ist insbesondere durch die asymmetrische Schleifenbildung gekennzeichnet.

Herkunft der Herzgewebe

Im frühen Gastrulastadium sind die Vorläuferzellen der kardiogenen Platte im Primitivstreifen so lokalisiert, daß sich die Anordnung der späteren Herzsegmente widerspiegelt.

Aus diesen Vorläuferzellen differenzieren sich die endokardialen und myokardialen Zellen. Experimente mit Vogelembryonen lassen den Schluß zu, daß die Vorläuferzellen für die Herzmuskulatur bereits determiniert sind, bevor sich die ersten Somiten bilden. Außer der Splanchnopleura gibt die Neuralleiste in Höhe der drei kranialen Somiten sowie das paraxiale Mesoderm Zellen an die Herzanlage ab. Die Neuralleistenzellen sind für eine normale Entwicklung der Ausflußbahn des Herzens von Bedeutung.

Signalmoleküle und Transkriptionsfaktoren bei der Herzentwicklung

Es gibt experimentelle Hinweise dafür, daß die Entodermschicht, die an das kardiogene Blastem angrenzt, die Herzentwicklung induziert. **Aktivin** und **Fibroblastenwachstumsfaktor 2** (**FGF-2**) können in der Somatopleura des Hühnchens die Differenzierung kontraktiler Herzmuskelzellen induzieren. Ein weiteres Signalmolekül, das im benachbarten Entoderm exprimiert wird, ist **BMP-2**. Es wird nachweisbar, sobald das Homöoboxgen ***nkx-2.5*** in den Vorläuferzellen der Herzmuskulatur exprimiert wird. BMP-2 kann die Expression von ***nkx-2.5*** auch in Regionen, die nicht herzbildend sind, induzieren. Es scheint so zu sein, daß die dorsoventrale Achse und die Rechts-Links-Achse durch Interaktionen zwischen der Chorda dorsalis und der Herzanlage sowie durch die Signalmoleküle **Nodal** und **Sonic hedgehog** determiniert werden. Diese Moleküle könnten die Positionierungen der Herzfelder kontrollieren. Dazu bedarf es der koordinierten Expression von Musterbildungsgenen und spezifischen Rezeptoren wie z. B. dem **Aktivinrezeptor** IIa sowie Molekülen der extrazellulären Matrix wie **JB3**, **Flectin**, **LAMP-1** oder Zelladhäsionsmolekülen wie **N-Cadherin** und **β-Catenin**.

Unterschiedliche Familien von Transkriptionsfaktoren können in der frühen Herzentwicklung nachgewiesen werden. **MEF2-C** und **MEF2-B**, Proteine, die eine MADS-Domäne enthalten, spielen bei der Differenzierung der Herzmuskelzellen eine wichtige Rolle. **GATA-4**, ein Zinkfingerprotein, ist in den sich differenzierenden Endokard- und Myokardzellen exprimiert. Helix-loop-Helix-Proteine, die Kontrollfunktionen bei der Herzentwicklung ausüben, sind **eHAND** und **dHAND** (Heart and neural crest derived), wobei *eHAND* in der linken und *dHAND* in der rechten Herzanlage exprimiert wird. Eine Inaktivierung von *dHAND* führt dazu, daß nur ein linker Ventrikel entsteht, ein rechter Ventrikel wird überhaupt nicht angelegt. Inzwischen ist noch eine Reihe weiterer Transkriptionsfaktoren kloniert worden, die bei der Herzentwicklung von Bedeutung sind. Es zeigt sich somit, daß die frühe Herzentwicklung durch ein komplexes Zusammenspiel von Signal- und Transkriptionsmolekülen gesteuert wird.

Schleifenbildung des Herzens

Der unpaare Herzschlauch, der durch die Verschmelzung der paarigen Herzanlage entstanden ist, ist zunächst bilateralsymmetrisch. Die Entwicklung des geraden tubulären Herzens, das weniger als 1 mm lang ist, ist am 20. Tag abgeschlossen.

Am 21. Tag beginnt der Herzschlauch, sich zu einer nach rechts und vorn gerichteten Schleife zu krümmen.

Abb. 65: Ventralansicht von Herzen menschlicher Embryonen während der Schleifenbildung im Alter von **a** ca. 20 bis **d** 25 Tagen

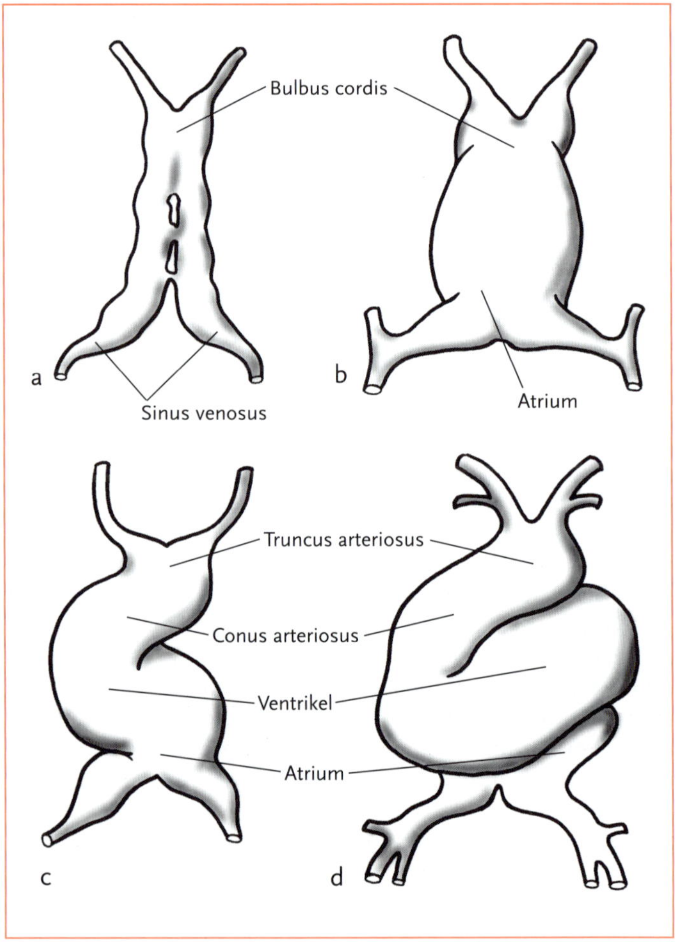

Dadurch wird das Herz zur ersten asymmetrischen Struktur des Körpers. Das Ergebnis dieses **Cardiac looping** ist eine S-förmige Herzanlage. Die ursprünglich kaudal gelegene **Einflußbahn** liegt nun dorsal der **Ausflußbahn**, die im frühen Herzen als **Bulbus cordis** bezeichnet wird. Die Einflußbahn mündet in den Vorhof, an den sich der ventrikuläre Abschnitt der Herzanlage anschließt. Der Bulbus cordis wird unterteilt in den ventrikelnahen **Conus arteriosus** und den distalen **Truncus arteriosus**.

Die an der Schleifenbildung beteiligten Kontrollmechanismen sind vielfältig und in ihrer Gesamtheit und ihrem Zusammenwirken noch nicht alle bekannt. Bei einer Inaktivierung von **Aktin** findet die Schleifenbildung nicht statt. Das gleiche gilt für Mausmutanten mit inaktiviertem ***eHAND***, ***dHAND*** bzw. ***nkx-2.5***.

Am 21. oder 22. Tag nach der Befruchtung sind die Myozyten soweit differenziert, daß die Herzanlage zu schlagen beginnt, wobei die Kontraktionen in Form peristaltischer Wellen ablaufen.

Frühe Gliederung des Herzens und Bildung der Endokardkissen

Mesenchymale Zellen wandern in die sehr breite myokardiale Basalmembran (Cardiac jelly) ein und bilden die **Endokardkissen**, die die Vorhofregion vom ventrikulären Abschnitt abgrenzen. So entsteht der Atrioventrikularkanal, der dann langsamer wächst als der Vorhof- und Ventrikelbereich. Auch an der Grenze zwischen dem Ventrikelabschnitt und dem Ausflußtrakt entstehen endokardiale Verdickungen, die aber weniger deutlich sind. Nur die Endokardzellen dieser beiden Bereiche, des Atrioventrikularkanals und des Übergangsegmentes vom Ventrikelabschnitt zum Ausflußtrakt, sind zur Herunterregulierung des Zelladhäsionsmoleküls N-CAM befähigt, was die Voraussetzung für ihre anschließende **endotheliomesenchymale Transformation** ist. Diese setzt demnach kompetente Endokardzellen voraus. Die Endokardzellen des Übergangssegmentes entstammen dem paraxialen Mesoderm und sind damit anderer Herkunft als die Myokardzellen. Desweiteren ist dieser Vorgang an induktive Signale geknüpft, die vom Myokard ausgehen. 20-50 nm große Partikel, sogenannte **Adherone**, die von den Myokardzellen gebildet werden und in der Basalmembran unter dem Endokard liegen, können in vitro eine endotheliomesenchymale Transformation der atrioventrikulären Endothelzellen induzieren. Die Adherone bestehen aus Proteoglykan, Fibronektin und verschiedenen Proteinen. Darüber hinaus ist der **Transforming growth factor β3 (TGF-β3)** für die Auswanderung der Endothelzellen notwendig. Störungen der molekularen Steuerung dieser endotheliomesenchymalen Transformation verursachen Herzfehlbildungen.

Im Atrioventrikularkanal entsteht je ein dorsales und ein ventrales Kissen. Diese wachsen aufeinander zu und verschmelzen schließlich. Auf diese Weise wird der Atrioventrikularkanal in einen rechten und einen linken Abschnitt unterteilt. Das in die Endokardkissen eingewanderte endotheliale Mesenchym kondensiert zu einem dichten Bindegewebe.

Auch innerhalb der Ausflußbahn bilden sich nach dem oben beschriebenen Muster zwei Endokardkissen (Klappenwülste), aus denen später Anteile der Taschenklappen hervorgehen.

Septierung des Vorhofs

In der fünften Woche beginnt ein halbmondförmiges Septum (**Septum primum**) vom Dach des einheitlichen Vorhofs herabzuwachsen.

Es unterteilt den Vorhof in einen rechten und einen linken. Der konkav gekrümmte kaudale Rand des Septum primum begrenzt das **Foramen primum**, das sich mit dem Auswachsen des Septum primum verkleinert. Es wird ganz verschlossen, sobald das Septum primum mit den atrioventrikulären Endokardkissen verwächst. Bereits vor diesem Verschluß treten im oberen und hinteren Abschnitt des Septum primum Perforationen auf, die zur Bildung des **Foramen secundum** führen. Es entsteht ebenfalls in der fünften Woche und persistiert während der Fetalzeit als Teil des **Foramen ovale**. Durch diese Öffnung strömt das Blut vom rechten zum linken Vorhof. Zum Ende des zweiten Monats entwickelt sich rechts vom Septum primum das **Septum secundum**, das wie ein Vorhang auf die Herzbasis zuwächst. Die Verbindung zwischen rechtem und linkem Vorhof wird nun vom sichelförmigen freien Rand des Septum secundum und vom Septum primum begrenzt und als Foramen ovale bezeichnet. Im weiteren Verlauf überlappt das Septum secundum das Foramen secundum mit dem Ergebnis, daß der kaudale Abschnitt des Septum primum als Ventil funktioniert. Da der Blutdruck im

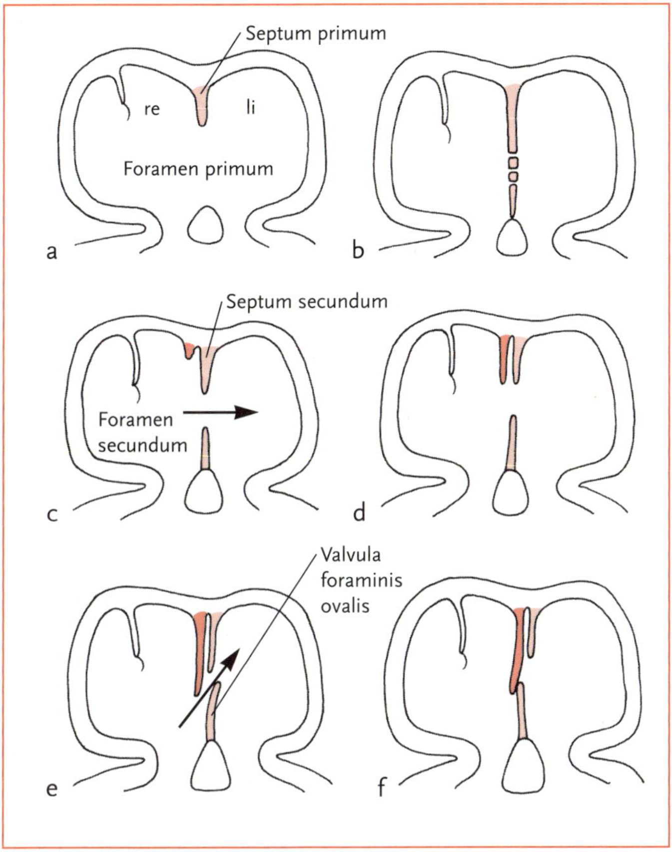

Abb. 66: Bildung des definitiven Vorhofseptums

rechten Vorhof höher ist als im linken, kann das Blut durch dieses Ventil ungehindert vom rechten in den linken Vorhof fließen. Mit dem Einsetzen des Lungenkreislaufs nach der Geburt und der Erhöhung des Blutdrucks im linken Vorhof wird jedoch der Rest des Septum primum (Valvula foraminis ovalis) gegen das Septum secundum gedrückt, wodurch beide Vorhöfe voneinander getrennt werden. Das Septum primum bildet daher den Boden der späteren **Fossa ovalis**, während der freie Rand des Septum secundum zum **Limbus fossae ovalis** wird.

Sinus venosus

Der Sinus venosus ist der unpaare Endabschnitt der venösen Einstrombahn des Herzens. Seine Mündung befindet sich zunächst in der Mitte des gemeinsamen Vorhofs. Auf beiden Seiten vereinigen sich Umbilikalvene, Dottersackvene und Kardinalvene zu den paarigen und zunächst gleich großen Sinushörnern. Mit der Schleifenbildung des Herzens und der Septierung des Vorhofs verlagert sich die Mündung des Sinus venosus auf die rechte Seite. Dabei vergrößert sich das rechte Sinushorn, das in die Wand des rechten Vorhofs miteinbezogen wird. Die Grenze zwischen Sinus und Vorhof wird später am Herzen außen durch den **Sulcus terminalis** und innen durch die **Crista terminalis** markiert. Aus dem linken Sinushorn entwickelt sich der **Sinus coronarius.**

Septierung der Kammer

Das Kammerseptum des Herzens besteht aus der Pars muscularis und der Pars membranacea. Der muskuläre Anteil entsteht durch Auffaltung des wandständigen Myokards. Er entwickelt sich an der Grenze zwischen auf- und absteigendem Kammerschenkel am Boden der Kammerschleife. Diese Stelle ist an der Oberfläche des Herzens durch die Interventrikularfurche markiert. Am rechten und linken Umfang der Ventrikelschleife liegen vermutlich Proliferationszentren, die das Muskelmaterial für das Kammerseptum bilden. Das in das Kammerlumen hineinwachsende Septum hat die Form eines Hufeisens mit einem kurzen hinteren und einem längeren vorderen Schenkel. Diese Schenkel verschmelzen mit den Endokardkissen des Atrioventrikularkanals. Oben bleibt zunächst eine Verbindung beider Ventrikel in Gestalt des Foramen interventriculare erhalten. Der Verschluß dieses Fensters erfolgt in der siebten Woche durch den membranösen Teil des Kammerseptums, durch weiteres Wachstum des muskulären Septums sowie durch den proximalen Teil der Trunkuswülste, welche den Ausflußtrakt septieren. Das membranöse Septum erhält sein Material aus dem Bindegewebe der Endokardkissen. Bereits vor der Septierung sind die beiden späteren Ventrikel durch die Expression unterschiedlicher Gene (z. B. ***dHAND*** und ***eHAND***) zu unterscheiden.

Septierung des Ausflußtraktes

Der Ausflußtrakt wird zunächst vom nicht unterteilten Bulbus cordis gebildet. Dieser wird verlängert und in einen proximalen Abschnitt, den **Conus arteriosus**, und einen distalen Abschnitt, den **Truncus arteriosus**, unterteilt. Der proximale Abschnitt des Conus arteriosus wird in die Kammern miteinbezogen. Während der fünften Woche bilden sich zwei Leisten (trunkokonale Wülste, Cristae aorticopulmonales), deren Zellen der Neuralleiste entstammen. Sie verlaufen spiralig, nehmen an Höhe zu und treffen sich schließlich in der Mitte des Ausflußtraktes, wo sie zum **Septum aorticopulmonale** verschmelzen. Durch den spiraligen Verlauf dieses Septums entstehen zwei umeinander verwundene Ausflußrohre, die **Aorta** und der **Truncus pulmonalis**.

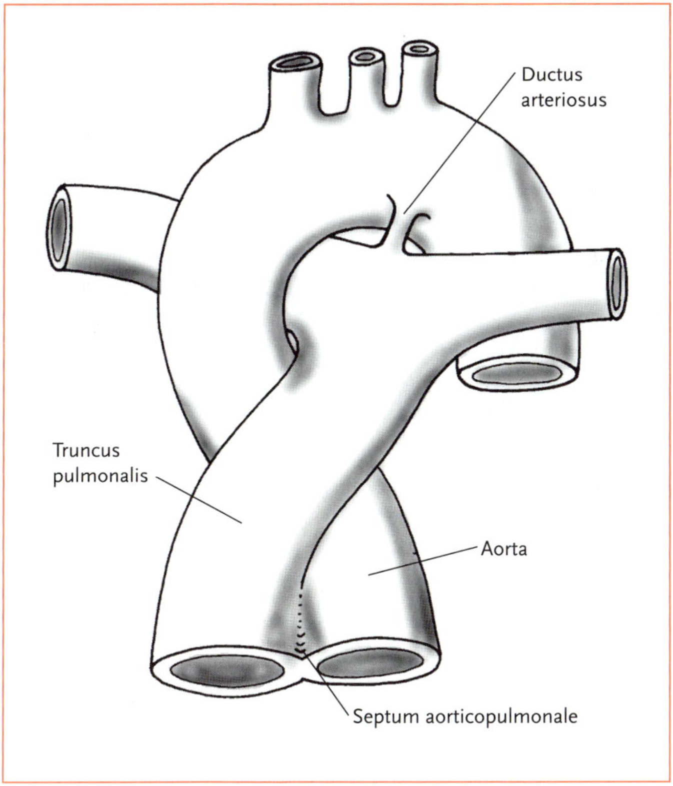

Abb. 67: Trennung der Ausflußbahn in Aorta und Truncus pulmonalis

Die aus der Neuralleiste stammenden Zellen in der Wand der Ausflußbahn bilden die elastischen Fasern, die für die Windkesselfunktion der herznahen Gefäße benötigt werden.

Segelklappen

Der zunächst einheitliche Atrioventrikularkanal wird durch die Endokardkissen in einen rechten und einen linken Kanal unterteilt. Die Endokardkissen fungieren im embryonalen Herzen als primitive Klappen.

Das Anlagematerial der definitiven Segelklappen (Valva mitralis und Valva tricuspidalis) geht nur zum geringen Teil aus den Endokardkissen hervor. Es entstammt größtenteils den septalen und muralen Kammerwänden im Bereich der Ostien. Segel, Chordae tendineae und Papillarmuskeln sind Differenzierungsprodukte der ursprünglich spongiös gebauten Kammerwand. Segel, Chordae tendineae und freie Anteile der Papillarmuskeln entstehen dadurch, daß das zwischen ihnen und der definitiven Ventrikelwand gelegene Myokard durch programmierten Zelltod (morphogenetische Apoptosen) zugrundegeht.

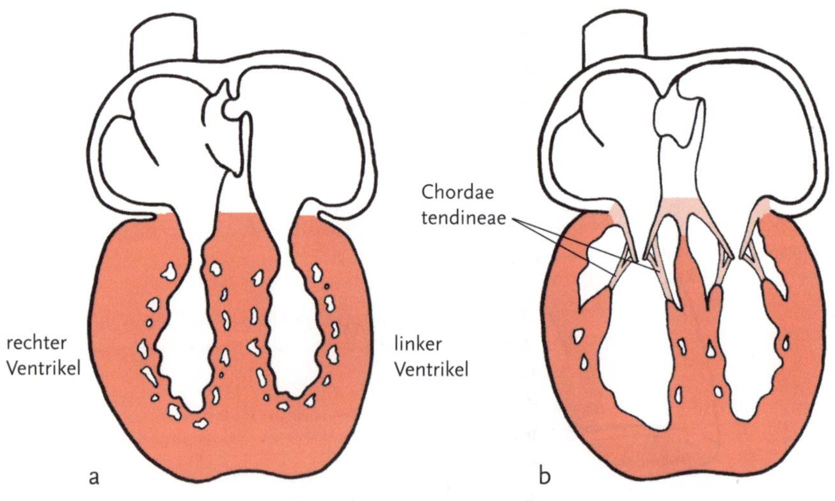

Abb. 68: Bildung der Trabekel und der Segelklappen mit Papillarmuskeln und Chordae tendineae

Die dem Blutstrom zugewandte Seite der Klappensegel entspricht somit der ehemaligen inneren Oberfläche der Ventrikel. Das in den Segeln und Chordae tendineae zunächst vorhandene Muskelgewebe wird durch straffes Bindegewebe ersetzt. Die endgültige Ausgestaltung des Klappenapparates wird erst postnatal abgeschlossen. Im embryonalen Herzen sind beispielsweise an der Tricuspidalis nur zwei Segel nachweisbar.

Taschenklappen

Anlagematerial der Pulmonal- und der Aortenklappe sind zum einen die beiden Endokardkissen, die durch endotheliomesenchymale Transformation an der Grenze zwischen Konus und Trunkus entstanden sind, zum anderen ist es das Septum aorticopulmonale, aus dem die rechte und linke Tasche hervorgehen. Diese Anlagematerialien gelangen vom trunkokonalen Übergangsgebiet wahrscheinlich dadurch an die Herzbasis, daß ein Teil des Konus in die Herzkammern einbezogen wird. Es gibt Hinweise darauf, daß Neuralleistenzellen an der Bildung der Taschenklappen beteiligt sind. Die Ausformung und histologische Differenzierung der ursprünglich plumpen Klappenanlagen erfolgt über einen längeren Zeitraum und ist erst mit dem zweiten Lebensjahr abgeschlossen.

Herzskelett

Im Bereich des Sulcus atrioventricularis geht die muskuläre Kontinuität zwischen Vorhöfen und Kammern mit Ausnahme der Fasern des Erregungsleitungssystems verloren. Die Muskulatur wird hier durch straffes Bindegewebe ersetzt, das in seiner Gesamtheit als Herzskelett bezeichnet wird.

Herzmuskulatur

Die Herzmuskelzellen differenzieren sich aus dem Serosaepithel der kardiogenen Platten. Hier ist unter induktiven Einflüssen des angrenzenden Entoderms eine gesteigerte Proliferation und frühe Differenzierung zu beobachten. Schon in den Promyokardzellen der Splanchnopleura sind ***MEF2-C***-Transkripte nachweisbar, die auf den Beginn der myogenen Differenzierung hinweisen. Der ***MEF2-C***-Expression geht die von ***nkx-2.5*** voraus. In diesem Stadium sind die Vorläufer der Herzmuskelzellen bereits determiniert, obwohl der Herzschlauch noch nicht geformt ist. Später werden die Gene ***MEF2-A*** und ***MEF2-D*** angeschaltet. Die MEF2-Transkriptionsfaktoren scheinen erforderlich zu sein, um die spezifischen Strukturgene der Herzmuskulatur zu aktivieren. Auf die GATA-Familie von Zinkfingerproteinen ist bereits weiter oben hingewiesen worden. Im Gegensatz zu der Skelettmuskulatur fusionieren die Herzmuskelzellen nicht. Die Verzweigungen der Myokardzellen kommt dadurch zustande, daß während der Mitosen Verbindungen der Zellen erhalten bleiben. Mit der Verlängerung der Zellen entwickeln sich diese Verbindungen zu den Glanzstreifen, die als End-zu-End-Verbindungen fungieren.

Trabekel

Mit dem 32. Tag der Entwicklung beginnt die Trabekelbildung im Bereich der großen Kurvatur der Kammerschleife. Zwei unterschiedliche Mechanismen werden diskutiert: eine Hochreliefbildung durch Vorwachsen von Wandanteilen in das Lumen oder das Einwachsen von endothelialen Falten in die Herzwand. Untersuchungen am Hühnchen haben Hinweise dafür geliefert, daß Dehiszenzen im Endokard auftreten, wo das Herzlumen bis zur subendokardialen Bindegewebesschicht reicht. Diese Lücken sollen durch einwachsendes Endokard austapeziert werden. Dieser Prozeß setzt sich in Richtung Herzoberfläche weiter fort und ist begleitet von lokal unterschiedlichen Proliferationsaktivitäten des Myokards. Eine zu starke Proliferation des Endokards führt zu einer Ausdünnung des Myokards *(siehe Abb. 68)*.

Erregungsleitungssystem

Erst vor kurzer Zeit ist es möglich geworden, durch den Nachweis spezifischer Genprodukte Vorläuferzellen des Erregungsleitungssystems zu identifizieren. **HNK-1**, **GIN**, **Konnexin 43**, **Neurofilament-Proteine**, **Zytokeratine**, das atriale natriuretische Peptid (**ANP**) und ***MSX-2*** stellen Antigene bzw. Gene dar, mit denen Vorläuferzellen des Erregungsleitungssystems identifiziert werden können. Das Erregungsleitungssystem besteht aus dem **Sinusknoten**, dem **Atrioventrikularknoten**, dem **His-Bündel**, den beiden **Kammerschenkeln** und den **Purkinje-Fasern**. Es generiert und leitet die Impulse, die zur Kontraktion der Arbeitsmuskulatur führen. Die Zellen des Erregungsleitungssystems stellen eine modifizierte Art von Muskelzellen dar, die wie das Arbeitsmyokard aus der Splanchnopleura der kardiogenen Platten hervorgehen. Ob Neuralleistenzellen daran beteiligt sind, ist noch nicht klar.

Im noch nicht gegliederten Herzschlauch besitzt die Einflußbahn eine Schrittmacherfunktion.

Die ersten HNK-1-positiven Zellen, die als Vorläufer des Erregungsleitungssystems angesehen werden, sind in der inneren Schicht des Myokards nachweisbar. Im Bereich des atrioventrikulären und bulboventrikulären Kanals bilden diese Zellen ringförmige Strukturen. Durch Verlagerungen des Anlagematerials im Zusammenhang mit der Herzmorphogenese bilden diese Zellen den Atrioventrikularknoten, das His-Bündel, dessen Schenkel sowie die Purkinje-Fasern. Der Sinusknoten wird von Zellen gebildet, die früh in der kaudal gelegenen Einflußbahn nachweisbar sind. Er wird in das Dach des rechten Vorhofs neben die Mündung der Vena cava superior verlagert, wenn der Sinus venosus in den Vorhof inkorporiert wird.

Blutgefäße des Herzens

Das embryonale Herz wird bis zum 40. Tag ausschließlich durch Diffusion ernährt. Erst dann ensteht eine funktionelle Zirkulation des koronaren Systems zur Ernährung des Myokards. Die Gefäßbildung beginnt im ventrikulären Abschnitt des subepikardialen Mesenchyms. Es bilden sich zunächst isolierte Gefäßinseln, die den Blutinseln im Dottersack ähneln. Diese konfluieren und bilden einen Kapillarplexus. Es entwickeln sich arterielle und venöse Gefäße, die Verbindungen mit dem Sinus coronarius bzw. der Aorta eingehen. Die Koronararterien sprossen demnach nicht aus der Aorta, sondern bekommen Anschluß an sie (**Homing**). Schließlich werden im Myokard Kapillaren gebildet. Ob diese sich **in situ** differenzieren oder ob sie aus dem subepikardialen Gefäßplexus **einsprossen**, kann man noch nicht klar beurteilen. Die Herzmuskelzellen bilden einen Wachstumsfaktor, der die Proliferation von Angioblasten und Endothelzellen anregt. Es handelt sich um den **Vascular endothelial growth factor (VEGF)**. Die Endothelzellen der Kapillaren im Myokard exprimieren den **VEGF-Rezeptor 2 (KDR)**.

Innervation des Herzens

Die Innervation des Herzens entwickelt sich aus drei verschiedenen Quellen. Sympathische adrenerge Fasern erreichen das Herz von den zervikalen Grenzstrangganglien, die Derivate der Rumpfneuralleiste sind. Bei 10-13 mm großen Embryonen erreichen die ersten Nervenfasern das Gebiet des Sinus venosus. Sensible Fasern erreichen das Herz über den N. vagus vom Ganglion nodosum aus, das durch eine ektodermale Plakode entsteht. Präganglionäre parasympathische Fasern kommen mit dem N. vagus zum Herzen. Die aus der Kopfneuralleiste stammenden vegetativen Ganglien des Herzens liegen insbesondere im Bereich des Vorhofs, im Vorhofseptum, im Sulcus coronarius und im Sulcus interventricularis.

Aus paarigen Anlagen in der Splanchnopleura entsteht ein unpaarer Herzschlauch. Die Differenzierung des Myokards wird durch Signale induziert, die vom Entoderm ausgehen. Nkx-2.5 und MEF2-C sind früh exprimierte Gene der Herzanlage. Aus dem tubulären Herzschlauch entsteht eine S-förmige Schleife. Im Bereich des Atrioventrikularkanals und des trunkokonalen Abschnitts entstehen Endokardkissen durch eine endotheliomesenchymale Transformation. Der Vorhof wird durch zwei nacheinander auftretende Septen unterteilt. Bis zur Geburt bleiben die beiden Vorhöfe über das Foramen ovale verbunden. Der Sinus venosus wird in den rechten Vorhof einbezogen. Das Kammerseptum entwickelt sich aus einem muskulären und einem membranösen Teil. Die Septierung des Ausflußtraktes führt zur Trennung von Truncus pulmonalis und Aorta. In der frühen Herzanlage sind neben den typischen Myokardzellen modifizierte Muskelzellen nachweisbar, aus denen sich das Erregungsleitungssystem differenziert. Die Gefäße des koronaren Systems entstehen im subepikardialen Bindegewebe und gewinnen dann Anschluß an die Aorta bzw. den Sinus coronarius.

7.12.2 Gefäße

Die Entwicklung der Blutgefäße (**Angiogenese**) beginnt um den 13.-15. Tag im **extraembryonalen** Mesoderm von Dottersack, Haftstiel und Chorion.

Innerhalb des viszeralen Dottersackmesoderms werden die ersten Gefäßanlagen in enger Lagebeziehung zum Entoderm gebildet, indem Zellen zu **Blutinseln** aggregieren. Die äußeren Zellen werden flach und differenzieren sich zu endothelialen Zellen, während aus den inneren Blutzellen hervorgehen. Beide Zelltypen sind Derivate einer gemeinsamen Vorläuferzelle, die als **Haemangioblast** bezeichnet wird.

Die Blutinseln verbinden sich zu einem primitiven Kapillargeflecht. Alle frühembryonalen Gefäße sind endotheliale Rohre, die von extrazellulärer Matrix umgeben sind. Die frühembryonale Angiogenese wird durch Interaktionen zwischen Entoderm und Mesoderm gesteuert. Dabei bilden die entodermalen Zellen den Fibroblastenwachstumsfaktor 2 (**FGF-2**) und einen spezifisch wirkenden **Gefäßwachstumsfaktor** (Vascular endothelial growth factor, **VEGF**), der an eine Rezeptortyrosinkinase (**VEGFR-2**, **KDR**) andockt, die von den mesodermalen Angioblasten exprimiert wird. Dieses Signal führt zu vermehrten Teilungen der angioblastischen Zellen, steuert ihre **Migration** und initiiert die Rohrbildung. Für die Migration der Angioblasten sind darüber hinaus Zell-Fibronektin-Interaktionen erforderlich.

Die **intraembryonale** Gefäßbildung beginnt innerhalb der Splanchnopleura in dem Stadium, in dem sich auch die ersten Somiten bilden. Sie schreitet von lateral nach medial fort und wird durch Dialoge zwischen VEGF und KDR gesteuert. Der Rezeptor (KDR) wird im Kopfmesoderm und im dorsolateralen Abschnitt der Somiten besonders stark exprimiert.

Im Gegensatz zur extraembryonalen ist die intraembryonale Gefäßbildung von der Blutbildung getrennt und weist unterschiedliche Mechanismen auf. Bei jungen Embryonen differenzieren sich mesodermale Zellen in situ zu Angioblasten. Später wird dieser Gefäßbildungsmechanismus durch die sogenannte Sprossung abgelöst, bei der sich neue Gefäßäste aus bereits differenzierten Endothelzellen entwickeln. Gefäßanlagen können auch fusionieren oder sich zurückbilden.

Desweiteren vermehren sich die Endothelzellen in den Wänden von bereits gebildeten Kapillaren, ein Prozeß, den man intussuszeptionelles Gefäßwachstum nennt. Intra- und extraembryonale Gefäße werden dann zu einem einheitlichen Zirkulationssystem

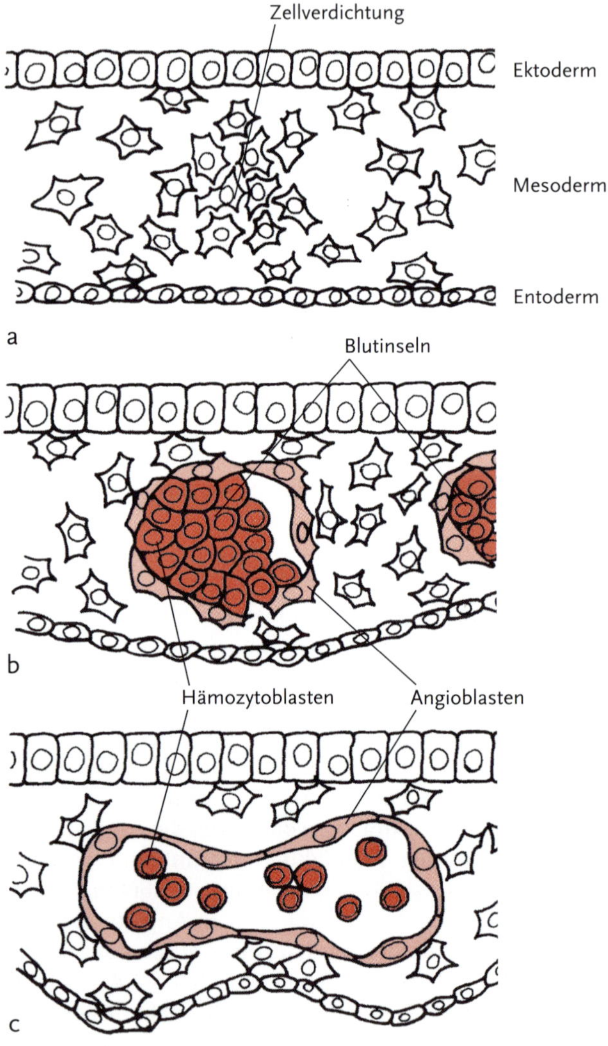

Abb. 69: Extraembryonale Blut- und Gefäßbildung im Dottersack. Es entstehen Blutinseln, deren äußere Zellen zu Angioblasten und deren innere Zellen zu Hämozytoblasten werden.

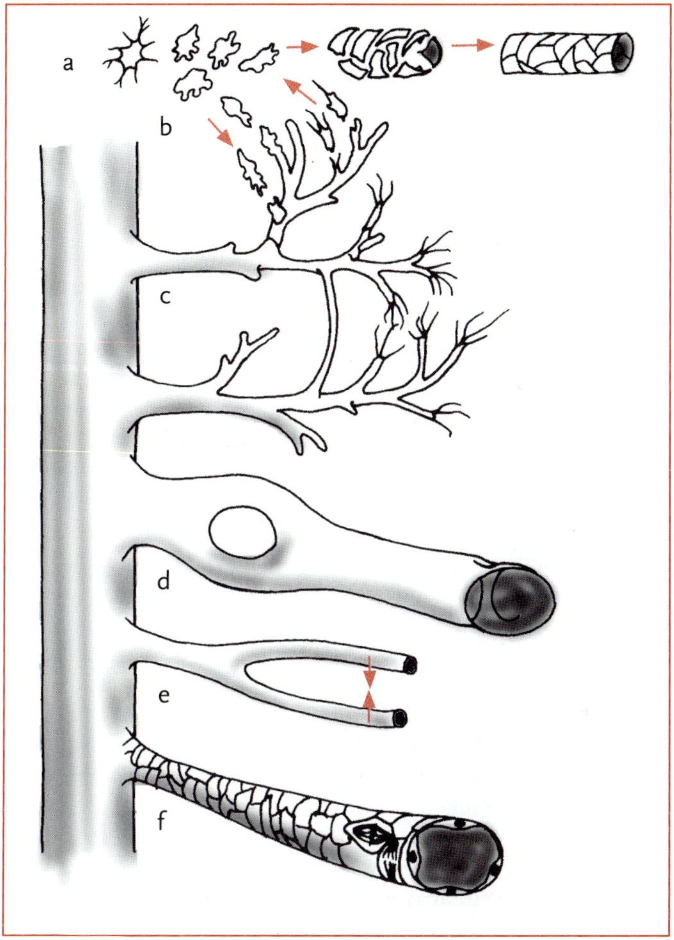

Abb. 70: Verschiedene Arten des Auf- und Umbaus von intraembryonalen Blutgefäßen:
a In-situ-Differenzierung von Angioblasten mit nachfolgender Gefäßbildung
b Angioblasten werden in Gefäße ein- oder ausgegliedert
c Gefäße bilden Sprossen und Gefäßschleifen durch Anostomosen
d Unterteilung sinusoidaler Gefäße durch Pfostenbildung (intussuszeptionelles Gefäßwachstum)
e Fusion benachbarter Gefäße
f Vergrößerung des Lumens und Längenzunahme durch Proliferation der Endothelzellen

verbunden. Das paraxiale Mesoderm und die Splanchnopleura sind die Mesodermkompartimente, die die meisten Angioblasten liefern. Gefäßbildende Zellen können über große Distanzen migrieren.

Werden im Experiment am Hühnchen in die distale Flügelanlage Endothelzellen eingebracht, so sind diese Zellen später unter anderem in der Aorta zu finden, hier jedoch nur in der ipsilateralen Hälfte des Gefäßes.

Dies ist ein Hinweis darauf, daß Endothelzellen die Mittellinie des Körpers unter normalen Umständen nicht überschreiten. Die Funktion der Barriere wird von der Chorda dorsalis ausgeübt. Dies könnte erklären, warum Fehlbildungen des Gefäßsystems, wie sie beim **Sturge-Weber- und Klippel-Trénaunay-Syndrom** auftreten, nur eine Körperhälfte betreffen.

Wie bereits oben ausgeführt, bestehen die frühembryonalen Gefäße aus einem Endothelrohr, das von extrazellulärer Matrix umgeben ist. Die **glatten Muskelzellen** der Wände der größeren Gefäße werden aus ortsständigen Mesenchymzellen rekrutiert. Dabei dürften Signale, die von den Endothelzellen ausgehen, eine instruierende Rolle spielen. Die molekularen Grundlagen dieser Interaktionen sind noch nicht in allen Einzelheiten bekannt. Die kranialen Neuralleistenzellen bilden die Media der Kopf- und Halsgefäße. Auch die Bildung der elastischen Fasern in den herznahen Gefäßen wird Mediazellen zugeschrieben, die der Neuralleiste entstammen. Die Rekrutierung der glatten Muskelzellen beginnt mit der Sekretion von **Angiopoetin 1** durch Mesenchymzellen, die den endothelialen Rohren benachbart sind. Das Angiopoetin 1 bindet an den Rezeptor **TIE-2**, der von den Endothelzellen exprimiert wird. Dadurch wird ein Signal abgegeben, das die Mesenchymzellen anlockt. Wenn diese Kontakt mit den Endothelzellen bekommen, wird **TGF-β** freigesetzt, das die Differenzierung von **Perizyten** und glatten Muskelzellen induziert. Ist der TIE-2-Rezeptor mutiert, so entwickeln sich abnorm dünne Gefäßwände und Hämangiome. Es gibt auch Hinweise dafür, daß sich Endothelzellen aus ihrem Verband lösen, in die Media einwandern und sich hier zu glatten Muskelzellen differenzieren.

Nicht alle Organanlagen weisen von Anfang an eine Gefäßversorgung auf. **Primär avaskuläre Strukturen** sind z. B. das Zentralnervensystem und die Muskelblasteme. Hier kommt es relativ spät zur Einsprossung von Angioblasten, nachdem in den Organanlagen VEGF gebildet worden ist. Aus anderen Bereichen verschwinden die Gefäße wieder, z. B. den Vorknorpelblastemen. Solche Gewebe werden als **sekundär avaskuläre Strukturen** bezeichnet.

Arterien

Die Entwicklung der Arterien beginnt mit der Bildung der Aorten.

Aorta

Die frühembryonale Aorta besteht aus den paarig angelegten dorsalen Aorten, der zu einem großen Teil unpaaren ventralen Aorta und den Aortenbögen, die als Pharyngealbogenarterien beide Gefäßabschnitte verbinden. Die dorsalen Aorten entstehen, wenn sich in situ differenzierte Angioblasten aneinanderlagern, Kontakte ausbilden und dann ein Lumen begrenzen. Die auf diese Weise entstandenen Endothelrohre werden außen von einer zarten extrazellulären Matrix umgeben. Diese Gefäße liegen beiderseits der Chorda dorsalis zwischen dem Entoderm und dem paraxialen Mesoderm *(siehe Abb.43)*. Am 19.–21. Tag erhalten sie Anschluß an die Aa. umbilicales im Haftstiel und an die Dottersackgefäße. Die paarig angelegten Aorten werden durch die zunehmende Abfaltung des Embryos vom Dottersack einander genähert und verschmelzen schließlich zu einem unpaaren Gefäß, das vor der Wirbelsäulenanlage liegt.

Die Ausflußbahn des frühembryonalen Herzens setzt sich vom Truncus arteriosus über die ventrale Aorta (Aorta ascendens primitiva) in die paarigen Pharyngealbogenarterien fort. Diese verlaufen etwa senkrecht zur Längsachse des Vorderdarms nach dorsal, wo sie in die dorsalen Aorten einmünden. Die Pharyngealbogenarterien werden von der sechsten bis zur achten Woche umgestaltet, wodurch die definitive Gefäßstruktur entsteht.

Pharyngealbogenarterien

Äußerlich deutlich abgrenzbar sind die Pharyngealbögen 1 bis 4. Es werden 5 Paare von Pharyngealbogenarterien angelegt, wobei das letzte Paar auf besondere Weise entsteht. Die Pharyngealbogenarterien entspringen aus der Aorta ascendens primitiva auf beiden Seiten in kraniokaudaler Abfolge. Die erste Pharyngealbogenarterie verläuft im ersten Pharyngealbogen, dem Mandibularbogen. Am 25. Tag beginnen diese Arterien auf beiden Seiten dünner zu werden. Zu diesem Zeitpunkt ist jedoch bereits das 2. Paar von Pharyngealbogenarterien entwickelt. Bei 32 Tage alten Embryonen sind die 1. und 2. Pharyngealbogenarterien vollständig zurückgebildet, die 3. und 4. Arterien jedoch gut entwickelt. Auch das 6. Paar von Pharyngealbogenarterien wird nun nachweisbar. Echte 5. Pharyngealbogenarterien werden beim

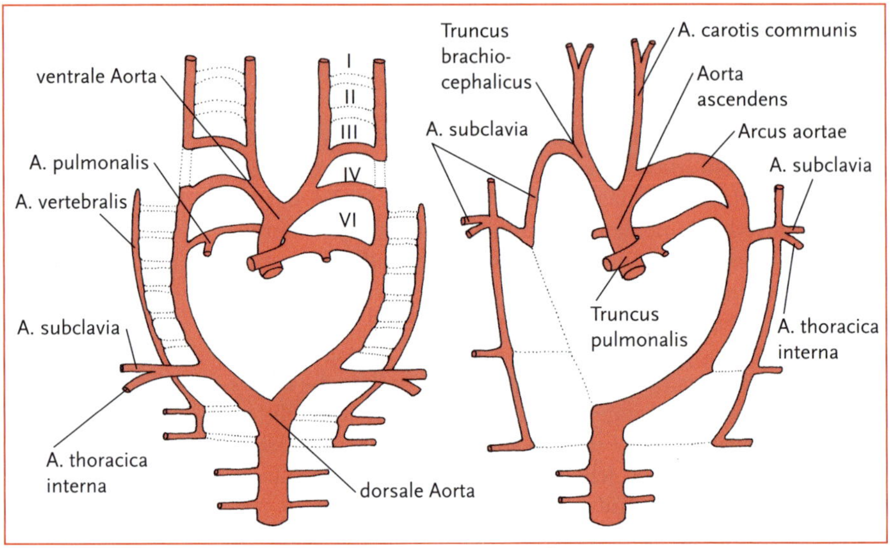

Abb. 71: Umgestaltung des pharyngealen Gefäßkorbes

Menschen nicht angelegt. Die Pharyngealbogenarterien entwickeln sich in kraniokaudaler Folge aus konfluierenden angioblastischen Inseln, die sich in situ differenzieren. Die 1. Pharyngealbogenarterie verschwindet vollständig. Der dorsale Abschnitt der zweiten bleibt als **A. stapedia** erhalten. Die 3. Pharyngealbogenarterie bildet mit ihrem proximalen Ende die **A. carotis communis** und den Beginn der **A. carotis externa**. Aus der 4. Pharyngealbogenarterie entwickelt sich auf der linken Seite der mittlere Teil des **Arcus aortae**. Auf der rechten Seite geht die **A. subclavia dextra** aus dieser Arterie hervor.

Die beiden 6. Pharyngealbogenarterien (Pulmonalbogen) entstehen anders als die ersten vier Paare. Sie gehen jederseits aus einem ventral gelegenen Kapillarplexus hervor, der sich im Zusammenhang mit der Luftröhre und den Lungenanlagen bildet und Anschluß an die dorsalen Aorten gewinnt. Diese Arterien entwickeln sich dann asymmetrisch weiter. Auf der linken Seite bleibt der proximale Teil erhalten und bildet den **Truncus pulmonalis**. Der distale Abschnitt liefert ein Kurzschlußgefäß, den **Ductus arteriosus (Botalli)**, der die linke Lungenarterie mit dem Aortenbogen verbindet und nach der Geburt obliteriert. Es bleibt ein bindegewebiger Strang übrig, der als **Ligamentum arterio-**

sum bezeichnet wird. Auf der rechten Seite geht aus dem proximalen Teil das Anfangsstück der **Arteria pulmonalis dextra** hervor, während der distale Abschnitt zurückgebildet wird.

Aortenäste

Bereits vor der Fusion der paarigen Aortenanlagen entwickeln sich Aortenäste. Sie werden in drei Gruppen eingeteilt, die nach dorsal, lateral und ventral ziehen. Die, die nach dorsal abzweigen, verlaufen in den intersomitischen Spalten.

An Vogelchimären ist mit Markierungsversuchen nachgewiesen worden, daß die Gefäße nicht nur durch Sprossung, sondern auch durch Rekrutierung ortsständiger Somitenzellen wachsen.

Die Somiten prägen auch das segmentale Verlaufsmuster der dorsalen Intersegmentalarterien. Aus diesen Intersegmentalarterien entwickeln sich die **Interkostalarterien** und die segmentalen **Lumbalarterien**, die in die ventrale Körperwand vorwachsen. Die dorsalen Äste dieser Arterien versorgen den Rücken mitsamt Rückenmark, Wirbelsäule und autochthoner Rückenmuskulatur. Durch Anastomosen der ventralen Äste entsteht die aus der **A. thoracica interna** und den **Aa. epigastricae** gebildeten Längsanastomose der vorderen Körperwand. Im Halsbereich entstehen auf ähnliche Weise die **Aa. vertebrales**, deren segmentale Zuflüsse zurückgebildet werden. Die arteriellen Zuflüsse zu den Extremitäten entwickeln sich ebenfalls aus den dorsalen Aortenästen.

Nach lateral gehen aus der Aorta ca. 30 Äste hervor, die zur Urniere ziehen. Die Gefäßabgänge dieser Urnierenarterien entsprechen nicht der Somitenmetamerie. Infolge der tiefgreifenden Umbildungsprozesse der Urniere werden sie beträchtlich modifiziert. Als definitive Äste bleiben die **Nieren-**, **Nebennieren-** und **Keimdrüsenarterien** erhalten.

Die dritte Gruppe von zunächst paarigen Ästen entspringt aus dem ventralen Umfang der Aorta. Diese Gefäße verlaufen zunächst zum Dottersack und versorgen ihn. Sie fusionieren zu unpaaren Gefäßen und versorgen den Darm. Die **A. mesenterica superior** stellt das Achsengefäß der primären Darmschleife dar. Aus den Allantoisgefäßen entwickeln sich die Nabelarterien.

Venen

Venen sind Strukturen, die individuell sehr variabel ausgebildet sind. Das gilt in besonderem Maße für die kleinen Venen. Sie gehen aus kapillären Netzen hervor und vereinigen sich zu den Hauptstrombahnen. Von der ehemals bilateralsymmetrischen Anlage des Venensystems ist beim Erwachsenen kaum noch etwas zu erkennen.

In den **Sinus venosus** mündet auf jeder Seite zusammen mit der Dottersack- und Nabelvene eine **Vena cardinalis communis**, die jeweils zwei Zuflüsse erhält. Vom Kopf her kommt die **V. cardinalis anterior**, während das venöse Blut aus der unteren Körperhälfte durch die **V. cardinalis posterior** fließt. Die vordere Kardinalvene stellt die Anlage der **Vena jugularis interna** dar. Zwischen den beiden vorderen Kardinalvenen entsteht in der achten Woche eine schräg verlaufende Anastomose (Anastomosis intercardinalis anterior), durch die das Blut von der rechten zur linken Kardinalvene umgeleitet wird. Sie ist die Anlage der linken **V. brachiocephalica**. V. cardinalis anterior und V. cardinalis communis bilden auf der rechten Körperseite die **V. cava superior**. Der proximale Abschnitt der linken vorderen Kardinalvene persistiert als **Sinus coronarius**, der Hauptvenenstamm der Koronargefäße. Er mündet in den rechten Vorhof. Vor der Urniere entstehen die rechte und linke **Vena subcardinalis**. Sie stehen über Anastomosen mit den Venae cardinales posteriores in Verbindung. Beiderseits der Aorta werden zwei weitere längsverlaufende Venenstämme sichtbar, die Vv. supracardinales. Auch sie stehen über Anastomosen mit den Vv. subcardinales in Verbindung. Die drei longitudinalen Venenstämme jeder Seite werden sehr stark umgebaut. Kaudal entsteht zwischen ihnen eine Anastomose (Anastomosis intercardinalis posterior), aus der die **V. iliaca communis sinistra** hervorgeht. Das kaudale Endstück der rechten hinteren Kardinalvene erweitert sich zur **V. iliaca communis dextra**. Teile der Vv. supracardinales werden zur **Vv. azygos und hemiazygos**. Die V. subcardinalis dextra wird zur **V. cava inferior**. Reste dieses Venensystems bilden sich um zu den Venen der Gonaden, Nieren und Nebennieren.

Die extraembryonalen Dottersack- und Nabelvenen sind symmetrisch angelegte Venenstämme, die getrennt in den Sinus venosus münden. Dadurch, daß sich die Leberanlage stark entwickelt, werden die Dottersackvenen in das Netzwerk der Lebersinusoide einbezogen. Außerhalb der Leber geht aus diesen Venen die **V. portae** hervor, in die die Venen einmünden, die das Blut vom Darm ableiten. Die Nabelvenen verbinden sich in der vierten Woche mit den Dottersackvenen. Die rechte Nabelvene und der proximale Teil der linken, der zwischen Leber und Sinus venosus liegt, bilden sich vollständig zurück. Durch den übrigen Abschnitt der linken Nabelvene, der sich erweitert, fließt das in der Plazenta arterialisierte Blut zur Leber. Zusätzlich entwickelt sich ein Kurzschlußgefäß, der **Ductus venosus (Arantii)**, der die Nabelvene mit der V. cava inferior unter Umgehung der Leber verbindet.

Die Entwicklung der Lungenvenen beginnt mit der Gefäßbildung angiogenetischer Zellen im dorsalen Mesokardium. Es entsteht eine **Pulmonalvene**, die Anschluß an die Vorhofregion des Herzens gewinnt und dann neben dem Septum primum in den linken Vorhof einmündet. Nach einer anderen Ansicht soll die Pulmonalvene durch Aussprossung aus der Wand des linken Vorhofs entstehen. Dieses Gefäß nimmt das Blut aus dem Kapillargebiet der sich entwickelnden Lungenanlage auf. Mit der Vergrößerung des Vorhofs werden die proximalen Abschnitte der Lungenvene und ihre Äste erster und zweiter Ordnung in die Wand des Vorhofs miteinbezogen. Das hat zur Folge, daß schließlich vier Lungenvenen in den linken Vorhof münden.

Lymphgefäße

Über die Entstehung des Lymphgefäßsystems liegen keine gesicherten Erkenntnisse vor, da keine Markierungsmethoden zur Verfügung stehen, die es erlauben, frühe Lymphendothelien bzw. deren Vorläufer zu identifizieren. Nach Auffassung einiger Autoren sollen die Lymphkapillaren als Spalten im Mesenchym entstehen. Demnach würden sich die Endothelzellen in situ aus Mesenchymzellen differenzieren. Eine andere Auffassung besagt, daß die Lymphkapillaren durch Aussprossen aus venösen Gefäßen entstünden. Bekannt ist lediglich, daß der Wachstumsfaktor **VEGF-C** selektiv die Proliferation der Lymphendothelzellen stimuliert und die Entwicklung der Lymphgefäße fördert. VEGF-C bindet an die Rezeptoren **VEGFR-2** und **VEGFR-3**, die beide von Lymphendothelzellen exprimiert werden. Als erste morphologisch abgrenzbare Strukturen des Lymphgefäßsystems entstehen am Ende der sechsten Woche sechs **primäre Lymphsäcke**.

Abb. 72: Entwicklung des Lymphgefäßsystems

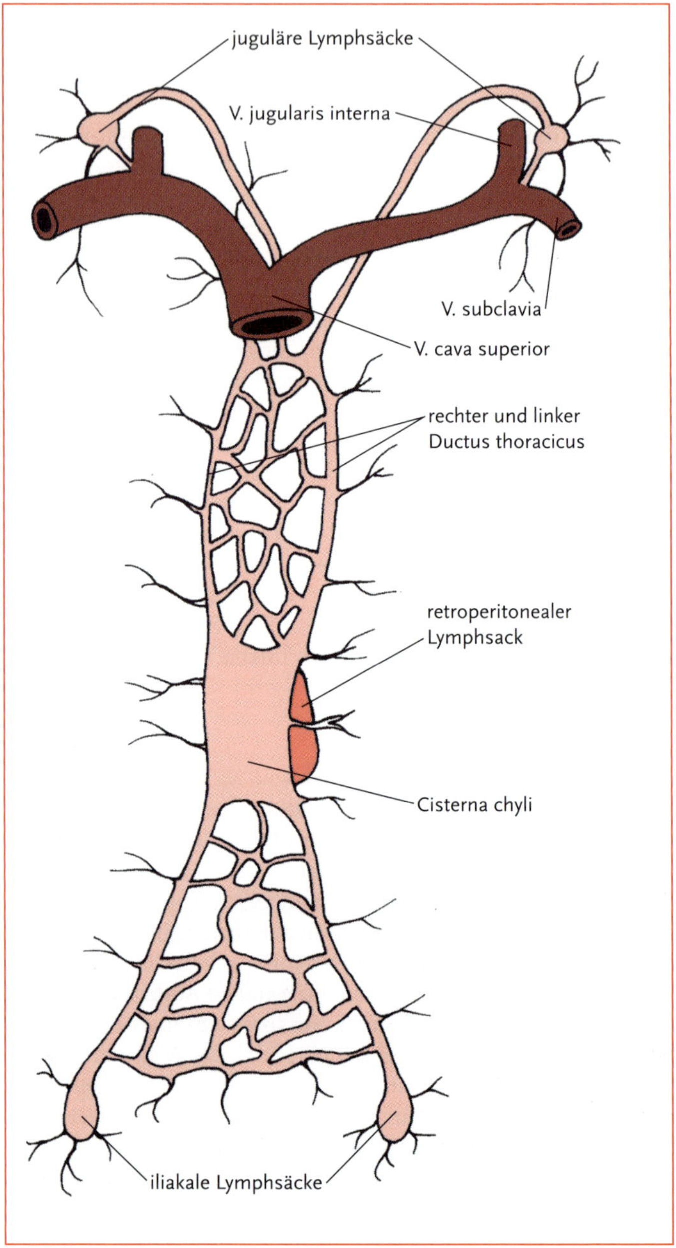

Die beiden jugulären Lymphsäcke liegen jederseits im Winkel zwischen V. jugularis interna und V. subclavia. An der hinteren Bauchwand im Bereich der Mesenterialwurzel entwickelt sich der unpaare retroperitoneale Lymphsack. Etwas später tritt in derselben Höhe, allerdings hinter der Aorta, die unpaare **Cisterna chyli** in Erscheinung. Die hinteren oder iliakalen Lymphsäcke entstehen im Bereich der Vv. iliacae communis. Von den Lymphsäcken wachsen Lymphgefäße aus, die sich am Verlauf der embryonalen Blutgefäße orientieren. Der **Ductus thoracicus** entwickelt sich aus zwei Lymphgefäßen, die den jugulären Lymphsack jeder Seite mit der Cisterna chyli verbinden. Aus dem kranialen Abschnitt des rechten Lymphstammes geht der **Ductus lymphaticus dexter** hervor, der in den rechten Venenwinkel einmündet. Vom Ductus thoracicus fließt die Lymphe in den linken Venenwinkel.

Lymphknoten

Mit der Entwicklung und Ausbreitung des Lymphgefäßsystems entstehen weitere Lymphsäcke. Alle embryonalen Lymphsäcke mit Ausnahme des kranialen Abschnittes der Cisterna chyli werden bindegewebig untergliedert und später von Lymphozyten besiedelt, die aus dem Knochenmark und dem Thymus stammen. Das ursprünglich einheitliche Lumen wird in ein System von Lymphstraßen (Lymphsinus) untergliedert.

Milz

In der sechsten Woche tritt die Milzanlage als Verdickung des Zölomepithels im dorsalen Mesogastrium in Erscheinung. Aus dem Zölomepithel wandern die Zellen in das Mesenchym des Mesogastriums ein, das zunehmend verdichtet und reichlich vaskularisiert wird. Dieser Prozeß beginnt an mehreren benachbarten Stellen. Die Kondensationen verschmelzen und bilden eine zunächst gelappte Milzanlage. Bleiben Milzanlagen getrennt oder treten sie in größeren Abständen auf, so entwickeln sich Doppel- oder Nebenmilzen. Viele Befunde sprechen dafür, daß die Milz ein Derivat des Serosaepithels darstellt.

Durch das asymmetrische Wachstum des Magens gelangt die Milzanlage vom dorsalen Mesogastrium nach links oben in die Nähe des Zwerchfells. Sie behält ihre intraperitoneale Lage bei und steht nach Abschluß der Entwicklung mit der dorsalen Bauchwand über das Lig. phrenicolienale und mit dem Magen über das Lig. gastrolienale in Verbindung. In der 11. bis 12. Woche ist die Differenzierung von Blutzellen und Makrophagen zu erkennen. Die Blutbildung in der Milz dauert bis zum sechsten Monat an. Von der 15. Woche an wird die Milz von lymphatischen Zellen besiedelt, die in der 17. bis 18. Woche periarterielle Lymphscheiden bilden.

Zunächst sind B- und T-Zellen unregelmäßig verteilt. In der 24. Woche beginnt die **Zonierung der B- und T-Zell-Regionen**. Das **Homing** der Lymphozytensubpopulationen in ihren jeweiligen Proliferationszonen findet erst dann statt, wenn sich in den T-Zell-Regionen die **interdigitierenden Retikulumzellen** und in den B-Zell-Regionen die **dendritischen Retikulumzellen** differenziert haben. Diese Zellen entwickeln sich aus zirkulierenden monozytären Stammzellen.

Die embryonale Gefäßbildung erfolgt durch In-situ-Differenzierung mesodermaler Zellen, durch Sprossung sowie durch Unterteilung bereits vorhandener Kapillaren und wird durch den Vascular endothelial growth factor (VEGF) und seine Rezeptoren kontrolliert. Angioblastische Zellen können über große Distanzen migrieren, wobei sie die Körpermitte jedoch nicht überschreiten. Die Ausflußbahn des Herzens setzt sich in die Pharyngealbogenarterien fort, die in besonderer Weise modifiziert werden. Die ursprünglich paarig angelegten Aorten bekommen dorsale, laterale und ventrale Äste, von denen nur die dorsalen segmental angeordnet sind. Die Einflußbahn des Herzens entsteht aus dem Zusammenfluß von Dottersack-, Nabel- und Kardinalvenen, die beträchtlichen Umbauvorgängen unterworfen sind. Das Lymphgefäßsystem wird durch primäre Lymphsäcke gebildet, deren Verbindungen und Aussprossungen den Lymphgefäßplexus bilden. Die Milz entwickelt sich im dorsalen Mesogastrium aus einem stark vaskularisierten Mesenchym. Sie wird von Vorläufern der Retikulumzellen und von Lymphozyten besiedelt.

Angeborene Fehlbildungen des Herzens und der großen Gefäße

Fehlbildungen des Herzens und der herznahen Gefäße kommen in großer Vielfalt vor, was angesichts der komplexen morphogenetischen Prozesse, die bei der Entwicklung des Herzens und der Gefäßstämme ablaufen, nicht verwunderlich ist. Sie können isoliert oder im Rahmen von Syndromen auftreten, die ihrerseits genetisch bedingt (z. B. Down-Syndrom) oder erworben (z. B. Rötelninfektion der Mutter) sein können. Für die Kreislauffunktion ist es von großer Bedeutung, ob sich die normale Trennung des arteriellen und venösen Anteils trotz des Fehlers ausgebildet hat, oder ob sich ein krankhafter Kurzschluß (Shunt) zwischen beiden befindet, wobei die Strömung entweder von der arteriellen in die venöse Hälfte oder umgekehrt gerichtet sein kann. Bei venös-arteriellem Shunt (Rechts-Links-Shunt) führt nach der Geburt die Durchmischung des venösen, sauerstoffarmen Blutes mit dem arteriellen, sauerstoffreichen Blut zu einer bläulichen Verfärbung der Haut (Zyanose).

Die Angiokardiopathien, von denen hier nur einige typische beschrieben werden sollen, lassen sich in zyanotische und nichtzyanotische Defekte unterteilen.

Dextrokardie

Bei der Dextrokardie ist die embryonale Herzschleife nach links statt nach rechts gerichtet, was zu einer Rechtslage des Herzens führt. Als Ursache konnte beim Hühnerembryo eine veränderte Expression der Gene ***Shh***, ***Aktivinrezeptor IIa*** und ***cNR-1*** nachgewiesen werden, die während der Gastrulation an der Rechts-Links-Determinierung beteiligt sind.

Vorhofseptumdefekte

Es gibt verschiedene Formen von Vorhofseptumdefekten. Relativ häufig ist ein **offenes Foramen ovale**. In diesem Fall ist das Septum secundum nicht mit dem Septum primum verwachsen. Andererseits kann sich das Foramen ovale auch zu früh verschließen, was zu einer Hypertrophie des rechten Herzens führt. Das hypoplastische linke Herz ist nach der Geburt nicht in der Lage, den Körperkreislauf zu bedienen. Wird zu viel Material aus der Begrenzung des Foramen secundum abgebaut oder das Septum secundum nicht regelrecht ausgebildet, liegt ein echter Vorhofseptumdefekt vor. Bleibt die Septierung im Vorhofbereich aus, so persistiert ein gemeinsamer Vorhof (**Cor triloculare biventriculare, Atrium commune**).

Persistierender Atrioventrikularkanal

Beim persistierenden Atrioventrikularkanal ist die Endokardkissenbildung gestört. Als Ursache wird eine unzureichende Expression von *Hox*-Genen diskutiert. Ein persistierender AV-Kanal kommt häufig zusammen mit einem tiefen Vorhofseptum- und einem hohen Ventrikelseptumdefekt vor.

Trikuspidalatresie

Bei der Trikuspidalatresie fehlt die Klappe zwischen rechtem Vorhof und rechtem Ventrikel. In diesem Fall kann das Blut nicht in die Lungen gelangen, wenn die beiden Vorhöfe sowie Aorta und Truncus pulmonalis voneinander getrennt sind.

Kammerseptumdefekte

Kammerseptumdefekte sind nicht so häufig wie Vorhofseptumdefekte. Sie betreffen den membranösen Abschnitt des Septums häufiger als den muskulären. Fehlt das Kammerseptum vollständig, spricht man von einem **Cor triloculare biatriale**. Neuere Untersuchungen haben ergeben, daß hierbei möglicherweise einer der beiden Ventrikel gar nicht angelegt wird. So führt eine Inaktivierung des Gens ***dHAND*** dazu, daß nur der linke Ventrikel vorhanden ist.

I.	ohne Kurzschluß keine Zyanose • Dextrokardie • isolierte Pulmonalstenose • Aortenisthmusstenose oder Aortenstenose
II.	mit arteriovenösem Kurzschluß, Zyanose bei terminaler Umkehr der Strömungsrichtung • Vorhofseptumdefekt • Ventrikelseptumdefekt • offener Ductus arteriosus
III.	mit venösarteriellem Kurzschluß, regelmäßig Zyanose • Transposition der großen Gefäße • Fallot-Tetralogie • persistierender Truncus arteriosus • Trikuspidalstenose oder -atresie mit Vorhofseptumdefekt

Tab. 2 Wichtige Angiokardiopathien

Fehlbildungen der Ausflußbahn

Die normale Entwicklung der Ausflußbahn ist an die Einwanderung von **Neuralleistenzellen** geknüpft, wie embryologische Untersuchungen an Hühner- und Wachtelembryonen gezeigt haben. Wird die kardiale Neuralleiste entfernt, unterbleibt die Septierung der Ausflußbahn, was zu einem **persistierenden Truncus arteriosus** führt.

Beim Menschen ist der persistierende Truncus arteriosus immer mit einem Ventrikelseptumdefekt verbunden. Lokale Defekte bei der Septierung der Ausflußbahn führen zu einem aortikopulmonalen Fenster, das in der Nähe der Aortenklappe lokalisiert ist.

Bei der **Transposition der großen Gefäße** entspringt die vorn liegende Aorta aus dem rechten Ventrikel und der hinten liegende Truncus pulmonalis aus dem linken Ventrikel. In diesem Fall sind beide Kreisläufe vollständig voneinander getrennt. Diese Fehlbildung ist nur dann mit dem Leben vereinbar, wenn gleichzeitig Defekte zwischen den Vorhöfen und Kammern sowie ein offener Ductus arteriosus vorliegen. Wird dieser Defekt längere Zeit überlebt, so entwickeln sich auch Verbindungen zwischen Körper- und Lungenkreislauf.

Wenn sich der Truncus arteriosus ungleich teilt, entstehen ein weit- und ein englumiges Gefäß. In Abhängigkeit davon, ob die Aorta oder der Truncus pulmonalis weitlumig ist, entsteht eine über einem Ventrikelseptumdefekt **„reitende" Aorta** (wie z. B. bei der **Fallot-Tetralogie**) oder eine **reitende Pulmonalarterie**.

Beim **Double outlet right ventricle** entspringen beide Gefäßstämme aus der rechten Kammer, beim **Double outlet left ventricle** gehen beide aus dem linken Ventrikel hervor. Beide Fehlbildungsformen sind nur dann mit dem Leben vereinbar, wenn gleichzeitig ein Ventrikelseptumdefekt vorhanden ist.

Fallot-Tetralogie

Diese Fehlbildung vereint:
- eine Stenose oder Atresie der A. pulmonalis
- einen Kammerseptumdefekt
- eine reitende Aorta
- eine Hypertrophie des rechten Ventrikels

Fehlbildungen der herznahen Arterien

Persistiert der distale Abschnitt des Bogens der rechten Aorta dorsalis, bildet sich ein **doppelter Aortenbogen**. Er umgibt als Gefäßring die Luft- und Speiseröhre, so daß die Luftröhre komprimiert werden kann, wenn sich die Speiseröhre füllt. Deshalb sind Atembeschwerden beim Essen ein charakteristisches Leitsymptom. Es können aber auch Schluckbeschwerden auftreten.

Die Entwicklung eines **rechten Aortenbogens** kommt dadurch zustande, daß die gesamte rechte Aorta dorsalis bestehen bleibt, während der distale Abschnitt des Bogens der linken Aorta zurückgebildet wird.

Entspringt die A. subclavia dextra aus der rechten Pulmonalarterie, kommt als Ursache ein persistierender rechter Ductus arteriosus in Betracht.

Die Abgänge der Aa. subclaviae und carotides vom Aortenbogen können sehr stark variieren. Eine A. subclavia dextra, die aus der Aorta descendens entspringt, verläuft retroösophageal und kann Schluckstörungen und Atembeschwerden verursachen (**Dysphagia lusoria**). Relativ häufig ist die **Aortenisthmusstenose**, eine Verengung der Aorta im Bereich der A. subclavia sinistra und dem Ductus arteriosus. Man unterscheidet zwischen einer post- und einer präduktalen Stenose. Die postduktale Stenose ist häufiger und liegt distal vom Ductus arteriosus.

Bei einem persistierenden Ductus arteriosus wird die Verbindung zwischen Aorta und linker A. pulmonalis, die während der Fetalzeit durch Prostaglandine offen gehalten wird, nicht verschlossen.

Fehlbildungen der herznahen Venen

Das venöse System ist schon im Normalfall sehr variabel. Angesichts der komplexen Entstehungsweise erstaunt es nicht, daß auch die herznahen Venen verschiedene Varianten und Fehlbildungen aufweisen können.

Eine erhaltene linke V. cava superior kann über den Sinus coronarius in den rechten Vorhof oder direkt in den linken Vorhof münden. Verdopplungen der V. cava inferior oder eine Unterbrechung dieses Gefäßes unterhalb der Einmündung der Lebervenen kommen vor. Auch können die Lungenvenen partiell oder vollständig in den rechten anstatt in den linken Vorhof einmünden.

> Fehlbildungen des Herzens und der herznahen Gefäße können Septierungsstörungen der Vorhöfe, des Atrioventrikularkanals, der Ventrikel und der Ausflußbahn sein. Häufig sind vollständige oder partielle Transpositionen der Arterienstämme mit Septierungsstörungen kombiniert. Angesichts der komplexen Entstehungsweise der herznahen Gefäße kommt eine große Zahl unterschiedlicher Fehlbildungen vor.

7.12.3 Blut

Die Blutbildung (**Hämatopoese** oder **Hämopoese**) beginnt mit roten Blutzellen in der Wand des **Dottersackes**. Dort entwickeln sich in der dritten Woche in enger Beziehung zu dem angrenzenden Entoderm sogenannte **Blutinseln** *(siehe Abb. 69)*. Deren äußere Zellen ordnen sich zu Endothelzellen an, aus denen die Gefäße hervorgehen, während sich die inneren Zellen zu **Blutstammzellen** (**Hämozytoblasten**) differenzieren. Die im Dottersack entstandenen Blutstammzellen sollen nach neueren Untersuchungen nur für die Phase der extraembryonalen Blutbildung von Bedeutung sein und später zugrunde gehen.

Später wird die Blutbildung von **Leber**, **Milz** und **Knochenmark** des Embryos übernommen. Die Stammzellen für die Blutbildung in diesen Organen dürften aus der paraaortalen Splanchnopleura (**AGM-Region** mit Aorta, Gonade und Mesonephros) stammen, die den paraaortalen Foci der Vogelembryonen entspricht.

Es hat sich gezeigt, daß Blutvorläuferzellen die intraembryonalen blutbildenden Organe nur dann besiedeln können, wenn sie zur Migration fähig sind. Stammzellen, denen β-Integrin fehlt, sind dies nicht.

Die Blutstammzelle ist pluripotent und bringt die Vorläuferzellen der unterschiedlichen Zellinien hervor. Gleichzeitig entstehen dabei auch wieder neue pluripotente Stammzellen (**asymmetrische** oder **differentielle Zellteilung**). Ausgehend von diesem pluripotenten Typ der Stammzelle, die auch als **CFU-ML** (**Colony forming unit - myeloid lymphoid**) bezeichnet wird, entstehen der lymphoide und der myeloische Stammbaum (Lymphoid stem cells, **CFU-L** und Myeloid stem cells, **CFU-S**, spleen). Aus der lymphoiden Stammzelle entwickeln sich **B- und T-Lymphozyten**, aus der myeloischen **Erythrozyten**, **Granulozyten**, **Monozyten** und **Thrombozyten**. Um ihren Phänotyp zu erreichen, müssen diese Zellen verschiedene Stadien der Differenzierung durchlaufen. Werden CFU-ML als einzelne Zellen isoliert und kultiviert, so gehen aus ihnen ganz unterschiedliche Klone von Blutzellen hervor. Bei der Determination zu bestimmten Blutzellen scheint also ein stochastischer Mechanismus (Zufallsgenerator) eine Rolle zu spielen.

Die Proliferation und Diversifizierung der Zellen wird durch spezifische **Zytokine**, **Colony-stimulating factors** (**CSFs**), kontrolliert. Beteiligt an der Kontrolle der Blutbildung sind verschiedene ***Hox-Gene***. ***HOXB-3*** und ***HOXB-4*** werden in unreifen hämopoetischen Zellen exprimiert. Es wird angenommen, daß die ***HOX-Gene*** als Regulatoren der frühen hämopoetischen Zellpopulationen dienen. Dysregulationen der ***HOX*-Gene** können die Blutbildung stören und zur **Leukämie** führen.

BMP-4, das zur TGF-β-Superfamilie gehört, kann in den Zellkulturen die Hämopoese stimulieren. Injektion von mRNA des Homöoboxgens ***mix1*** in dorsales Mesoderm führt zu einer Veränderung des Differenzierungsprogramms mit dem Ergebnis, daß die Blutbildung beginnt. Der Transkriptionsfaktor **GATA-1**

ist für die Differenzierung von eosinophilen Granulozyten, Thromboblasten und Erythroblasten erforderlich. **Interleukin 3**, das im ausdifferenzierten Knochenmark von Makrophagen gebildet wird, stimuliert die myeloiden Stammzellen.

Erythropoetin ist ein Glykoprotein, das die Bildung von Globin stimuliert. Es wird zunächt in der fetalen Leber gebildet und später in den Nieren. Mäuse mit einem inaktivierten Gen für den **Erythropoetinrezeptor** (**EpoR**) zeigen, daß Erythropoetin für die terminale Differenzierung der erythropoetischen Reihe notwendig ist. Ohne Erythropoetin unterbleibt die Proliferation der Vorläuferzellen, und sie gehen durch Apoptose zugrunde. Während der embryonalen und fetalen Entwicklung werden unterschiedliche Globingene exprimiert, was zum sequentiellen Auftreten unterschiedlicher Hämoglobin-Typen führt, die sich funktionell durch eine unterschiedliche Sauerstoffaffinität auszeichnen. Sie sind dem jeweiligen O_2-Partialdruck des Embryos angepaßt. Während der Dottersackhämopoese wird eine frühembryonale Isoform gebildet. Im Verlauf der Entwicklung ändert sich die Globinzusammensetzung mehrere Male bis zum adulten Typ. Die Gene für die verschiedenen Untereinheiten sind auf den Chromosomen 11 und 16 lokalisiert. Dysregulationen der Globingenexpression können **Hämoglobinopathien** wie die Sichelzellanämie oder die **Thalassämie** zur Folge haben.

> Die Blutbildung beginnt im Dottersack und wird dann von intraembryonalen Organen (Leber, Milz, Knochenmark) übernommen. Alle Blutzellen gehen aus einer pluripotenten Stammzelle hervor. Die Zuordnung der Tochterzellen zu den verschiedenen Stammbäumen wird durch eine komplexe Signalverarbeitung kontrolliert.

7.13 Harnorgane

Die Harnorgane entstehen aus dem **intermediären Mesoderm**, dem unsegmentierten Mesodermabschnitt, der zwischen paraxialem Mesoderm und den Seitenplatten liegt.

Während der Entwicklung treten drei Generationen von Nierenstrukturen in Erscheinung, die sich durch den Zeitpunkt ihrer Entstehung, ihre Lage und den jeweils erreichten Differenzierungsgrad unterscheiden lassen: **Pronephros** (Vorniere), **Mesonephros** (Urniere) und **Metanephros** (Nachniere). Diese drei Nierengenerationen entwickeln sich jedoch nicht unabhängig voneinander; sie sind vielmehr durch einen einheitlichen **Nierengang** miteinander verbunden, der als Vornierengang entsteht, sich als **Urnierengang (Wolff-Gang)** fortsetzt und aus dem sich schließlich die **Ureterknospe** bildet, aus der sich Harnleiter, Nierenbecken und Sammelrohre entwickeln. Allen Nierenabschnitten ist gemeinsam, daß sie in ihren Strukturen ***Pax-2*** exprimieren. Mausmutanten mit inaktiviertem *Pax-2*-Gen weisen auffällige Störungen der Nierenentwicklung auf.

7.13.1 Pronephros (Vorniere)

Die Bildung des intermediären Mesoderms beginnt bei menschlichen Embryonen am 20. Tag im späteren Halsbereich und schreitet nach kaudal fort. Die Embryonen sind zu diesem Zeitpunkt 1,5–2,5 mm lang.

Die Vorniere entwickelt sich in Höhe des 8.–14. Somiten und besteht aus:

- **Vornierengang**
- **Vornierentubuli**
- **Zölomglomerula (externe Glomerula)**

Der Vornierengang ist davon die einzige Struktur, die für die Entwicklung der definitiven Harnorgane des Menschen von Bedeutung ist. Während er entsteht, sich entwickelt und wächst, verändert sich die gewebliche Organisation des Anlagematerials (epithelial-mesenchymal) und es treten Zell-Zell-Interaktionen auf. Wie für die übrigen Mesodermabschnitte bereits dargestellt, werden die bei ihrer Entstehung mesenchymal angeordneten Zellen später epithelialisiert. Das trifft auch für das intermediäre Mesoderm zu. Aus dem epithelialen Zellverband des intermediären Mesoderms gliedern sich in Höhe der Somiten 8–14 nach dorsal (zum Ektoderm gewandt) Zellen ab, die ein locker strukturiertes Mesenchym bilden, das als Leiste die Segmentgrenzen in kraniokaudaler Richtung überschreitet.

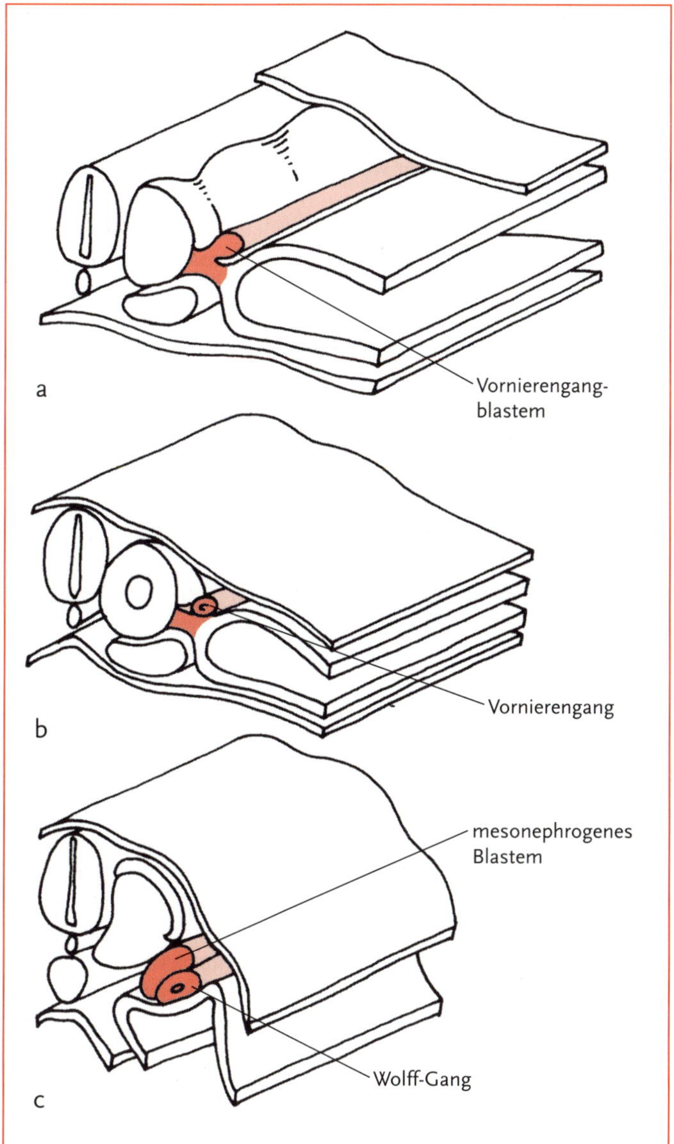

Abb. 73: Frühstadien der Nierenentwicklung:
a, b Aus dem intermediären Mesoderm gliedert sich ein segmentübergreifendes Blastem ab, das nach kaudal auswächst und kanalisiert wird.
c Die Urniere entwickelt sich aus zwei Komponenten, dem Wolff-Gang und dem mesonephrogenen Blastem.

Dieses **Vornierenblastem** wird in kraniokaudaler Richtung epithelialisiert, kanalisiert und beginnt, ***Pax-2*** zu exprimieren.

Die sogenannten Vornierentubuli sind epitheliale Verbindungen des Vornierenganges zum Zölomepithel. Sie entwickeln sich vom Vornierengang aus und werden beim Menschen gelegentlich kanalisiert. Später werden sie gemeinsam mit dem Vornierengang zurückgebildet.

Die Zölomglomerula sind bei Vogelembryonen genauer untersucht worden. Dort sind sie in unregelmäßiger Abfolge zu beiden Seiten des Mesenteriums in Höhe der Somiten 11 bis 15 zu beobachten. Diese Glomerula, die auch bei menschlichen Embryonen vorkommen, sind vaskularisiert. Bei Vogelembryonen differenzieren sich die bedeckenden Serosaepithelzellen zu **Podozyten**, den äußeren Deckzellen der Glomerula.

7.13.2
Mesonephros (Urniere)

Die Urniere besteht aus:

- **Wolff-Gang**
- **Urnierentubuli**
- **Urnierenglomerula**

Der **Wolff-Gang** stellt die kaudale Fortsetzung des Vornierenganges dar. Sein Material entstammt demnach dem intermediären Mesoderm des Halsabschnitts. Er wächst als selbständiges Blastem vom Vornierengang in kaudaler Richtung aus und ist daher vom intermediären Mesoderm der Brustregion deutlich abgegrenzt *(siehe Abb. 73)*.

Die auswachsende Spitze des Blastems ist mesenchymal strukturiert. Ihre Zellen haben lange Zellfortsätze, mit deren Hilfe sie sich an den umgebenden mesenchymalen Strukturen orientieren. Von kranial nach kaudal erfolgt die Epithelialisierung und Kanalisierung des Gangblastems. Am Ende der vierten Woche erreicht der Wolff-Gang die Kloake.

Wird die mesenchymale Spitze des Wolff-Ganges experimentell entfernt, so wächst das Gangblastem nicht weiter nach kaudal aus. Werden anschließend jedoch bereits epithelialisierte und kanalisierte Abschnitte des Wolff-Ganges soweit nach kaudal transplantiert, daß sie auf der Höhe der Spitze des kontralateralen Ganges liegen, so bilden sie wieder ein migrationsfähiges Mesenchym. Dieses wandert selbst dann zur Kloake hin aus, wenn der Gangabschnitt bei der Implantation um 180 Grad gedreht wurde, so daß sein kaudales Ende nach kranial gerichtet war. Dies ist ein Beweis dafür, daß die Wachstumseigenschaften und vor allem die Wachstumsrichtung des Wolff-Ganges durch Umgebungssignale kontrolliert werden.

Das **mesonephrogene Blastem**, aus dem die Urnierenglomerula und Urnierentubuli hervorgehen, entwickelt sich in der vierten Woche aus dem intermediären Mesoderm in Höhe des 13. bis 27./28. Somiten und kann daher dem Thorax zugeordnet werden. Seine Entwicklung schließt so verschiedene Teilprozesse wie Proliferation, Differenzierung, Musterbildung und die Umwandlung von mesenchymalem in epitheliales Gewebe ein und wird vom Wolff-Gang induziert. Fehlt er, so bleibt die Entwicklung des mesonephrogenen Blastems aus.

Es bilden sich im mesonephrogenen Blastem nahe dem Wolff-Gang in kraniokaudaler Folge Zellverdichtungen, die sich zu epithelialen Bläschen und dann zu tubulären Strukturen differenzieren. Die S-förmigen Tubuli, von denen jederseits ca. 80 angelegt werden, bekommen Anschluß an den Wolff-Gang. Die epithelialen Bläschen werden eingedellt. In diese Dellen wachsen Gefäße ein, die ein Kapillarknäuel, das **Glomerulum**, bilden.

Der Abschnitt des ehemaligen Urnierenbläschens, der durch das Kapillarknäuel zunehmend eingestülpt wird, differenziert sich zu einer Schicht von **Podozyten**, während das gegenüberliegende Tubulusepithel zur **Bowman-Kapsel** wird. Diese Morphogenese findet sich in ganz ähnlicher Weise auch bei der Entwicklung der Nachniere. Die Funktionseinheit der Urniere, das **Nephron**, besteht demnach aus den Nierenkörperchen mit Glomerulum und Bowman-Kapsel sowie dem Urnierentubulus, der in den Wolff-Gang einmündet. Im Mesonephros von sechs Wochen alten menschlichen Embryonen wurden bereits reninbildende Zellen nachgewiesen. Im Kapitel „Genitalorgane" wird gezeigt werden, daß der Wolff-Gang bei menschlichen Feten das Anlagematerial für den Ductus epididymidis, den Ductus deferens und das Samenbläschen darstellt, während es bei weiblichen Feten zurückgebildet wird. Die Urniere produziert beim Säugerembryo Harn, der ins Fruchtwasser abgegeben wird.

7.13.3 Metanephros (Nachniere)

Die Bestandteile der Nachniere ähneln denen der Urniere. Nachdem der Wolff-Gang die Kloake erreicht hat, entwickelt sich aus ihm die Anlage des Nachnierengangs, die **Ureterknospe**. Sie entsteht in der fünften Woche in Höhe des ersten Sakralsegments und wächst zunächst nach dorsal und später nach kranial aus. Das blinde Ende dieser Knospe erweitert sich zur Anlage des Nierenbeckens und wird kappenartig von einem verdichteten Mesenchym umgeben, dem **metanephrogenen Blastem**, das dem intermediären Mesoderm entstammt. Schließlich sprossen Gefäße in das metanephrogene Blastem, aus denen sich Glomerula und Vasa recta entwickeln. Die Interaktionen zwischen diesen Strukturelementen, zu denen noch Neuralleistenzellen hinzukommen, führen zur Entwicklung der Nachniere.

Aus der Ureterknospe gehen die Kelche und Sammelrohre hervor, während das metanephrogene Blastem die Nephrone liefert, die aus den Glomerula und den verschiedenen Tubulusabschnitten bestehen. Wie bei der Entwicklung des mesonephrogenen Blastems bereits dargestellt, ist eine Umwandlung des Mesenchyms in Epithel zu beobachten. Aus den epithelialen Bläschen gehen S-förmige Tubulusanlagen hervor, die mit einem Ende eine Verbindung zum Sammelrohr eingehen und am anderen Ende nach Einsprossung der Gefäße das Glomerulum bilden. Der mittlere Abschnitt der Tubulusanlage wächst in Richtung Nierenmark und bildet die **Henle-Schleife**.

Der Konversion von Mesenchym zu Epithel geht die Expression von ***Pax-2*** voraus. Es wird angenommen, daß ***Pax-2*** solche Gene reguliert, die für die Aggregation und Polarisierung der Zellen erforderlich sind. Mit dem Beginn der Epithelialisierung des metanephrogenen Blastems werden Laminin und Kollagen Typ IV nachweisbar. Die Expression von Zelladhäsionsmolekülen wie **Syndecan**, **N-CAM** und **E-Cadherin** führt zur „Verklebung" der Zellen, die sich über Tight junctions verbinden und als Zeichen der Polarisierung apikal Mikrovilli ausbilden.

Neben ***Pax-2*** werden während des Induktionsprozesses ***WT-1*** (Wilms-Tumor) und Protoonkogene wie ***c-ret***, ***c-ros*** and ***c-met*** exprimiert. Verschiedene Wachstumsfaktoren und Wachstumsfaktorrezeptoren sind in die Differenzierung involviert. **EGFs**, **IGF-1** und **IGF-2**, **TGF-α** und **TGF-β**, **BMP-7** sowie **NT-3** und **BDNF**

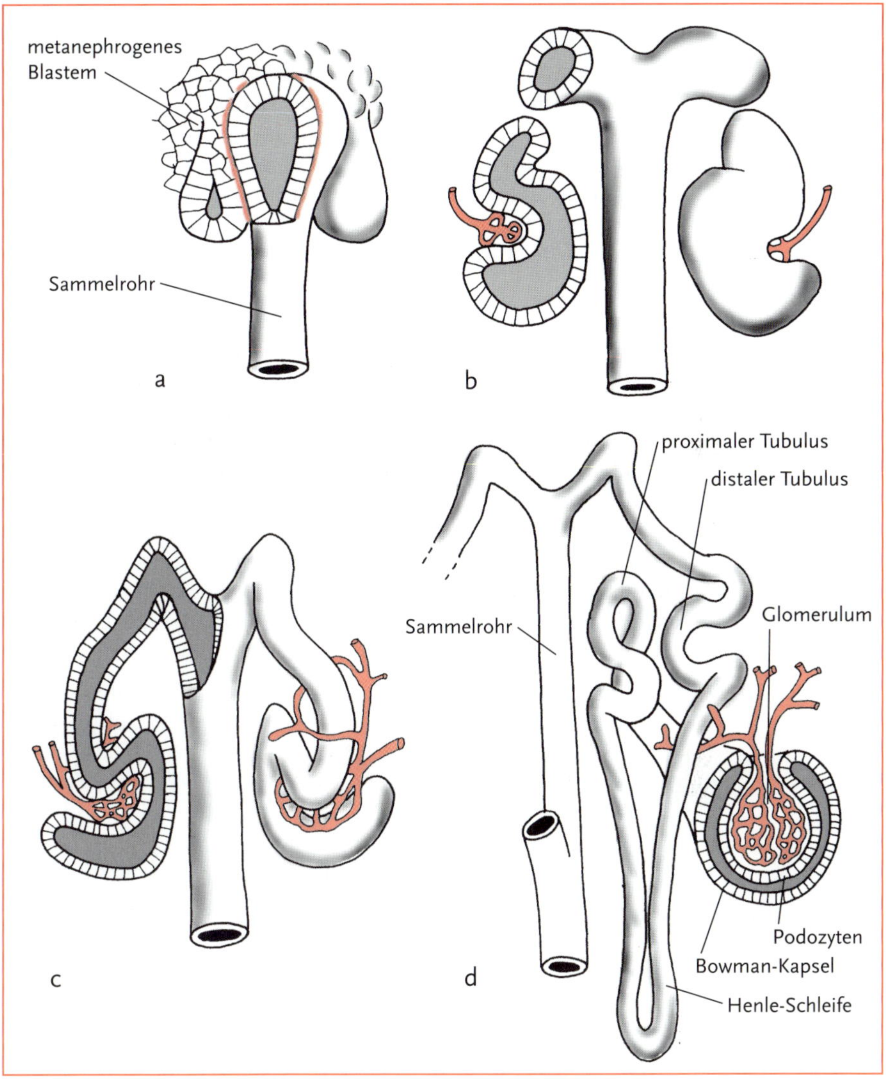

Abb. 74: Entwicklung des Nierenkörperchens und des Tubulus: **a** Das metanephrogene Blastem wird epithelialisiert. **b** S-förmige Anlage des Nierenkörperchens und des Tubulus. Gefäße treten in die Konkavität der S-förmigen Anlage des Nierenkörperchens und des Tubulus ein. **c** Tubulus und Sammelrohr treten in Verbindung. **d** Die Abschnitte der Henle-Schleife wachsen in Richtung Nierenmark aus.

werden im metanephrogenen Blastem bzw. in den tubulären Strukturen nachgewiesen. In die Nachnierenanlage wachsen früh Nerven ein, die für die Nierenentwicklung von großer Bedeutung sein sollen. Wenn der Rezeptor für den Nervenwachstumsfaktor (**NGF-R**) ausgeschaltet wird, ist die Nierenentwicklung blockiert. Das in der Leber gebildete eisenbindende Protein **Transferrin** ist für die Proliferation der Tubulusepithelzellen von Bedeutung. Schon embryonale Nierenzellen bilden **Renin**, **Erythropoetin**, **Interleukin β** und **TGF-β** .

Aszensus der Niere

Die frühe Anlage der Nachniere ist der Sakralregion zugeordnet. Im weiteren Verlauf der Entwicklung verlagert sich die Niere gegenüber der Körperwand nach kranial (Aszensus). Schon beim 13 mm langen Embryo liegt sie in Höhe des zweiten Lumbalwirbels. Während dieses Aszensus verändert sich die arterielle Versorgung der Niere. Während die frühen Gefäße aus der A. sacralis media und der A. iliaca entspringen, entwickeln sich die definitiven Nierenarterien zu Beginn des dritten Monats aus Abzweigungen der kaudalen Nebennierenarterien zu selbständigen Aortenästen.

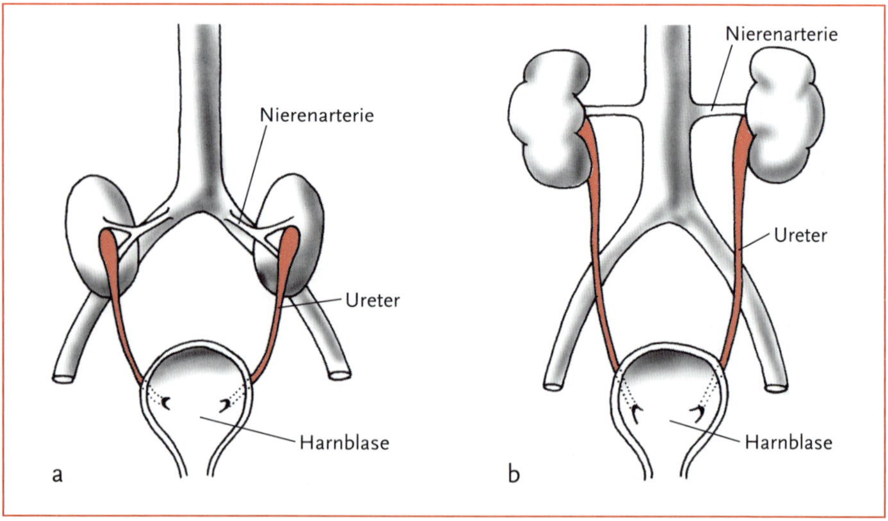

Abb. 75: Aszensus der Nachnieren. Man beachte die Änderung der Gefäßversorgung.

Harnleiter (Ureter) **und Harnblase** (Vesica urinaria)

Der Ureter entwickelt sich aus der Ureterknospe, die ihrerseits ein Derivat des Wolff-Ganges ist. Die Kloake, in deren vorderen Abschnitt Ureter und Wolff-Gang über einen gemeinsamen terminalen Abschnitt münden, wird durch das **Septum urorectale** in das **Rektum** und den **Sinus urogenitalis** unterteilt. Der obere Anteil des Sinus urogenitalis erweitert sich zur Harnblase, von deren Scheitel der **Allantoisgang** zum Nabel zieht. Dieser Gang obliteriert später und wirft dann an der vorderen Bauchwand die Plica umbilicalis mediana auf.

Während sich die Harnblase entfaltet, werden die terminalen Abschnitte des Ureters und des Wolff-Ganges in die Harnblasenwand miteinbezogen. Dadurch entsteht ein Wandabschnitt, der als **Trigonum vesicae** bezeichnet wird. Als Ergebnis dieser Gangassimilationen münden Ureter und Wolff-Gang getrennt in den Sinus urogenitalis: der Ureter kranial in die Pars urinalis und der Wolff-Gang kaudal in die Pars genitalis. Während beim weiblichen Geschlecht die kaudalen Abschnitte des Urnierenganges zurückgebildet werden, entwickeln sie sich beim männlichen Geschlecht zu den Samenwegen. Die Harnröhre bildet sich in geschlechtsspezifischer Weise aus dem kaudalen Anteil des Sinus urogenitalis.

7.13.4 Fehlbildungen der Harnorgane

Kongenitale Anomalien der Harnorgane werden bei 3% aller Lebendgeburten beobachtet. Einige wichtige sollen hier vorgestellt werden.

Nierenagenesie

Die Niere kann auf einer oder auch auf beiden Seiten vollständig fehlen. Die einseitige Nierenagenesie kommt einmal unter 1 000 Geburten vor, während die bilaterale Agenesie, die mit dem Leben nicht vereinbar ist, einmal unter 3 000 Geburten gefunden wird. Als Ursache kommen das Fehlen der Ureterknospe oder eine gestörte Interaktion zwischen Ureterknospe und metanephrogenem

Blastem in Betracht. Hat ein Embryo eine doppelseitige Nierenagenesie, so ist die Menge der Amnionflüssigkeit vermindert (Oligohydramnion). Die Neugeborenen weisen Gesichtsanomalien wie eine abgeplattete Nase, weit auseinanderstehende Augen, große tiefstehende Ohren und ein fliehendes Kinn auf (**Potter-Gesicht**).

Nierenhypoplasie

In diesem Fall ist eine Niere deutlich kleiner als normal. Selten sind beide Nieren betroffen. Als Ursache kommt eine verminderte Expression von Wachstumsfaktoren bzw. deren Rezeptoren in Betracht. Ist die Nierenhypoplasie einseitig, wird sie in der Regel durch eine Hypertrophie der kontralateralen Nieren kompensiert.

Nierenverdoppelung

Diese Anomalie, die symptomlos bleiben kann, ist mit der Verdoppelung oder Verzweigung des Ureters kombiniert. Sie kann von einer Verdoppelung des Ureters bis zum Vorhandensein einer weiteren ektopischen Niere reichen.

Nierenektopie

Am häufigsten ist die **Beckenniere**, die oft von der A. iliaca interna oder externa versorgt wird. Dieser Anomalie dürfte eine Störung des Aszensus der Nieren zugrunde liegen. Nierenektopien sind häufig mit Störungen der Rotation verbunden. Das Ergebnis ist ein nach vorn gerichteter Hilus. Bei der Hufeisenniere sind die unteren Pole beider Nieren verschmolzen und liegen dann in Höhe des unteren Lumbalwirbels.

Kongenitale Zystenniere

Es handelt sich um eine autosomal rezessiv vererbte Fehlbildung, die meistens beide Nieren betrifft. Die Modalitäten ihrer Entstehung sind nicht eindeutig geklärt. Es gibt Hinweise darauf, daß in den Zellen der erweiterten Tubulusabschnitte eine verminderte Bildung von EGF und eine erhöhte Expression gewisser Onkogenprodukte vorliegt.

Durch den Urachus (Allantoisgang) **verursachte Fehlbildungen**

Wenn der Urachus nicht vollständig obliteriert, können Zysten oder Fisteln entstehen. Letztere öffnen sich im Nabel. In seltenen Fällen bleibt der Urachus in seiner ganzen Länge durchgängig und verbindet die Harnblase mit dem Nabel.

Ektopische Mündungen des Ureters

Diese Anomalie dürfte entweder auf einem veränderten Ursprung der Ureterknospe oder auf einer gestörten Einbeziehung des terminalen Ureterabschnitts in die Harnblasenwand beruhen. Am häufigsten mündet beim männlichen Geschlecht der Ureter in den Harnröhrenabschnitt innerhalb der Prostata. Beim weiblichen Geschlecht kommen Einmündungen in die Urethra, die Vagina und das Vestibulum vor.

Harnblasenekstrophie

Dieser Fehlbildung liegt eine Störung der Bauchwandentwicklung zugrunde. Die Einwanderung von Myoblasten und möglicherweise auch von Fibroblasten in den ventralen Abschnitt der unteren Bauchwand findet nicht statt. Ursache könnte eine gestörte Fibronektin-Integrin-Interaktion sein. Die Bauch- und vordere Blasenwand öffnen sich nach außen. Beim männlichen Geschlecht ist diese Fehlbildung häufig mit einer Epispadie verbunden.

Es werden in zeitlicher und örtlicher Folge drei Nierengenerationen angelegt: Pronephros, Mesonephros und Metanephros. Die Nierenanlagen entstammen dem intermediären Mesoderm und entwickeln sich infolge komplexer Interaktionen zwischen dem Nierengang, dessen Abschnitte als Vornierengang, Wolff-Gang und Ureterknospe bezeichnet werden, und dem nephrogenen Blastem und einsprossenden Gefäßen. Das Mesenchym des nephrogenen Blastems organisiert sich zu epithelialen Tubuli. Beim Menschen stellt der Metanephros (Nachniere) das definitive Ausscheidungsorgan dar.

7.14 Genitalorgane

Bei den Genital- oder Geschlechtsorganen und deren Entwicklung unterscheidet man zwischen den Geschlechtsdrüsen (Gonaden), den Geschlechtsgängen und den äußeren Geschlechtsorganen. Die Differenzierung des Genitalapparates in einen männlichen oder weiblichen ist auch für die geschlechtsspezifische Ausprägung anderer Organsysteme von Bedeutung.

7.14.1 **Gonaden** (Hoden und Ovar)

Obwohl bereits mit der Befruchtung der Eizelle das genetische Geschlecht festgelegt ist, durchläuft die Frühentwicklung der Gonaden ein indifferentes Stadium.

Indifferente Gonade

In der fünften Woche verdickt sich das Zölomepithel am medialen Rand der Urogenitalfalte, die lateral vom Mesenterium liegt, zur Gonaden- oder Genitalleiste. Das stark proliferierende Zölomepithel besitzt keine Basalmembran. Fingerförmige Epithelstränge werden in die Tiefe verlagert und vom Mesenchym der Urogenitalfalte umgeben, in das zunehmend Zellen der sich zurückbildenden Urniere einströmen. Zwischen der Entwicklung von Urniere und Gonade besteht ein enger Zusammenhang. Die Gonaden entwickeln sich nur dann, wenn eine Urniere vorhanden ist. Einen wesentlichen Bestandteil ihrer Entwicklung bilden die **primordialen Geschlechtszellen** (**PGC**, Urgeschlechtszellen), die in die Gonadenanlage einwandern. Diese Zellen werden höchstwahrscheinlich durch den frühen Primitivstreifen vom Epiblast abgesondert. Sie gelangen als determinierte Zellen in den Dottersack und von dort in den Hinterdarm, wo sie zwischen den Epithelzellen des Darms liegen. Sie bilden lange Zellfortsätze und sind amöboid beweglich. Vom Darmepithel aus erreichen sie das Zölomepithel, in dem sie sich in Richtung

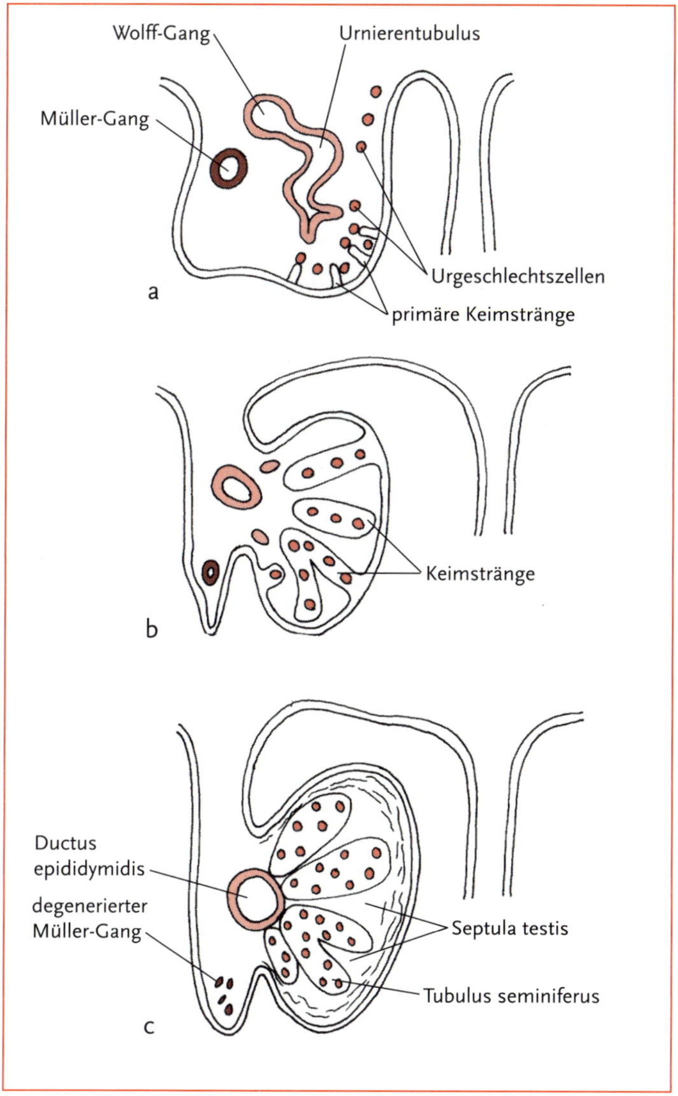

Abb. 76: Differenzierung des Hodens: **a** indifferentes Stadium, **b, c** geschlechtsspezifische Stadien

Abb. 77: Differenzierung des Ovars: **a** indifferentes Stadium; **b, c** geschlechtsspezifische Stadien

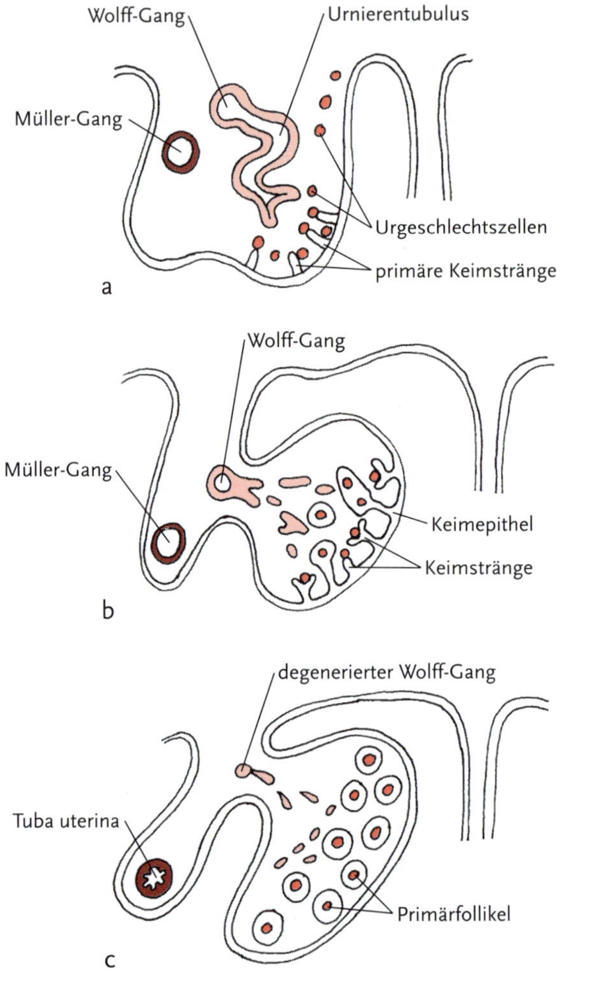

Gonadenanlage fortbewegen, wo sie sich weiter vermehren und differenzieren. Ein weiterer Verlagerungsmechanismus von Urkeimzellen, der bei Vogelembryonen beobachtet wird, ist der Transport über die Blutbahn. Die Anzahl der PGCs, die in die Gonadenanlagen einwandern, dürfte zwischen 1000 und 2000 betragen.

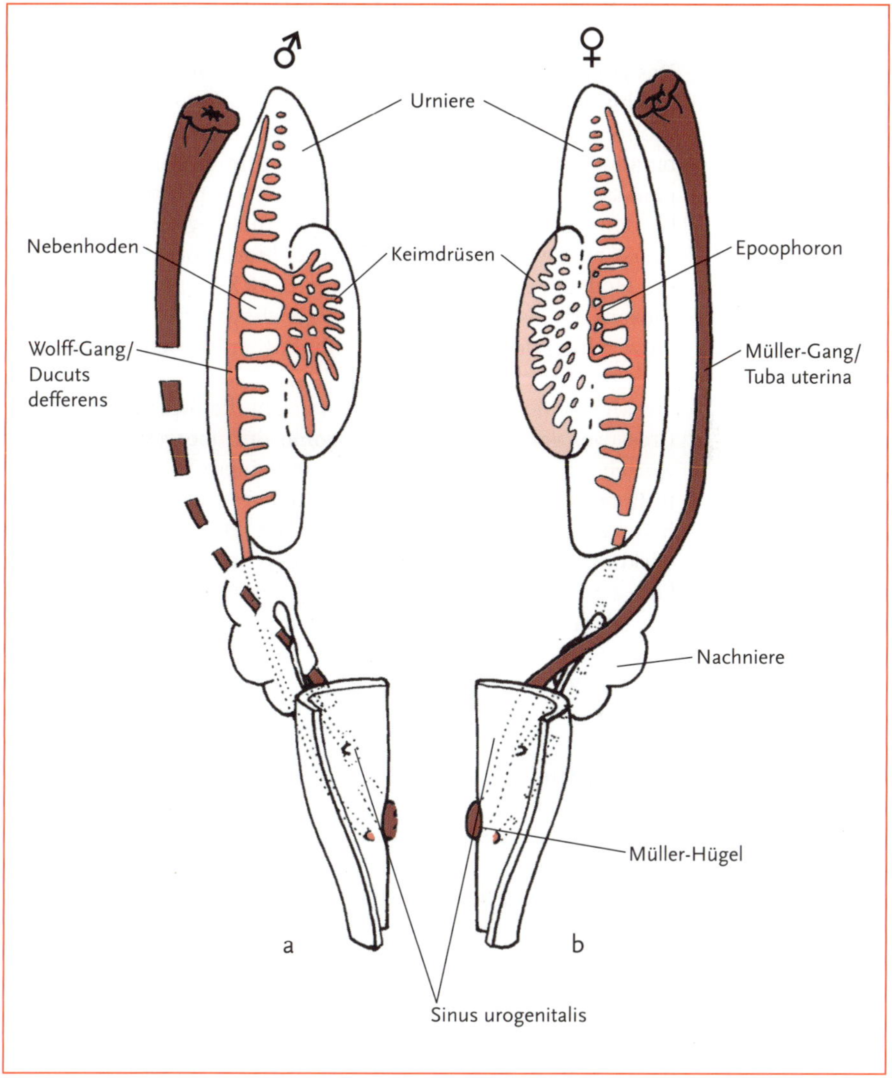

Abb. 78: Entwicklung der Geschlechtsgänge: **a** beim männlichen und **b** weiblichen Geschlecht

Festlegung des gonadalen Geschlechts

Das genetische oder chromosomale Geschlecht wird mit der Befruchtung festgelegt. Bei der XX-Kombination entsteht aus der indifferenten Gonade normalerweise das Ovar, bei der XY-Kombination der Hoden. Es hängt vom Y-Chromosom ab, welches gonadale Geschlecht entsteht. Bei der XY-Konstitution wird unter dem Einfluß des **TDF** (**Testis determining factor**), der vom *SRY*-**Gen** (**Sex determining region, Y chromosome**) kodiert wird, die Hodenentwicklung determiniert. ***SRY*** ist auf dem Y-Chromosom lokalisiert und stellt das Meistergen für die Gonadenentwicklung dar. Unter seinem Einfluß entwickelt sich die Gonadenanlage zum Hoden, wenn es fehlt, zum Ovar. Ist im Zuge der Meiose der väterlichen Samenzellen die ***SRY***-Region durch Crossover vom Y- auf das X-Chromosom übergewechselt, entwickelt sich nach der Befruchtung mit einem X+SRY-Spermium trotz der XX-Kombination ein männliches Geschlecht. Der embryonale Hoden produziert **Testosteron**. Dieses ist für die Entwicklung vieler geschlechtsdimorpher Strukturen verantwortlich, z. B. für die Entwicklung des Penis. Es werden noch andere männlich wirkende Steroidhormone im Hoden gebildet, für die die unterschiedlichen Abschnitte des Genitaltraktes unterschiedlich empfindlich sind.

Hoden

Am Ende der siebten Woche kann man Hoden und Ovar unterscheiden. Im Hoden bilden sich drei Schichten aus. Unter dem Serosaepithel lockert sich das Gewebe auf und wird zur primären **Tunica albuginea**. Im Zentrum der Hodenanlage entstehen die Hodenstränge, die sich senkrecht zur Organoberfläche ausrichten. Weiter hinten im Übergangsgebiet zur Urniere verbinden sich die Stränge zur Anlage des **Rete testis**. Im interstitiellen Bindegewebe (Septula testis), das zwischen den Hodensträngen liegt, differenzieren sich ab der achten Woche testosteronbildende **Leydig-Zellen**. Die Hodenstränge selbst bestehen aus den Vorläufern der **Sertoli-Zellen** und den primordialen Keimzellen. Die zunächst soliden Hodenstränge wachsen in die Länge, wobei sie sich in Windungen legen. Im vierten Monat werden ihre äußeren Abschnitte kanalisiert (**Tubuli seminiferi**).

Die Lumenbildung schreitet sehr langsam nach innen fort. Die Kanälchen des Rete testis treten in Verbindung mit Urnierentubuli (**Ductuli efferentes**).

Nicht alle primordialen Keimzellen werden in die Hodenstränge eingebaut. Einzelne bleiben frei im Mesenchym und gehen normalerweise nach und nach zugrunde. Bleiben solche nicht normal differenzierten Keimzellen am Leben, kann von ihnen später ein malignes Wachstum ausgehen. Sie werden daher auch als **CIS-Zellen** (Carcinoma in situ) bezeichnet. In abnorm entwickelten und ektopischen Hoden ist die Krebsrate höher als im normalen.

Sertoli-Zellen sind früh differenziert. Sie exprimieren während einer kurzen Phase ihrer frühen Entwicklung ***SRY***. Ihre Proliferation, die bis zur Pubertät andauert, ist für die Fertilität des Mannes von großer Bedeutung. Nach Eintritt der Geschlechtsreife können sie sich nicht mehr teilen. Ihre Zahl bestimmt die Menge der gebildeten Spermien, da jede Sertoli-Zelle nur eine bestimmte Anzahl von Keimzellen heranreifen läßt. Darüber hinaus wird die Größe des Hodens durch die Anzahl der Sertoli-Zellen determiniert. Die derzeit weltweit beobachtete Abnahme der durchschnittlichen Anzahl von Spermien im Ejakulat scheint auf eine Reduktion der Menge von Sertoli-Zellen zu beruhen. Es ist der Verdacht geäußert worden, daß eine erhöhte exogene Östrogenbelastung der Feten und heranwachsenden Knaben die Ursache dafür sein könnte.

Vor der Pubertät besteht eine weitere wichtige Funktion der Sertoli-Zellen darin, die primordialen Keimzellen daran zu hindern, in die Meiose einzutreten. Darüber hinaus bilden die Sertoli-Zellen einen Faktor, der die Rückbildung des Müller-Ganges in männlichen Feten verursacht (**Anti-Müller-Hormon**, **AMH**).

Ovar

Bei Abwesenheit des Testis determinig factor (TDF) entwickelt sich die Gonade zum Eierstock (Ovar). Im Gegensatz zum Hoden hängt die Entwicklung des Ovars davon ab, ob die Eierstockanlage von primordialen Keimzellen besiedelt wird. Ist dies nicht der Fall oder degenerieren sie (z. B. bei einer XO-Konstellation), so wird das Ovar nicht ausgebildet.

Die Entwicklung des Ovar verläuft langsamer als die des Hodens. Auch hier werden in der Markzone Zellstränge (primäre Keimstränge) ausgebildet, die jedoch nicht so deutlich hervortreten wie die des Hodens. Es entsteht im Bereich des Hilus ein Reteblastem, das eine netzförmige Ansammlung undifferenzierter Zellen darstellt und das Ovar mit der Urniere geweblich verbindet. Der Rindenbereich wird zunehmend breiter und dichter. Offenbar wandern vom Serosaepithel weitere Zellen ein und bilden die sekundären Keimstränge. Die in der Rinde gelegenen primordialen Geschlechtszellen vermehren sich sehr stark. Schließlich gelangen sie unter dem Einfluß eines im Rete ovarii gebildeten meiosestimulierenden Faktors in die Prophase der Meiose. Sie werden nun als **Oozyten** bezeichnet. Gefäßbindegewebe, das vom Mark aus einwandert, vervollständigt das im Kortex gelegene **Stroma ovarii**.

Über die Herkunft der **Follikelepithelzellen** bestehen immer noch kontroverse Auffassungen. Als Quellen dieser Zellen kommen die Urniere, das Zölomepithel oder eine Kombination von beiden in Betracht.

Die sich mitotisch teilenden primordialen Geschlechtszellen werden zu synchron proliferierenden **Oogonien**, die untereinander durch Zellbrücken verbunden sind.

Die Phasen der Oogenese (Ovogenese) im fetalen Ovar sind:

- Proliferationsphase
- Eintritt der Oozyten in die Prophase der Meiose
- Bildung von Primordialfollikeln

Die Proliferationsphase ist beim Menschen zum Zeitpunkt der Geburt abgeschlossen mit dem Ergebnis, daß etwa zwei Millionen Oogonien gebildet wurden. In der Fetalzeit, während die Vermehrung der Oogonien noch anhält, werden primäre Oozyten von Follikelzellen umgeben, wodurch **Primordialfollikel** entstehen. Schon vor der Geburt wird eine große Zahl von Primordialfollikeln zurückgebildet (**Atresie**). In den beiden Ovarien eines neugeborenen Mädchens sind noch einige hunderttausend Primordialfollikel vorhanden, von denen sich im fortpflanzungsfähigen Alter 450–500 zu reifen Bläschenfollikeln differenzieren. In der Mitte des Ovarialzyklus gelangt jeweils eine Eizelle durch den Eisprung (**Ovulation**) in die Tuba uterina. Bezüglich der Keimzellen besteht ein grundlegender Unterschied zwischen Hoden und Ovar darin, daß die Produktion männlicher Samenzellen aus einem Stammzellpool (Spermatogonien A) während des adulten Lebens andauert, während die Vermehrungsperiode der Eizellen bereits vor der Geburt abgeschlossen wird.

7.14.2 Geschlechtsgänge

Zwei mesodermale Schläuche und die Urniere liefern Material für die Geschlechtsgänge:

- **Wolff-Gang (Ductus mesonephricus)**
- **Müller-Gang (Ductus paramesonephricus)**
- **Tubuli der Urniere (Mesonephros)**

Ähnlich den Gonaden durchlaufen die Anlagen der Geschlechtsgänge zunächst ein indifferentes Stadium. Über die Entstehung und Entwicklung des Wolff-Ganges und der Urniere wurde im Abschnitt Harnorgane bereits berichtet. Der Müller-Gang ist dagegen eine Struktur, die ausschließlich für die Entwicklung der Genitalorgane von Bedeutung ist.

Müller-Gang (Ductus paramesonephricus)

Die Anlage des Müller-Ganges tritt zwischen dem 44. und 56. Tag der Entwicklung in Erscheinung. Er entsteht aus einer trichterförmigen Invagination des Serosaepithels, die in Höhe des dritten Brustsegments lateral vom Wolff-Gang entsteht. Die Trichterregion stellt die Anlage des späteren **Ostium abdominale tubae** dar. Das zunächst solide Blastem des Müller-Ganges wächst in enger Lagebeziehung zum Wolff-Gang in kaudaler Richtung aus und wird später kanalisiert. Beide Gänge werden für kurze Zeit von einer gemeinsamen Basalmembran umschlossen. Der kaudale Abschnitt des Müller-Ganges wendet sich nach medial und kreuzt den Wolff-Gang an dessen ventralem Umfang. Oberhalb des Sinus genitalis verlaufen die Müller-Gänge beider Seiten parallel und legen sich dicht aneinander. Diese Teile verschmelzen später zum unpaaren **Uterovaginalkanal**.

Männliche Geschlechtsgänge und Drüsen

Die Entwicklungsprozesse sind abhängig von Signalstoffen und Hormonen des fetalen Hodens. Die Sertoli-Zellen bilden das **Anti-Müller-Hormon** (**AMH**), ein Glykoprotein, das dem TGF-β eng verwandt ist. Unter dem Einfluß von AMH degeneriert der Müller-Gang bis auf Reste des kranialen und kaudalen Endabschnittes.

Das von den Leydig-Zellen des fetalen Hodens gebildete **Testosteron** erhält den Wolff-Gang und stimuliert sein weiteres Wachstum, obwohl die Urniere degeneriert. Der Wolff-Gang wird zum Samenleiter (**Ductus deferens**). In seinen hodennahen Abschnitt, der zum Nebenhodengang (**Ductus epididymidis**) wird, münden die **Ductuli efferentes**, die aus Urnierentubuli hervorgehen. Aus dem Endstück des Wolff-Ganges wächst die Anlage der **Samenbläschen** aus. Epithelknospen der Harnröhre differenzieren sich nach Interaktionen mit dem umgebenden Mesenchym zur **Prostata**. Die Entwicklung von Samenbläschen und Prostata ist testosteronabhängig, wobei den Mesenchymzellen in Folge der Expression von **Testosteronrezeptoren** eine induktive Rolle zukommen dürfte, die für die Entstehung des drüsenspezifischen Epithelmusters von Bedeutung ist. Das gilt auch für die Entwicklung der **Glandulae bulbourethrales** (**Cowper-Drüsen**), deren epitheliale Anlagen aus der Urethra stammen.

Experimentelle Kombinationen von Drüsenepithel normaler Mäuse mit Drüsenmesenchym von Mäusen, deren Zellen keinen Testosteronrezeptor exprimieren, führen nicht zur Entwicklung von Drüsen. Wird dagegen Drüsenmesenchym normaler Mäuse mit Drüsenepithel kombiniert, deren Zellen diesen Rezeptor nicht besitzen, so entwickeln sich normale Drüsen. Daraus kann gefolgert werden, daß das Drüsenmesenchym das Zielgewebe des Testosterons ist.

Weibliche Geschlechtsgänge

Bei weiblichen Feten, deren Gonaden kein Anti-Müller-Hormon und kein Testosteron bilden, degenerieren die Wolff-Gänge, während sich die Müller-Gänge weiter entwickeln. Ihre kranialen Abschnitte mit den offenen Trichtern werden zu den Eileitern (**Tubae uterinae**). Die kaudalen Abschnitte beider Gänge verschmelzen zum **Uterovaginalkanal**. Aus seinem oberen Teil entwickelt sich der Uterus, der über die paarigen Peritonealfalten (**Ligamenta lata uteri**) mit der seitlichen Körperwand in Verbindung bleibt. Das an das Epithel der Uterusanlage angrenzende Mesenchym entwickelt sich zur Lamina propria und Tunica muscularis. Die mesenchymalen Wandschichten interagieren mit dem Epithel.

An der Entwicklung der **Vagina** sind beteiligt:
- Sinus urogenitalis
- Müller-Gang
- Wolff-Gang
- ortsständiges Mesenchym

Die Müller-Gänge treffen bei ihrem Auswachsen auf den Sinus urogenitalis medial der Mündung des Wolff-Ganges. Die epitheliale Wand des Sinus urogenitalis verdickt sich in diesem Abschnitt zum Sinustuberculum (Müller-Hügel). Der Beitrag, den die verschiedenen Epithelformationen dazu liefern, ist zur Zeit noch unklar. Aus ihrem Material soll die zunächst solide **Vaginalplatte** (Bulbus sinuvaginalis) hervorgehen, die sich in Richtung auf den uterovaginalen Kanal ausdehnt und später ein Lumen ausbildet. Die Öffnung der Vagina in den Sinus urogenitalis bleibt zunächst durch ein scheibenförmiges Gewebe (**Hymen**) verschlossen.

7.14.3 Deszensus der Gonaden

Sowohl die Eierstöcke als auch die Hoden bleiben nicht in ihrem Anlagegebiet, sondern werden nach kaudal verlagert.

Descensus testis

Die Hoden, die in Höhe des ersten Lumbalwirbels entstehen, steigen aus ihrer intraabdominalen Lage in den Hodensack (**Skrotum**) ab. Dieser Deszensus führt zunächst dazu, daß die Hoden in das kleine Becken verlagert werden (**transabdominaler Deszensus**). Die zweite Phase, die erst kurz vor der Geburt abgeschlossen ist, wird als **transinguinaler Deszensus** bezeichnet. Sie führt zur Passage der Hoden durch den Leistenkanal in das Skrotum. Dieser Prozeß ist testosteronabhängig und an die Funktion des unteren Keimdrüsenbandes (**Gubernaculum testis**), geknüpft. Dieses geht aus dem kaudalen Abschnitt des Urnierenkörpers hervor, durchsetzt die Bauchwand im Bereich des Canalis inguinalis und zieht in die spätere Skrotalhöhle. Ventral vom Gubernaculum bildet sich eine trichterförmige Aussackung des Bauchfells (Processus vaginalis), die sich mit den übrigen Schichten der Bauchwand zum Skrotum hin fortsetzt. Der Hoden wandert hinter dem Bauchfell des Processus vaginalis abwärts. Nach erfolgtem Descensus testis obliteriert der Processus vaginalis üblicherweise bis auf einen kleinen Spaltraum, der als Periorchialhöhle den Hoden teilweise umgibt. Am Descensus testis ist möglicherweise auch **Choriongonadotropin** (**HCG**) steuernd beteiligt. Dies kann daraus geschlossen werden, daß HCG mit Erfolg zur Induktion eines Descensus testis eingesetzt wird.

Descensus ovarii

Auch das Ovar deszendiert transabdominal und wandert nach kaudal und lateral an die seitliche Wand des kleinen Beckens. Das **Gubernaculum ovarii** befestigt sich am Uteruskörper nahe der Tubenmündung. Sein kranialer Abschnitt wird zum **Lig. suspensorium ovarii**, sein kaudaler Abschnitt zum **Lig. teres uteri**. Es durchsetzt den Leistenkanal und endet im Labium majus.

7.14.4 Äußere Genitalorgane

In ihrer Entwicklung durchlaufen die äußeren Genitalorgane wie die inneren Geschlechtsorgane ein indifferentes Stadium. Sie entwickeln sich aus einem Komplex mesodermalen Gewebes, das die Kloake umgibt. Ab der neunten Woche differenzieren sie sich in geschlechtsspezifischer Weise.

Das Septum urorectale unterteilt die Kloake in den vorderen Sinus urogenitalis und den hinteren rektalen Abschnitt. Die Kloakenmembran reißt ein und es bilden sich das Ostium urogenitale und der Anus, wodurch der Sinus urogenitalis und der Darm mit der Amnionhöhle verbunden werden.

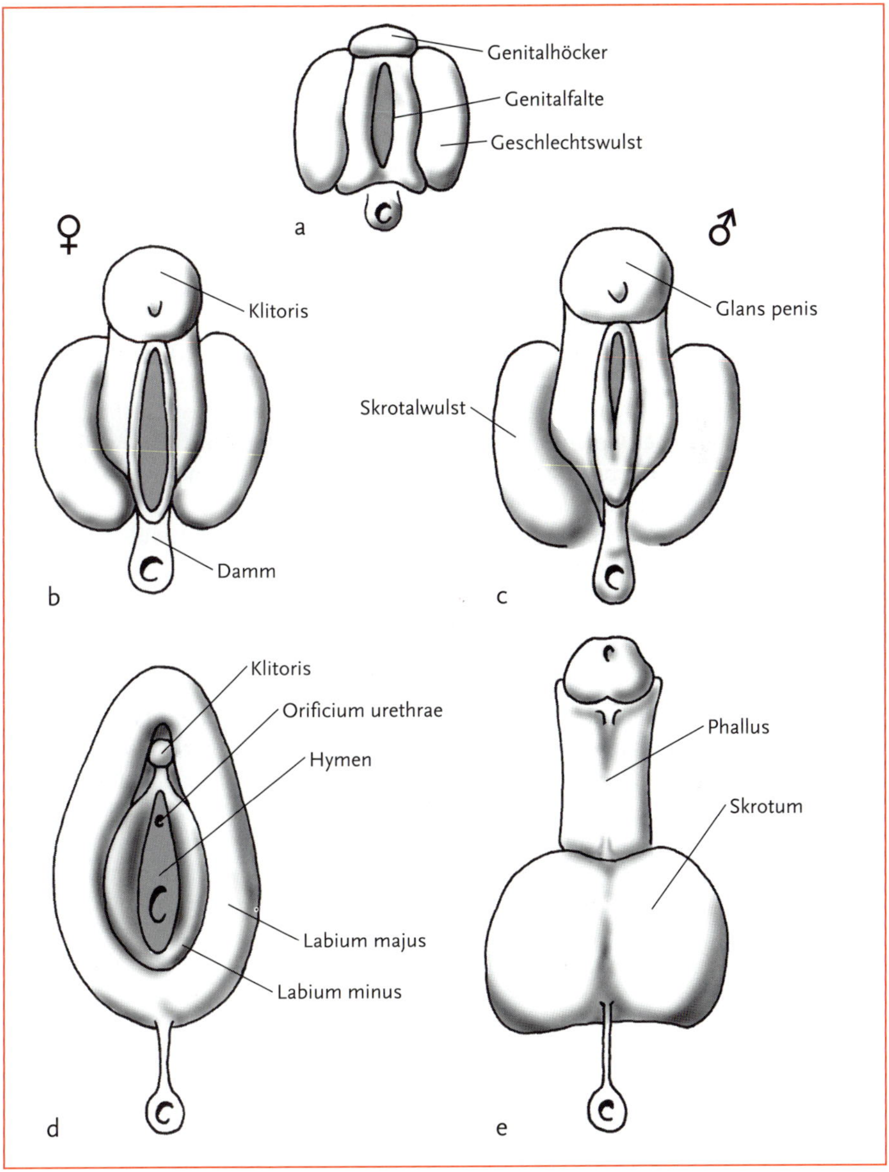

Abb. 79: Entwicklung der äußeren Genitalorgane: **a** indifferente bisexuelle Anlage bei einem sechs Wochen alten Embryo; **b, d** weibliche Ausprägung; **c, e** männliche Ausprägung

Um das Ostium urogenitale entstehen durch mesodermale Proliferationen Erhebungen, der ventral gelegene **Genitalhöcker** und die seitlichen **Genitalfalten**. Lateral von diesen entstehen die **Geschlechtswülste**.

Die Entwicklung der Genitalhöcker weist ähnliche Mechanismen auf wie das Auswachsen der Extremitätenknospen. Interaktionen zwischen Ektoderm und Mesoderm kontrollieren das Wachstum. Im Genitalhöcker und in der Extremitätenanlage besteht ein ***HOX*-Code**, der sich auch auf die Geschlechtswege erstreckt und deren regionalspezifische Entwicklung steuert.

Männliche äußere Geschlechtsorgane

Der Geschlechtshöcker wächst unter dem Einfluß von Testosteron zum **Phallus** aus und entwickelt sich zum **Penis**. Durch die Verschmelzung der Geschlechtsfalten schließt sich die Urogenitalspalte zur Harnsamenröhre. Die Geschlechtswülste (**Skrotalwülste**) vereinigen sich zum Skrotum.

Weibliche äußere Geschlechtsorgane

Wenn Testosteron fehlt, entwickelt sich aus dem Genitalhöcker die Klitoris. Die Genitalfalten werden zu den kleinen Schamlippen (**Labia minora**) und die Geschlechtswülste (**Labialwülste**) zu den großen Schamlippen (**Labia majora**). Der Sinus urogenitalis bleibt als Vestibulum offen. In ihn münden die Urethra und die Vagina. Die Urethra feminina geht aus dem proximalen Abschnitt des Sinus urogenitalis hervor und entspricht dem Prostataabschnitt der männlichen Harnröhre.

7.14.5 Fehlbildungen der Genitalorgane

Formen der Intersexualität

Turner-Syndrom

Dem Turner-Syndrom liegt die Geschlechtschromosomenkombination XO zugrunde. Die primordialen Keimzellen, die in die

Gonaden eingewandert sind, gehen zugrunde. Dies führt zu einer Degeneration der Ovarien. Die Geschlechtsorgane entwickeln sich dem weiblichen Phänotyp entsprechend, bleiben jedoch infantil. Es besteht eine primäre Amenorrhoe, die Mammae bleiben klein und die betroffenen Individuen erscheinen weiblich. Körpergröße und Intelligenz können herabgesetzt sein.

Echter Hermaphroditismus

Es handelt sich um eine äußerst selten vorkommende Zwitterbildung, bei der meistens ein 46,XX-Chromosomensatz vorliegt. In den Keimdrüsen findet man Hoden- und Ovargewebe (**Ovotestis**). Die äußeren Genitalorgane entsprechen meistens dem weiblichen Phänotyp bei vergrößerter Klitoris.

Weiblicher Hermaphroditismus

Diese Anomalie besteht bei einem Chromosomensatz von 46,XX. Die inneren Genitalorgane sind weiblich, während die äußeren maskulinisiert sind. Häufigste Ursache dieser Fehlbildung ist eine Nebennierenrindenhyperplasie mit kongenitaler Virilisierung (**adrenogenitales Syndrom**). Hyperplastische Nebennierenrinden bilden vermehrt männliche Sexualhormone.

Männlicher Hermaphroditismus

Es besteht der Chromosomensatz 46,XY. Bei dieser Form der Intersexualität produziert der fetale Hoden zu wenig Testosteron. Die Ausprägung des Phänotyps variiert.

Testikuläre Feminisierung

Hierbei stehen männlicher Genotypus und weiblicher Phänotypus in einem auffälligen Gegensatz. Bei diesem Fehlbildungsdefekt fehlt ein funktionierender Testosteronrezeptor. Da Anti-Müller-Hormon gebildet wird, fehlen Uterus und oberer Abschnitt der Vagina, die daher blind endigt. Morphologie und sexuelles Selbstverständnis sind eindeutig weiblich, woraus u. a. geschlossen werden kann, daß Testosteron auch für die (zerebrale) Entwicklung der geschlechtlichen Identität von Bedeutung ist.

Fehlbildungen der männlichen Genitalorgane

Hypospadie

Die Unterseite des Penis ist gespalten, die Urethra mithin nach unten offen. Der Spalt kann sich in das Skrotum fortsetzen. Ursache ist ein unvollständiger Verschluß der Geschlechtsfalten.

Epispadie

Bei dieser seltenen Fehlbildung mündet die Urethra auf die Dorsalseite des Penis.

Kryptorchismus

Störungen des Descensus testis kommen bei 3 % der Neugeborenen vor. Der Hoden kann in der Bauchhöhle oder im Leistenkanal liegen. Als Ursache wird eine ungenügende Androgenproduktion angenommen. Ist der Hoden nicht deszendiert, besteht die Gefahr der Sterilität.

Hodenektopie

Der Hoden kann sich beim Deszensus verirren und am Oberschenkel, in der Dammregion, an der Dorsalseite des Penis oder in der Bauchwand vor der Aponeurose des M. obliquus externus abdominis liegen.

Angeborener Leistenbruch

Wird der Processus vaginalis nicht zurückgebildet, der die Bauchhöhle mit der Serosa des Hodens verbindet, können Bauchorgane in das Skrotum übertreten.

Fehlbildungen der weiblichen Genitalorgane

Da sich der Uterus aus paarigen Anlagen (Müller-Gänge) entwickelt, führt ihre unvollständige Verschmelzung zu einem **Uterus duplex**. Ist nur der obere Teil des Uterus verdoppelt, so liegt ein **Uterus bicornis** vor. Beim **Uterus unicornis** ist nur ein Eileiter vorhanden.

Die Vagina kann bei einem Uterus duplex ebenfalls verdoppelt sein. Sehr selten ist eine **Agenesie** der Vagina, die darauf beruht, daß die epitheliale Vaginalplatte nicht angelegt wurde. Wird die Vaginalplatte nicht kanalisiert, so resultiert eine **Vaginalatresie**. Beim Hymen imperforatus wird kein Lumen zwischen dem Teil der Vagina ausgebildet, der aus den Müller-Gängen hervorgeht, und dem Teil, der aus dem Sinus urogenitalis hervorgeht.

> Die zunächst indifferente Gonadenanlage wird von primordialen Geschlechtszellen besiedelt. Die SRY-Region des Y-Chromosoms legt das männliche Geschlecht fest. Sie kodiert für einen hodendeterminierenden Faktor. Für die männliche Ausprägung der Geschlechtsorgane wird das von den Sertoli-Zellen gebildete Anti-Müller-Hormon sowie das Testosteron der Leydig-Zellen benötigt. Während die Vermehrungsperiode der männlichen Keimzellen beim Erwachsenen andauert, ist die der weiblichen Keimzellen bereits bei der Geburt abgeschlossen. Die Geschlechtswege, die dem Transport der Keimzellen dienen, werden beim männlichen Geschlecht aus dem Wolff-Gang und beim weiblichen Geschlecht aus dem Müller-Gang gebildet. Die äußeren Genitalorgane differenzieren sich aus dem Genitalhöcker, den Genitalfalten und den Genitalwülsten. Der Hoden deszendiert durch den Leistenkanal in das Skrotum.

7.15 Nebennieren

Die Nebennieren bestehen aus der Rinde, die sich aus dem **Zölomepithel** der dorsalen Bauchwand und **Urnierengewebe** differenziert, und dem Mark, das von **Neuralleistenzellen** gebildet wird, die aus dem thorakalen Neuralrohrabschnitt stammen.

Während des zweiten Monats wandern Zellen des Zölomepithels in das darunter gelegene Mesenchym zwischen der Wurzel des Mesenteriums und der Urnierenfalte ein. Sie proliferieren in der Nebennierenanlage, die in Höhe der Thoraxsegmente 6–12 liegt und bilden epitheliale Stränge. Diese schließen weite Kapillaren zwischen sich ein, die von den Urnierenarterien abzweigen. Die fetale Nebennierenrinde wird im letzten Drittel der Fetalzeit und nach der Geburt durch proliferierende Zellen ersetzt, die in einer zweiten Welle vom Zölomepithel aus in die Nebennierenrinde eingewandert sind und die definitive Rinde bilden. Das Wachstum der Zonae fasciculata und reticularis geht von der Zona glomerulosa aus. Diese beiden Schichten sind erst im 12. Lebensjahr ausdifferenziert.

Die einwandernden Neuralleistenzellen werden von Nervenfasern begleitet. Sie bilden zunächst einzelne Zellnester, die sich später zum zusammenhängenden Mark vereinigen, und differenzieren sich zu chromaffinen Zellen.

Die Nebennieren sind in der Fetalzeit verhältnismäßig groß. Postnatal verlieren sie durch Degeneration des fetalen Rindenbereichs an Größe und Gewicht.

Bei einer kongenitalen Nebennierenrindenhyperplasie tritt ein Pseudohermaphroditismus femininus auf. Es liegt ein genetischer Defekt von Enzymen vor, die für die Steroidhormonsynthese von Bedeutung sind. Der verminderte Hormonspiegel führt über eine erhöhte ACTH-Ausschüttung zu einer Überproduktion von Androgenen.

Kapitel 8

Kopf und Hals

Kopf und Hals entwickeln sich sehr früh unter dem Einfluß kopfinduzierender Gene wie ***goosecoid, lim-1*** oder ***otx-2***. Das Übergangsgebiet von Kopf und Hals ist der zuerst angelegte Körperabschnitt des Menschen überhaupt. Von hier aus wächst der Embryo appositionell sehr ausgeprägt nach kaudal, wodurch Hals, Brust, Lende und Sakralregion angelegt werden, und weniger stark nach rostral, wodurch der prächordale Kopfabschnitt entsteht.

Das Material, das zur Entwicklung von Kopf und Hals beiträgt, stammt aus folgenden Quellen:

- Neuralrohr und Neuralleiste
- Oberflächenektoderm
- Chorda dorsalis und prächordales Mesoderm
- Paraxiales Kopfmesoderm
- Seitenplattenmesoderm
- Somiten
- Entoderm des Kopfdarms

Der Kopfteil des Neuralrohrs erweitert sich zur Gehirnanlage, die im hinteren Abschnitt segmental gegliedert ist (**Rhombomerie**). Sie ist der am stärksten wachsende und formprägende Teil des embryonalen Kopfes. Die kraniale Neuralleiste bildet neben Nervenzellen, Schwann-Zellen und Pigmentzellen Binde- und Stützgewebe sowie glatte Muskulatur. Sie prägt sowohl die Gesichtszüge als auch das Skelett- und Muskelmuster.

Das Oberflächenektoderm interagiert bei der Entwicklung des Gesichtes sowie der Mund- bzw. Nasenhöhle mit dem Mesektoderm, das aus der Neuralleiste stammt. An einigen Stellen verdickt es sich zu Plakoden, die Nervenzellen bilden. Die Chorda dorsalis ist ein Organisator des Gehirns und des Kopfes. Das prächordale Mesoderm, das rostral von ihr liegt, liefert die Zellen für die äußeren Augenmuskeln.

Das paraxiale Kopfmesoderm schließt sich, von der Ohrblase unterbrochen, nach rostral an die Somiten an. Es wird im Gegensatz zu den Somiten nicht epithelial strukturiert. Einige Autoren postulieren eine Segmentation des paraxialen Kopfmesoderms in sieben Somitomere. Diese Auffassung wird von anderen Autoren nicht geteilt, da sich diese Somitomere nicht morphologisch charakterisieren oder markieren lassen. Insbesondere wird der somitische ***Hox***-Code im unsegmentierten paraxialen präotischen Kopfmesoderm nicht exprimiert. Das paraxiale Kopfmesoderm liefert Skelettmuskulatur, Knochengewebe, Gefäßendothelien und Bindegewebe.

Aus dem Seitenplattenmesoderm bilden sich wahrscheinlich Ring-, Stell- und Trachealknorpel mit angrenzendem Bindegewebe. Auch die Dermis im ventrolateralen Umfang des Halses soll ein Derivat des Seitenplattenmesoderms sein.

Die Sklerotome der kranialen $4^1/_2$ Somiten fusionieren zum Os basioccipitale und bilden damit einen knöchernen Ring, der das Foramen occipitale magnum umgibt. Aus ihren Dermomyotomen entwickelt sich Muskulatur der Zunge, des äußeren und inneren Kehlkopfs und des Nackens. Die kaudal anschließenden Somiten liefern das Anlagematerial für die Halswirbelsäule, die Muskulatur des Nackens und Halses und für die Dermis im Nackenbereich.

Das Entoderm bildet die Auskleidung des Pharynx und der Pharyngealtaschen.

8.1 Pharyngealbögen

In der seitlichen Kopf-Hals-Region entwickeln sich in der vierten Woche in rostrokaudaler Folge vier deutlich sichtbare Pharyngeal- oder Schlundbögen. Zwischen ihnen liegen außen die ektodermalen Pharyngeal- bzw. Schlundfurchen und innen die entodermalen Pharyngeal- bzw. Schlundtaschen. Kaudal schließen sich zwei weitere Pharyngealbögen an, die jedoch rudimentär ausgebildet sind und keine äußeren Vorwölbungen hervorrufen.

Jeder Pharyngealbogen besteht aus einer epithelialen Hülle und einem mesenchymalen Kern. Das Epithel wird innen mit Ausnahme des ersten Bogens vom Entoderm und außen vom Ektoderm gebildet. Das Mesenchym stammt aus zwei Quellen, der Neuralleiste und dem paraxialen Kopfmesoderm. Letzteres differenziert sich zu Skelettmuskulatur und Gefäßendothel, während die Neuralleistenzellen sich zu Knorpel- bzw. Knochen, glatten Muskeln und Bindegewebszellen differenzieren. Auch das intramuskuläre Bindegewebe, das für die Ausprägung der individuellen Muskelform verantwortlich ist, entstammt der Neuralleiste. Die aus der Neuralleiste hervorgehenden glatten Muskelzellen bilden die Media der Blutgefäße. Die Entwicklung von Haaren, Drüsen und Zähnen wird durch Interaktion zwischen dem Oberflächenepithel und dem darunter gelegenen mesektodermalen Mesenchym gesteuert.

In jedem Bogen liegen:

- ein Skelettelement
- ein Nerv
- eine Arterie
- Myoblasten
- Bindegewebe

Die Arterien der Pharyngealbögen spielen bei der Entwicklung der großen herznahen Arterien eine wichtige Rolle *(siehe Abb. 14, und Abb. 35)*.

8.1.1
1. Pharyngealbogen

Der 1. Pharyngealbogen unterscheidet sich von den übrigen dadurch, daß in seinem Bereich die Mundöffnung, das **Stomatodeum**, liegt. Dadurch ist er auch innen von Ektoderm überzogen und in zwei Abschnitte unterteilt, einen **Oberkieferwulst** und einen **Unterkieferwulst**.

Die Oberkieferwülste wachsen aufeinander zu und bilden mit dem dazwischenliegenden Anlagematerial der medialen Nasenwülste die Oberlippe, das Philtrum, den Zwischenkiefer, den Oberkiefer und den primären Gaumen. Zugehöriger Nerv ist der N. maxillaris. Der **Mandibularbogen** begrenzt die Mundbucht nach unten und bildet die Unterlippe, den Meckel-Knorpel und die **Kaumuskulatur**. Der zugehörige Nerv ist der N. mandibularis. Der ventrale Abschnitt des Meckel-Knorpels degeneriert. Nur die Knorpelhaut bleibt erhalten und differenziert sich zum Lig. anterius mallei und Lig. sphenomandibulare. In enger Nachbarschaft zum Meckel-Knorpel entwickelt sich wie ein Baumschwamm auf einem Baum die **Mandibula** durch desmale Osteogenese. Der dorsale Abschnitt des Meckel-Knorpels bildet zwei Gehörknöchelchen, den **Malleus** und den **Incus**.

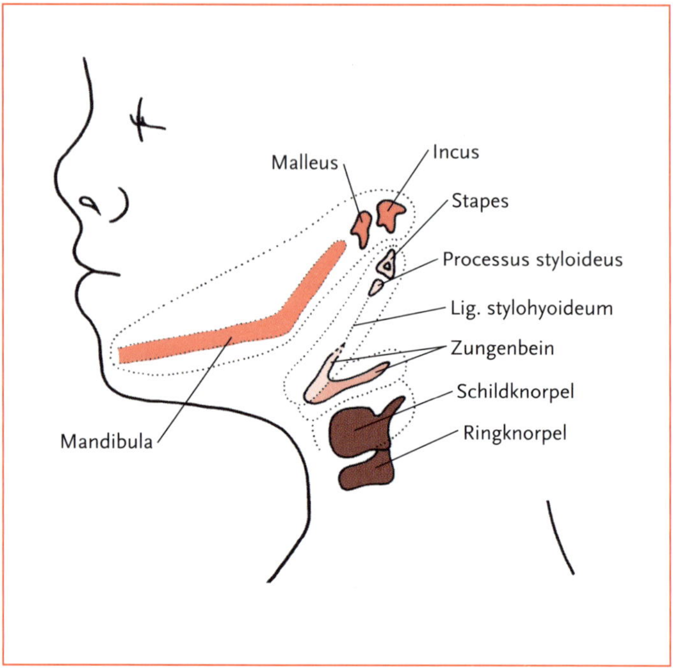

Abb. 80: Skelettstücke, die aus den Pharyngealbögen hervorgehen

8.1.2 2. Pharyngealbogen

Der 2. Pharyngealbogen wird auch **Hyalbogen** genannt. Er enthält den N. facialis und das Anlagematerial für die mimische Muskulatur. Sein Skelettstück ist der **Reichert-Knorpel**, aus dem **Stapes**, **Processus styloideus** und Teile des **Zungenbeins** (Cornu minus, kranialer Abschnitt des Corpus) und das **Lig. stylohyoideum** hervorgehen.

8.1.3 3. Pharyngealbogen

Dem 3. Pharyngealbogen ist der N. glossopharyngeus zugeordnet. Seine Skelettderivate sind der kaudale Teil des **Zungenbeinkörpers** und die Cornua majora. Seine Myoblasten bilden den **M. stylopharyngeus**.

8.1.4
4. bis 6. Pharyngealbogen

Die Derivate des 4. bis 6. Pharyngealbogens sind nicht in allen Einzelheiten bekannt. Dem vierten Bogen wird der N. laryngeus superior, dem sechsten der N. laryngeus recurrens zugeordnet. Dem fünften Bogen kann bei höheren Vertebraten kein Nerv eindeutig zugeordnet werden. Aus den kaudalen Pharyngealbögen gehen höchst wahrscheinlich **Schildknorpel** und möglicherweise **Stellknorpel** sowie das **Lig. vocale** hervor. Auch Anteile der **Pharynx- und Larynxmuskulatur** gelten als Derivate dieser Bögen.

8.2
Beziehungen zwischen Pharyngealbögen, Rhombomeren und HOX-Genen

Die kraniale Neuralleiste proliferiert sehr stark und bildet eine bedeutende Menge an Kopfmesenchym, das auch die Pharyngealbögen füllt. Dieses Mesenchym kontrolliert die Gesichtsentwicklung sowie die Anordnung von Muskeln, Nerven und Blutgefäßen.

Wird einem Hühnerembryo anstatt der Hyalbogenneuralleiste Neuralleiste des Mandibularbogens implantiert, die zuvor einem Wachtelembryo entnommen wurde, so entwickeln sich aus dem Transplantat in Höhe des Hyalbogens typische Mandibularbogenderivate. Das zeigt, daß die Neuralleistenzellen in diesem Bereich für die Musterbildung der einzelnen Pharyngealbögen verantwortlich sind.

Die Gehirnanlage weist im Bereich des Rhombenzephalons segmentale Anschwellungen (Rhombomere) auf. Die Neuralleistenzellen, die aus ihnen hervorgehen, sind durch eine Segmentidentität geprägt, die sie auf ihren zum Teil langen Wanderungswegen nicht verlieren. So bilden beispielsweise die aus den Rhombomeren 1 und 2 stammenden Neuralleistenzellen das Mesenchym des ersten Pharyngealbogens. Das Mesenchym des zweiten Pharyngealbogens kommt aus Rhombomere 4. Die Rhombomeren 6–8 liefern die kardialen Neuralleistenzellen. Aus den Rhombomeren 3 und 5 gehen keine Neuralleistenzellen hervor, weil die meisten durch Apoptose absterben. Dies führt zu einer deutlicheren Abgrenzung und Trennung der drei Ströme rhombenzephaler Neuralleistenzellen. Die regionale Identität der Rhombomere und der aus ihnen hervorgehenden Neuralleistenzellen wird durch die Expression von Genen der ***HOXB*-Familie** festgelegt:

- ***HOXB-2*** – Rhombomere 8–3
- ***HOXB-1*** – Rhombomere 4
- ***HOXB-3*** – Rhombomere 8–5
- ***HOXB-4*** – Rhombomere 8–7

Diese *HOX*-Gene werden auch im angrenzenden Oberflächenektoderm exprimiert.

8.3 Pharyngealfurchen

Unter den Pharyngeal- oder Schlundfurchen versteht man die ektodermalen Einkerbungen, die die Pharyngealbögen trennen. Sie grenzen direkt an das Entoderm der Pharyngealtaschen und bilden mit diesen die pharyngealen Verschlußmembranen. Mit Ausnahme der ersten Verschlußmembran, die sich zum Trommelfell entwickelt, entfernen sich bei den anderen Ektoderm und Entoderm im Lauf der späteren Entwicklung wieder voneinander.

Die erste Pharyngealfurche, die Mandibular- und Hyalbogen trennt, liefert das Epithel des äußeren Gehörgangs. Alle übrigen Pharyngealfurchen sowie der 3. und 4. Pharyngealbogen werden von einem Fortsatz des Hyalbogens überlagert, wodurch vorübergehend ein von Ektoderm begrenzter Spaltraum (**Sinus cervicalis**) entsteht, der später verschwindet.

8.4 Gesicht

Das Gesicht eines vier Wochen alten Embryos zeigt zentral die primitive Mundbucht (**Stomatodeum**) und fünf Wülste, die sie begrenzen:

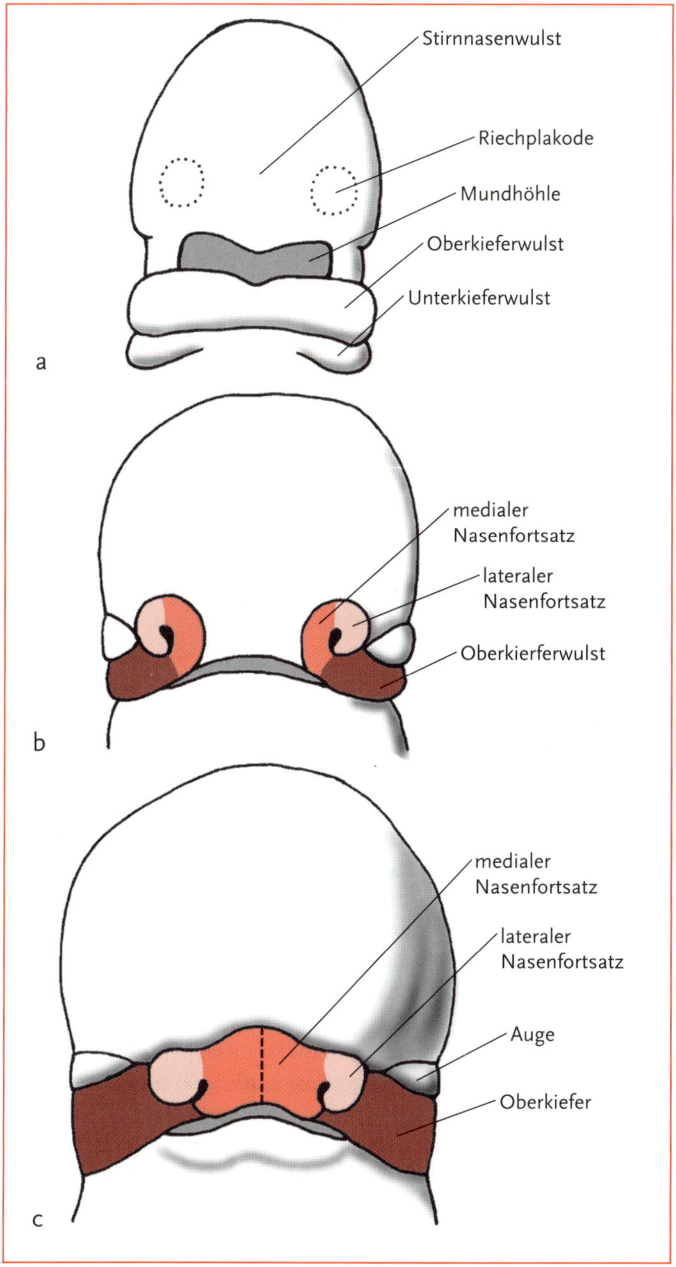

Abb. 81 a-c: Gesichtsentwicklung: **a** vier Wochen, **b** fünf Wochen, **c** sieben Wochen.

Abb. 81 d: Gesichtsentwicklung: acht Wochen.

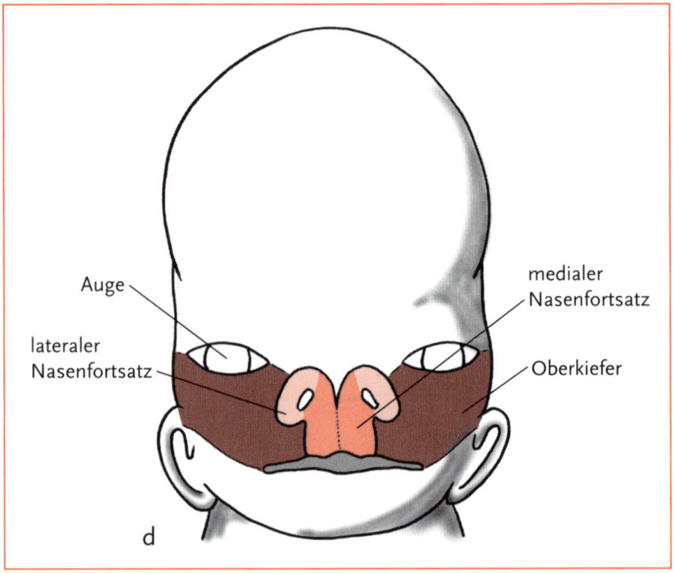

- den unpaaren Stirn- bzw. Stirnnasenwulst
- die paarigen Oberkieferwülste
- die paarigen Unterkieferwülste

Diese Wülste bestehen aus Ektoderm und Mesenchym, das der Neuralleiste entstammt. Beim fünf Wochen alten Embryo entwickeln sich auf beiden Seiten im unteren Abschnitt der Stirnwülste die **Riechgruben** aus ektodermalen Verdickungen, den **Riechplakoden**. Aus den Riechplakoden entwickelt sich das Sinnesepithel der **Regio olfactoria**. Sie werden von einem hufeisenförmigen, nach unten offenen Wulst begrenzt. Sein lateraler Teil bildet den lateralen Nasenwulst. Bei der weiteren Gesichtsentwicklung wandern die zunächst lateral gelegenen Anlagematerialien nach medial. Dadurch werden die Nasenanlage medialisiert und die Augen frontalisiert. Die Furche zwischen dem lateralen Nasenwulst und dem Oberkieferwulst wird zur Tränennasenrinne (**Sulcus nasolacrimalis**) und ist das Anlagematerial des Tränennasenganges und Tränensackes.

In der sechsten und siebten Woche vereinigen sich die Nasenwülste miteinander und mit dem Oberkieferwulst. Aus den vereinigten medialen Nasenwülsten geht der mittlere Teil der Oberlippe (Philtrum), das Nasenseptum und der Zwischenkiefer hervor. Die seitlichen Nasenfortsätze bilden die Nasenflügel, das Nasenbein und das Tränenbein. Derivate des Oberkieferwulstes sind das angrenzende Hautgebiet bis zum Auge, das Jochbein, der Oberkiefer sowie der seitliche Teil der Oberlippe. Unterkiefer und Unterlippe entwickeln sich aus dem Mandibularbogen. Der Hyalbogen liefert die Myoblasten, die sich nach ausgedehnter Wanderung im Gesicht zur mimischen Muskulatur anordnen. Das Muskelmuster wird vom mesektodermalen Mesenchym des 1. Pharyngealbogens gesteuert.

Experimente an Vogelembryonen haben gezeigt, daß das Ektoderm des Stirnnasenwulstes den Neuralfalten des Vorderhirns entstammt, während das Ektoderm der Oberkieferwülste und des Mandibularbogens aus dem Bereich hervorgeht, der lateral von der Vorderhirnanlage gelegen ist. Das Wachstum der Gesichtswülste wird durch einen ähnlichen Mechanismus gesteuert wie das der Extremitätenanlagen. Nach Kombinationen von Mesenchymanteilen des Gesichtswulstes mit AER der Extremitätenknospen bleibt die signalgebende Funktion der Randleiste erhalten. Umgekehrte Kombinationen von Ektoderm der Gesichtswülste mit Mesoderm der Extremitätenknospe führen zur Extremitätenentwicklung. Die Expressionsmuster von ***msx-1*** und ***msx-2*** in den Gesichtswülsten ähneln denen der Extremitätenanlagen, der Zähne und Federkeime. Diese Gene werden im Mesenchym ektomesenchymaler Organanlagen exprimiert.

8.5 Nasenhöhle

Die definitive Nasenhöhle setzt sich aus der primären Nasenhöhle und einem Teil der primären Mundhöhle zusammen. Ihre Entwicklung ist das Ergebnis eines Dialogs zwischen dem Oberflächenektoderm und dem darunter liegenden Mesenchym aus der Neuralleiste. Die Nasenplakode senkt sich zur Riechgrube ein, die sich im weiteren Verlauf zur **primären Nasenhöhle** vertieft. An ihrer medialen Wand verdickt sich das Epithel zur Anlage des **Organum vomeronasale (Jacobson-Organ)**. Diese Organanlage, aus der sich bei verschiedenen Säugern ein zusätzliches Riechfeld differenziert, wird beim Menschen zurückgebildet.

Die schlauchförmige primäre Nasenhöhle erreicht schließlich das Dach der primären Mundhöhle. Das Gewebsmassiv, das vorn zwischen primärer Mund- und Nasenhöhle liegt, wird als primärer Nasenboden oder primärer Gaumen bezeichnet. Die hinten gelegene dünne Scheidewand ist die **Choanalmembran**. Sie reißt in der siebten Woche ein, was zu einer Verbindung von Nasenhöhle und Mundhöhle hinter dem primären Gaumen führt (**primitive Choane**). Der hintere Abschnitt der Nasenhöhle grenzt sich durch die Bildung des sekundären Gaumens von der primären Mundhöhle ab und wird durch das vom Nasenhöhlendach herabwachsende Septum nasi in eine rechte und linke Höhle unterteilt.

8.6 Gaumen

Der Gaumen geht aus zwei Anlagen hervor: dem primären und dem sekundären Gaumen. Seine Entwicklung beginnt in der fünften Woche und ist in der zwölften Woche abgeschlossen. Der **primäre Gaumen** ist ein Derivat der medialen Nasenwülste, die sich keilförmig zwischen die Oberkieferwülste schieben. Aus ihnen entwickelt sich das **Os incisivum** mit den vier oberen Schneidezähnen als prämaxilläres Segment. Der **sekundäre Gaumen** geht aus paarigen Gaumenfortsätzen hervor, die vom inne-

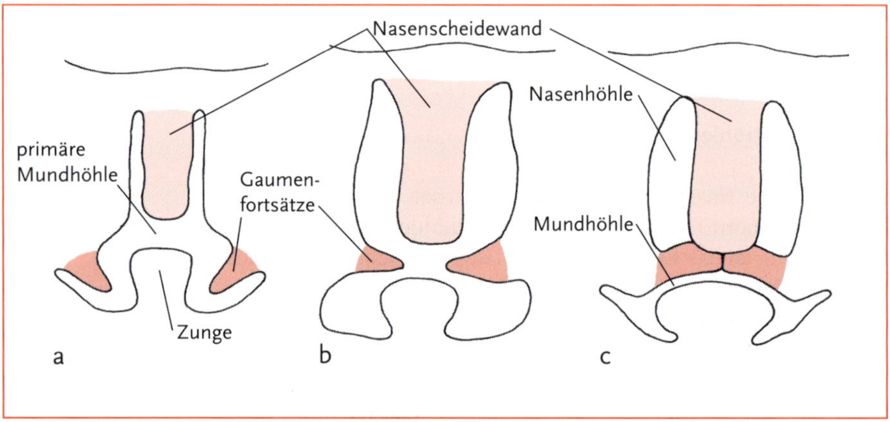

Abb. 82: Bildung des sekundären Gaumens. Die paarigen Gaumenfortsätze richten sich auf **(a)**, nähern sich der Mittellinie **(b)** und fusionieren miteinander und mit der Nasenscheidenwand **(c)**.

ren, kaudal vom primären Gaumen gelegenen Umfang der Oberkieferwülste herabwachsen und zuerst mit ihren freien Kanten beiderseits neben der Zunge liegen. Die Gaumenfortsätze richten sich dann auf, wobei sie horizontal ausgerichtet werden. Sie wachsen aufeinander zu und fusionieren. Die Positionsänderung der Gaumenfortsätze erfolgt sehr schnell als Folge einer lokal vermehrten Wassereinlagerung. Die Gaumenfortsätze verwachsen mit dem primären Gaumen sowie dem Nasenseptum.

8.6.1 Mechanismen der Fusion des sekundären Gaumens

Beim Verschluß des Gaumens kann man mehrere Teilprozesse unterscheiden:

- Wachstum und Aufrichtung der Gaumenfortsätze
- Erkennung und Haftung der Epithelzellen
- Bildung einer epithelialen Naht
- Abbau der epithelialen Naht
- Ausbildung einer mesenchymalen Brücke

Die Gaumenfortsätze vergrößern sich infolge einer Proliferation von Epithel- und Mesenchymzellen sowie durch die Sekretion extrazellulärer Matrix. Die Aufrichtung der Gaumenfalten aus der vertikalen in die horizontale Position wird durch eine Zunahme des Hydratationsgrades der extrazellulären Matrix bewirkt. Diese kommt durch eine erhöhte Produktion von **Hyaluronsäure** zustande und wird durch **TGF-β** und **EGF** gesteuert.

Die Erkennung und Verklebung der Epithelzellen an der Oberfläche beider Gaumenfortsätze kommt durch eine lokal verstärkte Expression bestimmter **Zelladhäsionsmoleküle** zustande. Die epitheliale Naht wird durch die Ausbildung von Desmosomen verfestigt.

Für den Abbau des epithelialen Nahtmaterials werden zwei Mechanismen diskutiert:

- Zelluntergang durch Apoptose
- epitheliomesenchymale Transformation mit Auswanderung der Zellen

Die in den letzten Jahren gewonnenen Untersuchungsergebnisse sprechen eher für die zweite Möglichkeit, ohne die erste völlig ausschließen zu können.

Das zeitlich und örtlich koordinierte Ineinandergreifen der unterschiedlichen Teilprozesse setzt ein komplexes Signalnetzwerk voraus. Wachstumsfaktoren der TGF-β-Superfamilie sind daran beteiligt. So weisen Mausmutanten mit inaktiviertem ***TGF*-β*3*** oder ***Aktivin* β*3*** Gaumenspalten auf. Lokale Störungen der Proliferation können ebenfalls zu Gaumenspalten führen.

8.7 Zunge

Zu Beginn der sechsten Entwicklungswoche besteht der Mundboden aus den Pharyngealbögen und dazwischen liegenden unpaaren Vorwölbungen. Zwischen den Mandibularbögen erhebt sich der pyramidenförmige **mediane Zungenwulst** (**Tuberculum impar**), dessen Basis an einen Wulst grenzt, der zwischen den Hyalbögen liegt, die **Copula**. Zwischen diesen beiden Wülsten wächst die epitheliale **Schilddrüsenanlage** in die Tiefe. Die Abschnitte der Mandibularbögen, die an den medianen Zungenwulst angrenzen, verdicken sich zu den **seitlichen Zungenwülsten**. Diese wachsen sehr stark, überlagern den medianen Zungenwulst und verschmelzen in der Mittellinie miteinander. So entstehen aus Strukturen des Mandibularbogens die vorderen zwei Drittel der Zunge, wobei Oberflächenektoderm und Mesenchym der Neuralleiste miteinander interagieren. Der spätere

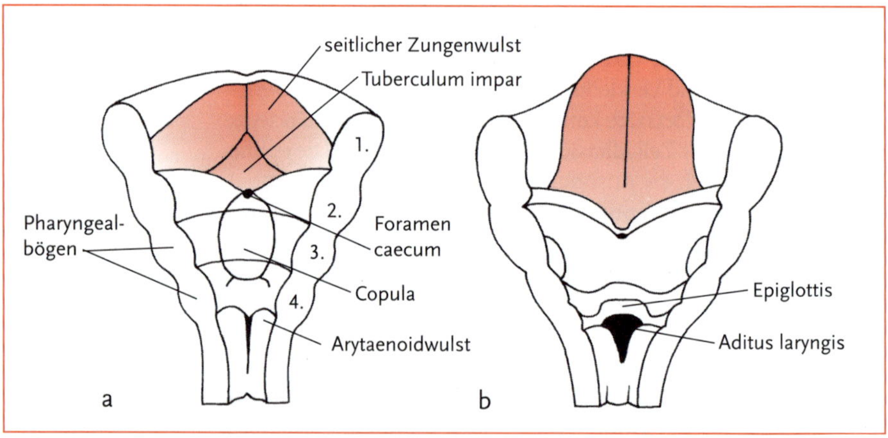

Abb. 83: Entwicklung der Zunge und des Kehlkopfes. Die Anlage des Zungenkörpers ist rot dargestellt.

Zungengrund entstammt der Copula, die dem Hyalbogen angehört. Man geht davon aus, daß auch Mesenchym des 3. Pharyngealbogens an der Entwicklung des Zungengrundes beteiligt ist. In die Zungenanlage wandern Myoblasten ein, die aus den Dermomyotomen der Okzipitalsomiten stammen. Sie exprimieren den ***c-met***-Rezeptor, dessen Ligand, der **Hepatozytenwachstumsfaktor/Scatter factor (HGF/SF)**, vom Zungenmesenchym gebildet wird. Innerhalb der Zungenanlage differenzieren sich diese Zellen nach vorausgegangener Proliferation.

Das Mesenchym des Kopfes stammt aus der Neuralleiste, dem paraxialen und dem prächordalen Mesoderm. Die Grenze zwischen Kopf und Hals liegt im Niveau des 5. Somiten. Die seitliche Kopf-Hals-Region bildet Pharyngealbögen. Die Bögen enthalten einen Nerven, eine Arterie sowie Anlagematerial für Skelettstücke, Bindegewebe und Muskeln. Die als Rhombomere bezeichneten Segmente des Rhombenzephalons werden durch *Hox*-Gene regionalisiert und liefern das Mesektoderm für die Pharyngealbögen. Zwischen den ersten vier Pharyngealbögen, die äußerlich abgrenzbar sind, liegen drei Pharyngealfurchen. Das Gesicht wird aus den paarigen Oberkiefer- und Unterkieferwülsten sowie dem unpaaren Stirnnasenwulst gebildet. Die Nasenhöhlen setzen sich aus den schlauchförmigen primären Nasenhöhlen, die sich vom Oberflächenektoderm aus einsenken, und einem Teil der Mundhöhle zusammen. Der definitive Gaumen wird aus zwei Anteilen gebildet, dem primären und dem sekundären Gaumen. Letzterer geht aus paarigen Gaumenfortsätzen hervor, die sich aufrichten und dann miteinander verschmelzen. Die Zunge entsteht am Boden der primären Mundhöhle aus Wülsten des 1.-3. Pharyngealbogens. Sie wird von Myoblasten besiedelt, die den okzipitalen Somiten entstammen.

8.8 Zähne

Die Entwicklung der Zähne ist das Resultat sehr enger Interaktionen zwischen dem Oberflächenektoderm, das die **Zahnleiste** bildet, und dem angrenzenden Mesenchym, das aus der Neuralleiste stammt. Das erste morphologisch nachweisbare Anzeichen der Zahnentwicklung sind ektodermale Leisten, die parallel zu den Lippenrändern verlaufen und bei fünf Wochen alten Embryonen in das Mesenchym der Ober- und Unterkieferanlage

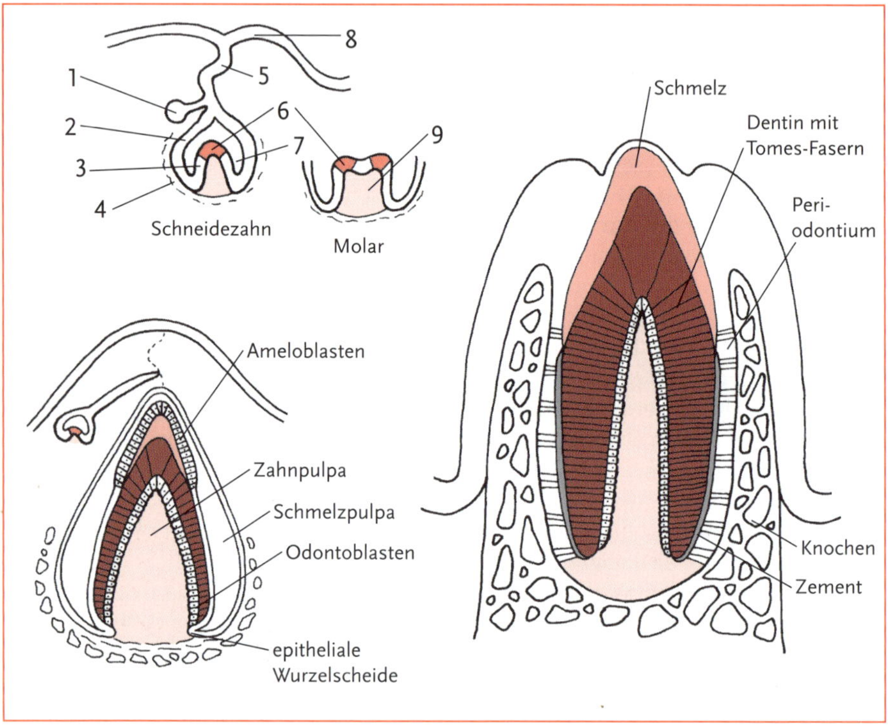

Abb. 84: Zahnentwicklung: **1** Ersatzzahnleiste, **2** äußeres Schmelzepithel, **3** inneres Schmelzepithel, **4** Zahnsäckchen, **5** Zahnleiste, **6** Schmelzknoten, **7** Schmelzpulpa, **8** Oberflächenektoderm der Mundhöhle, **9** Zahnpapille.

einwachsen. Der freie Rand dieser Zahnleisten verdickt sich in beiden Kiefern auf jeder Seite von mesial nach distal fortschreitend zu je fünf **Zahnknospen**. Daneben entsteht die **Ersatzzahnleiste**, aus der die Anlagen der bleibenden Zähne hervorgehen.

Aus der ektodermalen Zahnknospe entwickeln sich die **Zahnglocke** mit dem **inneren** und **äußeren Schmelzepithel** sowie dem dazwischen gelegenen retikulären Mesenchym der **Schmelzpulpa**. Das umgebende Mesenchym verdichtet sich zum Zahnsäckchen. Das Mesenchym im Inneren der Zahnanlage (**Zahnpapille**) entwickelt sich zur Zahnpulpa. Die Zahnglocke stellt gleichsam die Gußform des späteren Zahnes dar. Die Zellen des inneren Schmelzepithels differenzieren sich zu schmelzbildenden Zellen (**Ameloblasten**) und die oberflächlichen Mesenchymzellen der Zahnpapille zu dentinbildenden **Odontoblasten**.

Wird Zahnleistenektoderm mit nichtzahnbildendem Mesenchym der Neuralleiste kombiniert, so gewinnt das Mesenchym die Fähigkeit, Odontoblasten zu bilden. Werden beide Anteile in einem späteren Stadium getrennt und neu kombiniert, bestimmt dagegen der mesenchymale Anteil die Form des Zahns. Wird beispielsweise Zahnpulpa (Zahnpapille) von Ratten mit Ektoderm vom Stomodaeum des Hühnchens kombiniert, so entstehen Zähne.

8.8.1 Signale und Transkriptionsfaktoren der Zahnentwicklung

In Mausmutanten, bei denen die Gene ***msx-1*** und ***lef-1*** inaktiviert sind, entwickeln sich die Zahnanlagen nicht über das Knospenstadium hinaus. Msx-1 ist ein Transkriptionsfaktor, der eine Homöodomäne enthält und im Mesenchym exprimiert wird. In-vitro-Untersuchungen haben gezeigt, daß **BMP-2** und **BMP-4** die Expression von ***msx-1*** hochregulieren. Den gleichen Effekt haben **FGF-2**, **FGF-4** und **FGF-8**. ***Lef-1*** wird im Epithel exprimiert und kontrolliert ein Signal, das für die Determination des Mesenchyms benötigt wird. An der Spitze des inneren Schmelzepithels im sogenannten **primären Schmelzknoten** bilden Zellen, die ihre Teilungsfähigkeit verloren haben, Signalstoffe, die für die Zahnentwicklung im Knospen- und Glockenstadium von großer Bedeutung sind. Dazu gehören **FGF-4**, **BMP-2**, **BMP-4**, **BMP-7** und **Sonic hedgehog (Shh)**. Wenn diese Signale nicht mehr benötigt werden, gehen die Zellen zugrunde.

Neben den primären Schmelzknoten kommen im Bereich der späteren Kronenhöcker **sekundäre Schmelzknoten** vor, die für die Morphogenese der Molaren und Prämolaren von Bedeutung sind. Die Schmelzknoten sind Steuerungszentren der Zahnentwicklung und ähneln in ihren signalgebenden Funktionen der ektodermalen Randleiste (AER), die das Wachstum der Extremitätenanlagen kontrolliert und deren Zellen ebenfalls später zugrunde gehen.

Neuere Untersuchungen haben ergeben, daß Mausmutanten mit inaktiviertem ***Pax-9***-Gen zahnlos bleiben. Die Expression von ***Pax-9*** wird im Mesenchym der Zahnanlage durch die FGFs der Schmelzknoten angeschaltet.

Dentin

Die nicht mehr teilungsfähigen Odontoblasten sind dicht nebeneinanderliegende polarisierte Zellen, die an der Grenze zum inneren Schmelzepithel mit der Sekretion von Prädentin beginnen. Prädentin ist eine extrazelluläre Matrix, die zunächst noch nicht mineralisiert ist und Kollagen, Glykosaminglykane und Glykoproteine enthält. Es wird durch die Einlagerung von Apatitkristallen mineralisiert, wobei die kollagenen Fibrillen als Leitstrukturen dienen. Mit fortschreitender Dentinbildung entfernen sich die Zellkörper der Odontoblasten vom Schmelz. Dünne Fortsätze dieser Zellen, die **Odontoblastenfortsätze** oder **Tomes-Fasern**, bleiben innerhalb des Dentins liegen. Die Fähigkeit zur Dentinbildung bleibt beim Erwachsenen erhalten.

Schmelz

Die Zellen des inneren Schmelzepithels differenzieren sich zu Ameloblasten (Adamantoblasten), die ihre Teilungsfähigkeit verlieren. Diese hochprismatischen Zellen beginnen mit der Sekretion von strangförmigen **Schmelzprismen**, die später mineralisiert werden und appositionell von der Dentin-Schmelz-Grenze gegen die Oberfläche wachsen. Dabei werden die Ameloblasten zunehmend nach außen verlagert. Die Schmelzschicht enthält keine Zellfortsätze und kann nicht nachgebildet werden, da die Ameloblasten zugrunde gehen. An der Schmelzbildung sind zwei Proteinklassen beteiligt: Amelogenin und Enamelin. Die Gene von Enamelin, das zuerst gebildet wird, sind beim Menschen auf den Chromosomen X und Y lokalisiert.

Zahnwurzel

Die Wurzeln werden erst dann gebildet, wenn die Krone weitgehend entwickelt und mineralisiert ist.

Wir können drei Schichten unterscheiden:

- Wurzeldentin
- Zement
- Halteapparat

Äußeres und inneres Schmelzepithel legen sich aneinander und bilden die epitheliale Wurzelscheide, die die Bildung des **Wurzeldentins** induziert. Nachdem sich diese Wurzelscheide aufgelöst hat, differenzieren sich Zellen des Zahnsäckchens zu **Zementoblasten** und scheiden eine Matrix ab, die der des geflechtartigen Knochengewebes ähnelt (**Zement**). Auf der Seite des Zahnsäckchens, das den Zementoblasten gegenüberliegt, differenzieren sich mesektodermale Zellen zu Osteoblasten, die den Processus alveolaris des Ober- und Unterkiefers bilden. Aus der mittleren Schicht des Zahnsäckchens geht das **Periodontium** (Desmodontium) hervor. Seine kollagenen Fasern (Sharpey-Fasern) sind sowohl im Zement wie auch im Alveolarknochen befestigt und halten den Zahn.

8.8.2 Zahndurchbruch und Zahnwechsel

Am frühesten brechen die Schneidezähne des Unterkiefers durch. Am Ende des zweiten Lebensjahres sind alle 20 Milchzähne vorhanden. Wann die Zähne durchbrechen, hängt vom Wachstum der Wurzel ab. Schmelzepithel und Gingivalepithel verbinden sich zum Saumepithel, das den Zahnhals umschließt. Nach dem sechsten Lebensjahr werden die Wurzeln der Milchzähne resorbiert und der Zahnwechsel beginnt. Die wachsenden bleibenden Zähne schieben die Kronen der Milchzähne heraus. Die achsengerechte Stellung der Zähne ist für ihren Durchbruch von großer Bedeutung. Mit Ausnahme des dritten Molaren sind die übrigen bleibenden Zähne in der Regel am Ende des 12. Lebensjahres vorhanden. Die bleibenden Mahlzähne haben im Milchgebiß keine Vorgänger.

> Ektoderm der Mundhöhle und Mesenchym der Neuralleiste interagieren bei der Zahnentwicklung. Zellen der ektodermalen Zahnleiste differenzieren sich zu Schmelzbildern (Ameloblasten) und Mesenchymzellen zu Dentinbildnern (Odontoblasten). Die Zahnentwicklung wird von Wachstumsfaktoren gesteuert, die von den Zellen des Schmelzknotens gebildet werden. Die Zahnwurzeln bestehen aus Dentin und Zement und werden durch den Halteapparat (Periodontium) im Alveolarknochen fixiert.

8.8.3 Fehlbildungen von Gesicht, Gaumen und Zähnen

Die normale Entwicklung von Gesicht, Gaumen und Zähnen ist das Ergebnis von Dialogen zwischen dem Mesenchym, das der Neuralleiste entstammt, und dem Oberflächenektoderm. Diese Zell-Zell-Interaktionen werden durch eine große Zahl unterschiedlicher Signalmoleküle und komplexer Genexpressionsmuster bewerkstelligt, die noch nicht in allen Einzelheiten verstanden werden. Sie steuern die morphogenetischen Teilprozesse wie **Zellproliferation**, **Zellerkennung**, **Apoptose**, **Zellmigration**, Zusammensetzung der extrazellulären Matrix und Zelldifferenzierung. Dieses komplexe System ist offenbar recht störanfällig, da Fehlbildungen des Gesichtes und des Gaumens häufig auftreten.

Lippen-, Kiefer- und Gaumenspalten

Der größte Teil der Dysplasien sind Spaltbildungen. Sie können genetisch verursacht oder exogen erzeugt sein. In jedem Fall ist die Balance zwischen Wachstumsfaktoren, deren Rezeptoren und der Genexpression gestört. Am häufigsten betreffen die Spaltbildungen den primären und sekundären Gaumen mit der Folge, daß die Oberlippe, der Kiefer und der Gaumen isoliert oder kombiniert nicht verschlossen werden (**Lippenspalte**, **Lippen-Kiefer-Spalte** und **Lippen-Kiefer-Gaumen-Spalte**). Lippen- und Lippen-Kiefer-Spalten können ein- oder doppelseitig auftreten. Ist die Verschmelzung von Oberkieferwulst und lateralem Nasenfortsatz gestört, entstehen **schräge Gesichtsspalten**. **Quere Gesichtsspalten** sind die Folge einer unvollständigen Vereinigung von Oberkiefer- und Unterkieferwulst, wobei die primitive Mundspalte erhalten bleibt. Sie verlaufen vom Mundwinkel zum Ohr. Bei **Unterkieferspalten** bleibt die Vereinigung der Unterkieferwülste aus.

Fehlbildungen der Zähne

Die Anzahl der Zähne kann variieren. Werden zu wenig ausgebildet, spricht man von **Hypodontie**, sind zu viele vorhanden, von **Hyperdontie**. Relativ häufig fehlen die dritten Molaren. Sehr

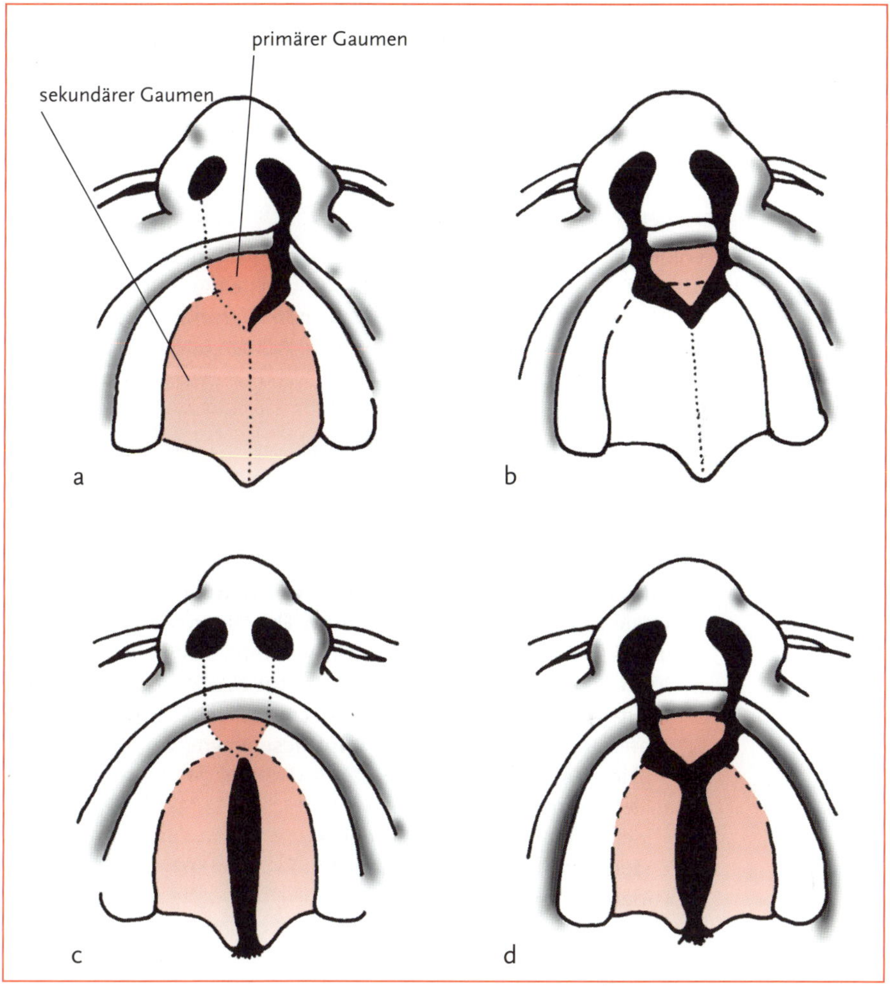

Abb. 85: Spaltbildungen der Lippe und des Gaumens: **a** einseitige Spalte im Bereich der Lippe und des primären Gaumens, **b** doppelseitige Spalte im Bereich der Lippe und des primären Gaumens, **c** Spalte des sekundären Gaumens, **d** doppelseitige Spalte der Lippe und des primären Gaumens und Spalte des sekundären Gaumens.

häufig variiert die Form der Zähne, insbesondere der Zahnkrone. Weiterhin kommen Abweichungen von der Achsenstellung sowie Anomalien des Zahnhartgewebes vor. Die Größe des Kiefers, insbesondere des Unterkiefers, und die Größe der Zähne sind nicht aufeinander abgestimmt. Dies führt nicht selten zu einem Zahnengstand.

Die häufigste Fehlbildung des Gesichtes sind Spalten, die die Oberlippen, den Kiefer und den Gaumen betreffen. Ihnen liegen Störungen der komplexen Zell-Zell-Signalverarbeitung und fehlerhafte Genexpressionen zugrunde. Zahnanomalien betreffen die Anzahl der Zähne, ihre Form, ihre Achsen und die Zusammensetzung des Hartgewebes.

8.9 Schädel

Man unterscheidet den Hirnschädel (**Neurokranium**) und den Gesichtsschädel (**Viszerokranium**). Das Neurokranium umgibt das Gehirn und die Sinnesorgane, während die Skelettstücke des Viszerokraniums vom Gesicht bis zum Kehlkopf reichen. Zum Neurokranium gehören Schädeldach und Schädelbasis. Anlagematerial des Schädels ist das Kopfmesenchym.

Dieses stammt aus:

- den okzipitalen Somiten
- dem paraxialen Kopfmesoderm
- dem prächordalen Mesoderm
- der Neuralleiste

8.9.1 Schädeldach

Das Gehirn mit seiner bindegewebigen Kapsel ist die Leitstruktur für die Entwicklung des Schädeldaches. Da es sehr stark expandiert, muß seine knöcherne Kapsel entsprechend mitwachsen. Man rechnet das Schädeldach zum Desmokranium, da es auf dem Wege der **desmalen** oder **direkten** Osteogenese entsteht.

Diese Art der Verknöcherung erfolgt direkt im Mesenchym, es geht ihr keine Verknorpelung voraus.

Desmale Osteogenese

Bei der desmalen Osteogenese proliferieren Mesenchymzellen an umschriebenen Stellen und differenzieren sich zu osteogenetischen Stammzellen sowie zu Knochenbildungszellen, **Osteoblasten**. Letztere beginnen Knochenmatrix (Osteoid) zu synthetisieren, die später mineralisiert wird. Auf diese Weise entstehen Knochenbälkchen, die sich zu einem Netzwerk verbinden und geflechtartigen Knochen bilden. Die Osteoblasten sitzen den Knochenbälkchen des Schädeldaches außen in epithelähnlicher Anordnung auf und scheiden einen Osteoidsaum ab, der die Knochenbälkchen nach außen wachsen läßt. Die dabei eingemauerten Osteoblasten sind **Knochenzellen (Osteozyten)**. Auf der Innenseite des Knochenbälkchens befinden sich mehrkernige **Knochenfreßzellen (Osteoklasten)**, die durch Fusion von Zellen des mononukleären Phagozytensystems entstehen. Die Osteoklasten enthalten zahlreiche Lysosomen mit saurer Phosphatase. Ihre Oberfläche, die dem Knochenbälkchen anliegt und Knochensubstanz resorbiert, ist durch Faltungen sehr stark vergrößert. Später wird der Bälkchenknochen durch lamelläres Knochen-

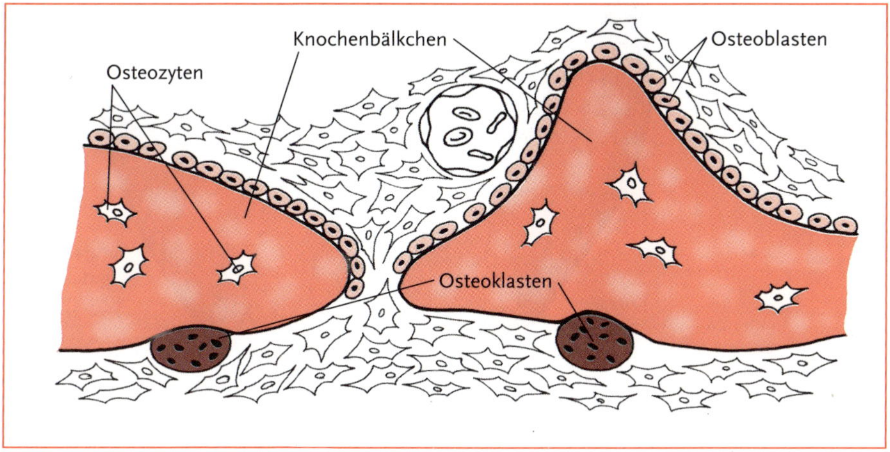

Abb. 86: Desmale Osteogenese

gewebe ersetzt. In den Osteoblasten und ihren Vorläuferzellen wird das Gen für das Signalmolekül BMP-1 exprimiert. Die chondrale Osteogenese wird im Abschnitt „Extremitätenentwicklung“ abgehandelt.

Verknöcherung des Schädeldaches

Durch die Apposition von Knochengewebe nach außen und den Abbau von Knochengewebe von innen kann sich das Schädeldach der Volumenvergrößerung des Gehirns anpassen. An den Stellen, an denen sich die späteren Tubera befinden, beginnt die

Abb. 87: Fetaler Schädel zur Darstellung der Fontanellen und Suturen

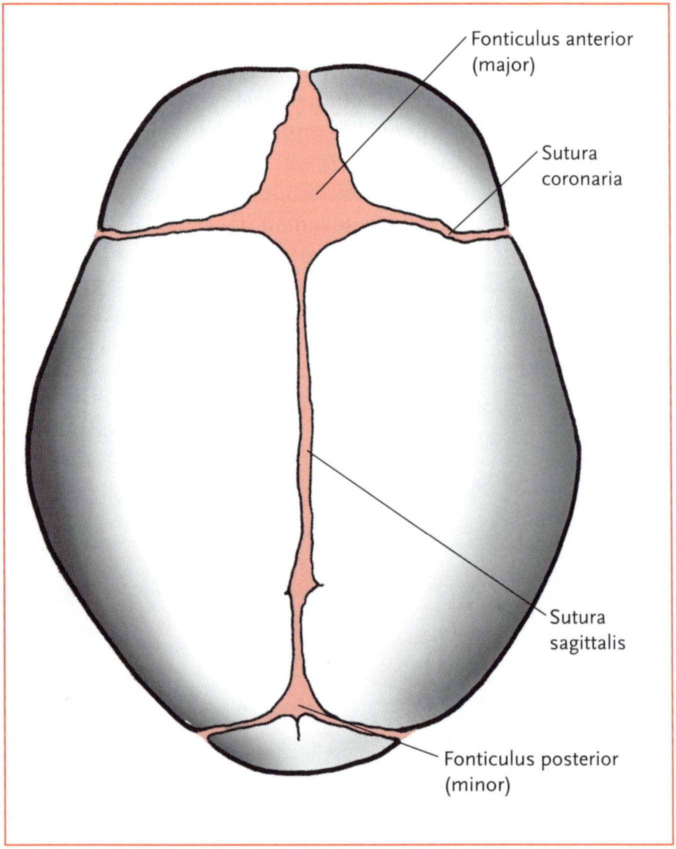

Ossifizierung, bei der die Ossa frontalia und parietalia sowie die Squama ossis temporalis und occipitalis angelegt werden. Die bindegewebigen Brücken zwischen diesen Skelettanlagen verschmälern sich zunehmend zu den Schädelnähten, den **Suturen**.

Dort, wo sich die Suturen kreuzen, bleiben zunächst unverknöcherte Lücken, die als **Fontanellen** bezeichnet werden. Die große Fontanelle, **Fonticulus anterior**, ist rautenförmig, die kleine Fontanelle, **Fonticulus posterior**, dreieckig. Sie sind während der Geburt zu tasten und geben Auskunft darüber, wie sich der kindliche Kopf im Geburtskanal eingestellt hat. Bis zum Ende des ersten Lebensjahres schließt sich in der Regel die kleine Fontanelle, die große Fontanelle verknöchert erst am Ende des zweiten Lebensjahres. Die beiden Seitenfontanellen, Fonticulus sphenoidalis und Fonticulus mastoideus, werden bereits in den ersten Monaten nach der Geburt verschlossen.

Nach Markierungsexperimenten mit Vogelembryonen kann man davon ausgehen, daß die Knochen des Schädeldaches von Neuralleistenzellen gebildet werden. Werden die Knochenanlagen des Schädeldaches ohne Dura mater kultiviert, so fusionieren sie und die Suturen verschwinden. Wenn sie dagegen mit der Dura kultiviert werden, bleiben die Suturen erhalten. Diese **Dura-Suturen-Interaktion** wird höchstwahrscheinlich durch Fibroblastenwachstumsfaktoren vermittelt. Es hat sich weiterhin zeigen lassen, daß lediglich kaudal gelegene Skelettstücke aus den okzipitalen Somiten bzw. aus dem paraxialen Kopfmesoderm entstehen. Diese Knochen werden als **chordales Skelett**, dem **prächordalen Skelett** gegenüber gestellt, das rostral liegt und vollständig aus der Neuralleiste hervorgeht.

8.9.2 Schädelbasis

Die Skelettstücke der Schädelbasis entstehen größtenteils durch chondrale Osteogenese.

Sie können zunächst folgenden Regionen zugeordnet werden:

- einem kaudalen parachordalen Abschnitt
- einem hypophysären Abschnitt
- einem rostralen interorbitonasalen Abschnitt

Der parachordale Abschnitt entwickelt sich aus den okzipitalen Somiten und dem paraxialen Kopfmesoderm. An der Entwicklung der Ohrkapsel sind der 1. Somit, paraxiales Kopfmesoderm und Neuralleistenzellen beteiligt. Der hypophysäre Abschnitt, der aus paraxialem Kopfmesoderm und Neuralleistenzellen hervorgeht, liefert den Körper, das **Os sphenoidale**. Die **Sella turcica** besteht rostral aus Neuralleistenzellen und kaudal aus Mesodermzellen. Sie bildet die Grenze zwischen chordalen und prächordalen Skelettstücken. Der interorbitonasale Abschnitt wird ausschließlich von Mesektoderm gebildet und entwickelt sich zum **Siebbein**. Die knorpelige Nasenkapsel entwickelt sich unter dem Einfluß der epithelialen Nasengänge.

8.9.3 Pharyngealskelett

Das Kieferskelett ist ein Derivat des Mesektoderms im 1. Pharyngealbogen. Die Mesenchymzellen des Oberkieferwulstes bilden durch desmale Osteogenese die **Maxilla** sowie das Joch-, Gaumen- und Pflugscharbein. Aus dem Unterkieferwulst geht der **Meckel-Knorpel** hervor. Diesem legt sich die paarige **Mandibularanlage** an, die desmal ossifiziert. Die Entwicklung des übrigen Pharyngealskeletts wurde bei der Besprechung der Pharyngealbögen bereits abgehandelt.

8.9.4 Fehlbildungen des Schädels

Die engen funktionellen Beziehungen zwischen dem Gehirn und den Sinnesorganen einerseits und den Skelettstücken andererseits machen verständlich, daß Formbesonderheiten des Gehirns und der Sinnesorgane die Morphogenese der Skelettstücke verändern. Wird beispielsweise ein Auge nicht in normaler Größe ausgebildet, so paßt sich die Orbita entsprechend an. Bei einem Hydrozephalus vergrößert sich das Neurokranium. Zu frühe Verschlüsse oder seitenungleiche Verschlüsse der Suturen führen zu Verformungen und Asymmetrien des Schädels. So entsteht beispielsweise der **Turmschädel** bei vorzeitiger Verknöcherung der Sutura coronalis.

Die Knochen des Schädels entwickeln sich durch desmale und chondrale Osteogenese. Ihr Anlagematerial entstammt den okzipitalen Somiten, dem paraxialen Kopfmesoderm und der Neuralleiste. Man unterscheidet zwischen dem Neuro- und Viszerokranium bzw. zwischen chordalen und prächordalen Schädelanteilen. Das Neurokranium läßt sich in das Schädeldach und die Schädelbasis untergliedern. Das Viszerokranium geht aus den Pharyngealbögen hervor. Viele Fehlbildungen des Schädels resultieren aus gestörten Interaktionen zwischen Gehirn und Sinnesorganen einerseits und den umgebenden Skelettanlagen andererseits.

Kapitel 9

Eihäute und Plazenta

9.1 Morphologische und topographische Entwicklung von Plazenta und Eihäuten

Etwa am vierten Tag nach der Befruchtung entsteht aus der Morula die Blastozyste mit einer inneren und einer äußeren Zellmasse. Aus der **äußeren Zellmasse** (Trophoblast) gehen Chorion, Synzytiotrophoblast und Zytotrophoblast hervor, aus der **inneren Zellmasse** entstehen neben dem Embryo selbst das Amnionepithel, das extraembryonale Mesoderm und der Dottersack.

Unmittelbar nachdem Konzeptus und Endometrium in Kontakt gekommen sind, etwa am 8. Tag nach der Befruchtung, verschmelzen an der Berührungsstelle Trophoblastzellen zu einem Synzytium und bilden den **Synzytiotrophoblasten**.

Jetzt beginnt der Trophoblast mittels fingerförmigen Vorwölbungen aktiv in das Endometrium einzudringen. Diese Zapfen bestehen lediglich aus Trophoblast und werden **Primärzotten** genannt. Im Trophoblasten treten gleichfalls bereits in der zweiten

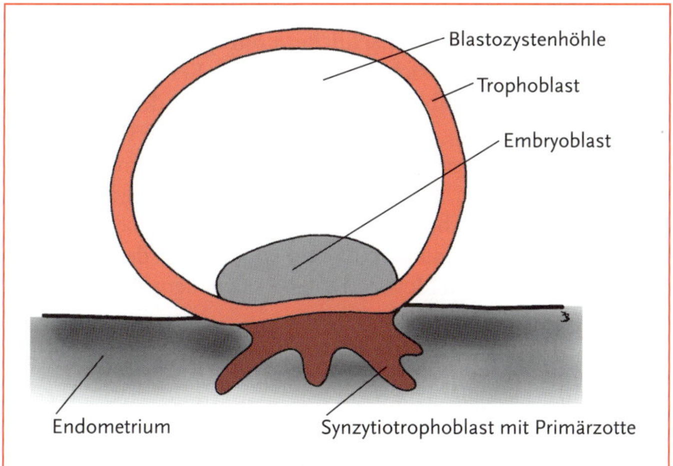

Abb. 88: Menschliche Blastozyste unmittelbar nach der Implantation (ca. 8. Tag)

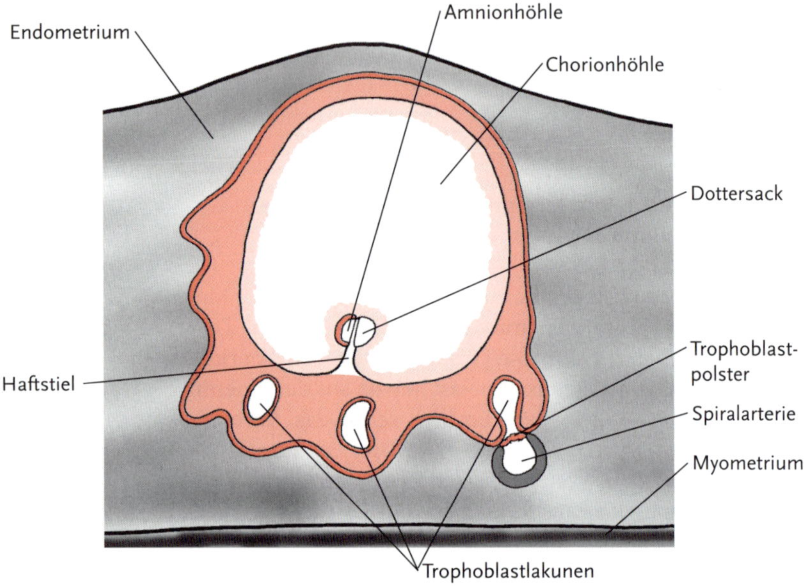

Abb. 89: Menschlicher Konzeptus in der zweiten Entwicklungswoche

Entwicklungswoche Höhlen auf, die als **Trophoblastlakunen** bezeichnet werden. In diese Trophoblastlakunen ergießt sich mütterliches Blut aus den Spiralarterien und durchströmt sie.

Zu dieser Zeit ist ein menschlicher Konzeptus eine Hohlkugel aus Trophoblast, in der sich die zweiblättrige Keimscheibe befindet. Sie besteht aus Epiblast und Hypoblast. Über dem Epiblasten wölbt sich kuppelartig die Amnionhöhle, über dem Hypoblasten der Dottersack. Diese Strukturen sind von extraembryonalem Mesoderm umgeben, das auch die Blastozystenhöhle auskleidet, aus der später die Chorionhöhle wird. Keimscheibe, Amnionhöhle und Dottersack stehen über einen Haftstiel, der gleichfalls aus extraembryonalem Mesoderm besteht, mit dem Trophoblasten in Verbindung *(siehe Abb. 4)*.

Sobald sich in der dritten Entwicklungswoche in den Zotten ein Kern aus extraembryonalem Mesoderm befindet, werden sie als **Sekundärzotten** bezeichnet. Unmittelbar danach können embryonale Blutgefäße im Inneren der Zotten beobachtet werden, die ab diesem Zeitpunkt **Tertiärzotten** genannt werden.

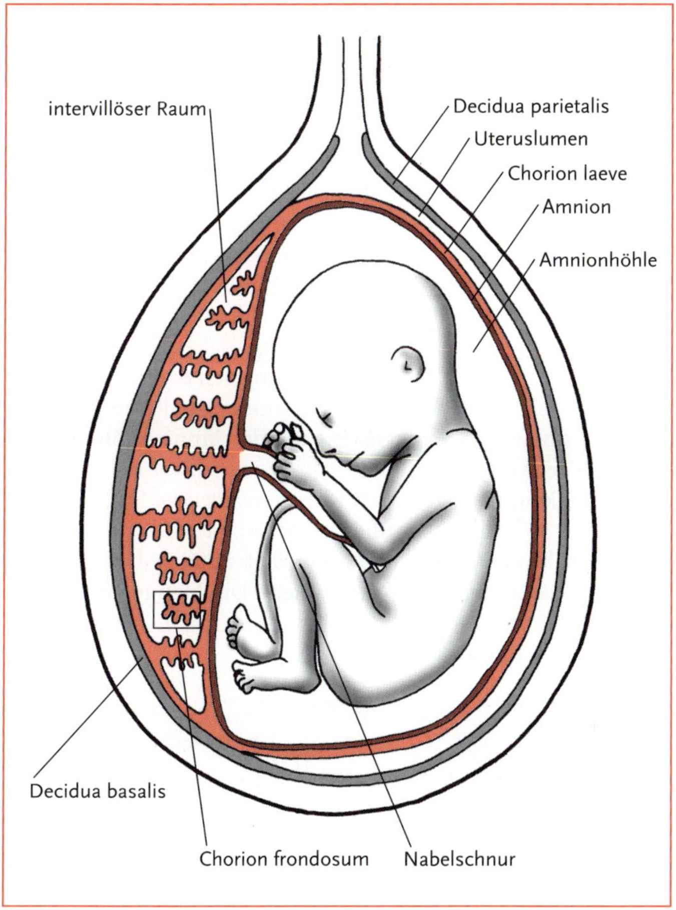

Abb. 90: Menschlicher Fetus in utero im dritten Schwangerschaftsdrittel

Im weiteren Verlauf der Entwicklung der Zotten rücken die fetalen Kapillaren immer näher an den Synzytiotrophoblasten, so daß sich die Diffusionsstrecke zwischen dem fetalen und dem mütterlichen Blut immer mehr verringert. Schließlich liegen die embryonalen Blutgefäße direkt der Innenseite des Synzytiotrophoblasten an. Derartige Zotten werden als **reife Tertiärzotten** bezeichnet.

Im Synzytiotrophoblasten, der die Zotten überzieht, können morphologisch drei Areale unterschieden werden:

- Pulmonale Areale sind durch einen sehr dünnen Synzytiotrophoblasten charakterisiert; hier findet hauptsächlich Gasaustausch durch passive Diffusion statt.
- In nephroenteralen Arealen finden aktive Transportmechanismen statt. Hier ist der Synzytiotrophoblast dicker.
- In Proliferationsinseln (oder Plazentarknospen) liegen Zellkerne des Synzytiotrophoblasten in mehreren Schichten übereinander. Die Bedeutung dieser Proliferationsinseln ist nicht bekannt. Klinisch sind sie insofern von Bedeutung, als daß sie sich ablösen und im mütterlichen Organismus zu kleinen Infarkten führen können.

Bis zum Ende des zweiten Monats dehnt sich die Amnionhöhle so weit aus, daß die Chorionhöhle zu einem kapillären Spalt verengt wird und der Embryo allseitig von der Amnionhöhle umgeben ist. Die Amnionhöhle enthält das **Fruchtwasser**, die **Amnionflüssigkeit**. Sie wird durch Diffusion aus dem Embryo, dem mütterlichen Organismus und den Eihäuten produziert. Sobald die Nieren ihre Funktion aufnehmen, liefern auch diese Urin als Volumenbestandteil des Fruchtwassers. Die Menge des Frucht-

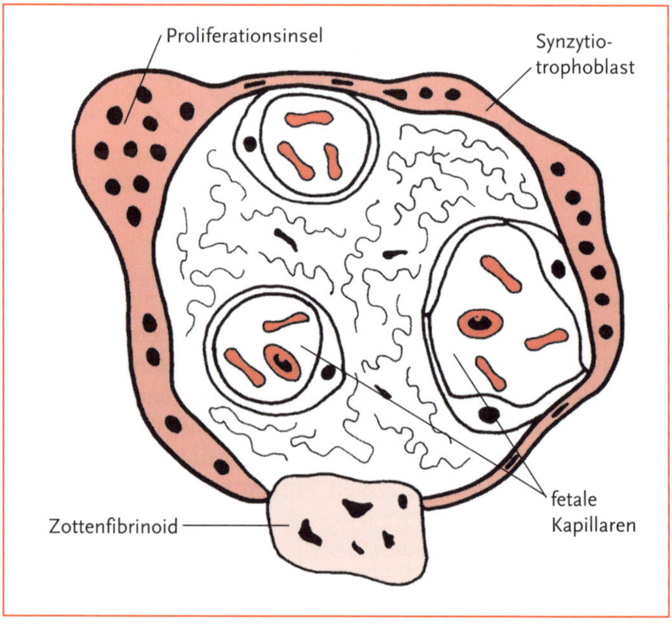

Abb. 91: Querschnitt durch eine Plazentazotte einer geburtsreifen Plazenta

wassers steigt im Laufe der weiteren Entwicklung bis zur 35. Woche auf ca. einen Liter an, um danach wieder leicht abzusinken.

Das Amnion, das aus Amnionepithel und Amnionbindegewebe aufgebaut ist, überzieht den ehemaligen Haftstiel, der zur **Nabelschnur** wird, und die gesamte innere Oberfläche der Amnionhöhle. Auf das Amnion folgt nach außen das **Chorion**, das geweblich aus extraembryonalem Mesoderm und Trophoblast besteht. Amnion und Chorion werden als **Eihäute** bezeichnet. Das Chorion beteiligt sich als **Chorion frondosum** an der Bildung der Plazenta, in der es die Chorionplatte, die Plazentarzotten (Chorionzotten) und den embryonalen Teil der Basalplatte bildet. Als **Chorion laeve** überzieht es mit einer bindegewebigen Hülle das Amnion. Im Chorion laeve findet sich ein spaltförmiger Hohlraum, das sogenannte **extraembryonale Zölom**, das der ehemaligen Chorionhöhle entspricht.

Zum Uteruslumen hin, das gleichfalls zu einem spaltförmigen Hohlraum verkleinert ist, wird der Konzeptus von der **Decidua capsularis** überzogen. Sie entspricht demjenigen Teil des Endometriums, der nach dem Eindringen des Konzeptus in das Endometrium zwischen Konzeptus und Uteruslumen einwächst. Gelegentlich wird auch die Decidua capsularis als Eihaut bezeichnet. Im strengen Sinne sind dies jedoch nur Amnion und Chorion.

Im vierten und fünften Entwicklungsmonat geht die Decidua capsularis weitgehend zugrunde. Das Chorion laeve verschmilzt mit der **Decidua parietalis**, wodurch das Uteruslumen obliteriert. Als Decidua parietalis wird das Endometrium bezeichnet, welches das Uteruslumen innen auskleidet. Die an der mütterlichen (basalen) Seite der Plazenta gelegene Dezidua wird als **Dezidua basalis** bezeichnet und beteiligt sich an der Bildung der **Basalplatte**.

9.2 Physiologische Bedeutung von Plazenta und Eihäuten

9.2.1 Histiotrophe Phase des embryomaternalen Stoffaustausches

Unmittelbar nach der Implantation wandeln sich die Zellen des Endometriumstromas durch weitere Einlagerung von Glykogen von den **Praedezidua-** oder **Pseudodeziduazellen**, wie die Stromazellen während der Sekretionsphase heißen, zu **Deziduazellen** um. Dieses Glykogen dient als Lieferant für Glukose, die der Embryo durch Diffusion aufnimmt. Gleichfalls durch Diffusion werden über die gesamte Oberfläche des Trophoblasten Sauerstoff vom Embryo aufgenommen sowie Kohlendioxid und andere Stoffwechselendprodukte vom Embryo abgegeben.

9.2.2 Hämotrophe Phase des embryomaternalen Kontaktes

In dem Maße, in dem sich ab der zweiten Hälfte des ersten Entwicklungsmonats die Plazenta als Stoffwechselorgan entwickelt, wird der Stoffaustauch zwischen Mutter und Kind zunehmend über sie abgewickelt.

Durchblutung der Plazenta

Maternale Plazentarzirkulation

Der Trophoblast erodiert mütterliche Gefäße, die sich zunächst in die Trophoblastlakunen ergießen. Die Trophoblastlakunen konfluieren schließlich zum **intervillösen Raum**, in den die Plazentarzotten ragen. Blut aus den **Spiralarterien** des Uterus fließt in den intervillösen Raum hinein und wird durch Venen abgeführt. Zwischen den zuführenden Spiralarterien und den abführenden Venen existiert somit kein Kapillargebiet. Der Blutdruck beträgt hier ca. 10 mmHg und ist damit bedeutend niedriger als der arterielle Blutdruck, da Trophoblastpolster an der Einmündung der Spiralarterien in den intervillösen Raum diese teilweise verschließen *(siehe Abb. 88)*.

Fetale Plazentarzirkulation

Aus den **dorsalen Aorten** gehen die beiden **Nabelarterien** ab, die durch den Haftstiel, später die Nabelschnur, in die **Chorionplatte** ziehen. Dort verzweigen sie sich und ziehen in die Kapillarschlingen, die in den Zotten liegen. Durch die **Nabelvenen** gelangt das Blut durch den Haftstiel bzw. die Nabelschnur wieder in den Embryo zurück. Die rechte Nabelvene wird im Verlauf der späteren Entwicklung zurückgebildet.

Stoffaustausch in der Plazenta

Der Stoffaustausch zwischen Mutter und Kind vollzieht sich in der Plazenta zwischen mütterlichem und kindlichem Blut durch die **Plazentarschranke**. Diese besteht aus dem Synzytiotrophoblasten, der die Zotten überzieht, dessen Basallamina, dem Zottenstroma, der Basallamina der embryonalen Kapillaren in den Zotten und dem Kapillarendothel. Besonders gegen Ende der Gravidität können die beiden Basallaminae auch miteinander verschmelzen.

Sauerstoff, Kohlendioxid, Wasser und Elektrolyte sowie andere niedermolekulare Substanzen werden durch **passive Diffusion** ausgetauscht. Aminosäuren werden durch spezifische **aktive, rezeptorgebundene Transportmechanismen** transportiert. Auch einige Hormone können die Plazentarschranke passieren, insbesondere Steroidhormone, Insulin und Schilddrüsenhormone. Proteine und andere hochmolekulare Substanzen passieren die Plazentarschranke im allgemeinen nicht. Eine wichtige Ausnahme sind maternale Antikörper, die in der Lage sind, die Plazentarschranke zu passieren und dem Fetus und Neugeborenen eine gewisse **passive Immunisierung** zu verschaffen.

Bakterien sind im allgemeinen nicht plazentagängig. Eine Ausnahme ist beispielsweise Treponema pallidum, der Erreger der Syphilis. Diese Erkrankung kann deshalb angeboren sein. Auch zahlreiche Viren können die Plazentarschranke passieren, darunter HIV und die Erreger von Masern, Röteln und Windpocken.

Hormonproduktion der Plazenta

Choriongonadotropin wird vom Synzytiotrophoblasten bereits vor der Implantation gebildet. Es erhält die Hormonproduktion (Gestagen und Östrogene) im Corpus luteum aufrecht. Im Lauf der Schwangerschaft nimmt die Produktion von Choriongonadotropin ab, in gleichem Maße steigt die plazentare Produktion von **Gestagenen** und Vorstufen von **Östrogenen**. Desweiteren wird das **Human placental lactogen** in der Plazenta produziert, das in seiner Wirkung dem **luteinisierenden Hormon** (**LH**) des Hypothalamus ähnlich ist. Die Bedeutung anderer plazentarer Hormone, die in ihrer Wirkung Hypophysenvorderlappenhormonen ähnlich sind, ist nicht im Detail bekannt.

Immunologische Phänomene im fetomaternalen Stoffaustausch

Theoretisch sollte ein Fetus von der Mutter als Fremdgewebe abgestoßen werden, da fetale Gewebe MHC-Rezeptoren exprimieren, die zur Transplantatabstoßung führen. Das mütterliche Immunsystem ist während einer Schwangerschaft im wesentlichen nicht supprimiert, und die gewebliche Ähnlichkeit zwischen Mutter und Kind reicht für die Immuntoleranz nicht aus. Warum es nicht zu einer Abstoßung kommt, ist letztlich nicht in allen Einzelheiten bekannt. Eine wesentliche Rolle spielt dabei der **Synzytiotrophoblast**. Dieser wird im Gegensatz zu den darunterliegenden Schichten des Chorions nicht als Fremdgewebe erkannt, da er die MHC-Rezeptoren nicht exprimiert. Morphologisch findet dies seinen Ausdruck darin, daß überall dort, wo der Synzytiotrophoblastüberzug der Chorionzotten verletzt wird, als Ausdruck einer begrenzten immunologischen Reaktion **Fibrinoid** gebildet wird. Dies ist eine Art Gerinsel, das Fibrin enthält und offensichtlich auch als **immunologische Barriere** zwischen Mutter und Kind fungiert. Fibrinoid findet sich nicht nur an Plazentarzotten als **Zottenfibrinoid**, sondern auch an der Grenze zwischen intervillösem Raum und Chorionplatte als **Langhans-Fibrinoid**, an der Grenze zwischen intervillösem Raum und dem aus Trophoblast aufgebauten Anteil der Basalplatte der Plazenta als **Rohr-Fibrinoid** und schließlich an der Grenze zwischen embryonalem und maternalem Teil der Basalplatte als **Nitabuch-Fibrinoid**.

9.3 Fehlbildungen der Plazenta

9.3.1 Placenta praevia

Haftet sich die Blastozyste im Bereich des inneren Muttermundes an, so entsteht eine Placenta praevia, durch die der Geburtsweg verlegt werden kann.

9.3.2 Mola hydatidosa (Windei)

Bei der hydatiformen Mole oder Windei kommt es zur Ausbildung einer Chorionhöhle und eines aus Sekundärzotten aufgebauten Chorion frondosum, ohne daß embryonale Strukturen im eigentlichen Sinne nachgewiesen werden könnten. Man nimmt an, daß es sich dabei um Eizellen handelt, die sich **uniparental**, d. h. nur aus einem, nämlich dem männlichen Vorkern weiterentwickelt haben. Als Chromosomensatz tragen hydatiforme Molen 46,XX. Man vermutet, daß dabei ein männlicher Vorkern mit einem Chromosomensatz von 23,X sich verdoppelt hat, oder daß zwei Spermien mit einem Chromosomensatz von jeweils 23,X eine Eizelle befruchtet haben, bei der der weibliche Vorkern sich nicht weiterentwickelt hat. Die chromosomale Konfiguration 46,XY einer Windmole ist offensichtlich nicht in der Lage sich weiterzuentwickeln.

Die Plazenta und die Eihäute entstehen aus der äußeren Zellmasse, dem Trophoblasten und dem extraembryonalen Mesoderm sowie aus den mütterlichen Deziduazellen. Der Trophoblast wächst aktiv unter Ausbildung von Trophoblastlakunen in das mütterliche Gewebe ein. Mütterliches Blut durchströmt die Trophoblastlakunen, die zum intervillösen Raum werden. Plazentarzotten aus Trophoblast und extraembryonalem Mesoderm ragen in den intervillösen Raum. Sie werden von embryonalem Blut durchströmt und dienen dem Stoffaustausch mit dem mütterlichen Blut. Die Eihäute Amnion und Chorion bilden eine Hülle um den Embryo und Fetus, die schließlich das gesamte Uteruslumen erfüllt. Die Plazenta dient nicht nur dem Stoffaustausch, sondern auch der Hormonproduktion.

KAPITEL 10

Fetalperiode und Geburt

10.1 Stadieneinteilung der menschlichen Entwicklung, Wachstum

Um die vorgeburtliche Entwicklung zu beschreiben und Embryonen und Feten miteinander zu vergleichen, wurden verschiedene Maße und Stadieneinteilungen definiert.

Tab. 3: Stadieneinteilung und Größenentwicklung menschlicher Embryonen und Feten

Alter in Wochen	Alter in Tagen	Scheitel-Steiß-Länge in mm (Durchschnitt)	Gesamtlänge des Embryos in mm (in Klammern: Durchmesser des Konzeptus)	Carnegie-Stadium
0	1	–	(0,15)	**1:** Zygote bis zur ersten Furchungsteilung
	2–3	–	(0,15)	**2:** 2–16-Zell-Stadium
	4–5	–	(0,2)	**3:** freie Blastozyste (nicht am Endometrium angeheftet)
	5–6	–	0,1 (0,2)	**4:** Anheftung ans Endometrium
1	7–8	–	0,1 (0,2–0,3)	**5a:** solider Trophoblast (keine Lakunen), Entstehung von Amnionhöhle, Dottersack und Zweiblättrigkeit
	9	–	0,1–0,15 (0,5–1)	**5b:** Trophoblastlakunen
	10–11	–	0,15 (1)	**5c:** mütterliches Blut in Trophoblastlakunen
	12–13	–	0,2–0,25 (2)	**6a:** Trophoblastzotten
2	14–15	–	0,2–0,25	**6b:** Primitivstreifen
	16–17	–	0,4	**7:** Kopffortsatz
	18	–	1–1,5	**8:** Neurulation
	19–20	–	1,5–2,5	**9:** Beginn der Somitenbildung

Fortsetzung Tab. 3

Alter in Wochen	Alter in Tagen	Scheitel-Steiß-Länge in mm (Durchschnitt)	Gesamtlänge des Embryos in mm (in Klammern: Durchmesser des Konzeptus)	Carnegie-Stadium
3	21–22	–	2–3,5	**10:** Beginn des Schlusses des Neuralrohrs
	23–26	–	2,5–4,5	**11:** Entstehung des Augenbläschens
4	26–29	2,5	3–5	**12:** Anlagen der oberen Extremitäten werden sichtbar
	29–31	–	4–6	**13:** Anlagen der unteren Extremitäten werden sichtbar
5	31–35	5,5	5–7	**14:** Einsenkung der Linsenplakode
	35–38	–	7–9	**15:** Linsenbläschen
6	38–42	11	8–11	**16:** im Pigmentepithel des Auges wird Pigment erkennbar
	42–44	–	11–14	**17:** Fingerstrahlen werden erkennbar
	44–48		13–17	**18:** Anlage der Mamillen erkennbar
7	48–51	17	16–18	**19:** Flexion und Pronation von Arm und Hand werden erkennbar
	51–53	–	18–22	**20:** Dorsalflexion des Fußes beginnt
	53–54		22–24	**21:** Hände und Füße erreichen Mittellinie
8	54–56	25	24–28	**22:** Zehen sind geweblich voneinander getrennt
9	56–60	32	28–31	**23:** Kochlea weist 1½ Windungen auf
10		43	57	
11		53	76	
12		68	98	
16		121	180	
20		167	250	
24		210	315	
28		245	371	

Fortsetzung Tab. 3

Alter in Wochen	Alter in Tagen	Scheitel-Steiß-Länge in mm (Durchschnitt)	Gesamtlänge des Embryos in mm (in Klammern: Durchmesser des Konzeptus)	Carnegie-Stadium
32		284	425	
36		316	470	
38		332	494	
38,5		336	500	Geburtstermin

Der zeitliche Ablauf einer Schwangerschaft wird in Lunarmonaten zu 28 Tagen gemessen. Berechnet vom Zeitpunkt des ersten Tages der letzen Regelblutung dauert eine Schwangerschaft durchschnittlich **280 Tage** oder **10 Lunarmonate**. Vom Zeitpunkt der Befruchtung an dauert eine Schwangerschaft **266 Tage** oder **9 Lunarmonate**.

Das normale Wachstum eines Embryos und Fetus in Abhängigkeit vom Alter und Entwicklungsstadium läßt sich Tabelle 3 entnehmen. Die Größe eines Embryos in Abhängigkeit vom Entwicklungsalter läßt sich mit der **Haase-Regel** berechnen: Die Größe (größte Länge) in Zentimetern ergibt sich in den Lunarmonaten 2 bis 5 aus dem Quadrat des Lunarmonats, in den Lunarmonaten 5 bis 10 aus dem Fünffachen des Lunarmonats. Die Wachstumskinetik läßt sich also während der ersten Schwangerschaftshälfte durch eine quadratische Funktion beschreiben, während der zweiten Schwangerschaftshälfte durch eine lineare.

Praktisch wichtig ist der **biparietale Durchmesser des Kopfes**, der bei Ultraschalluntersuchungen bestimmt werden kann und bei Geburt 9–9,5 cm betragen sollte.

Im Lauf des Wachstums kommt es nicht bloß zu einer Vergrößerung aller Anteile eines Embryos und Fetus, sondern auch zu beträchtlichen Änderungen der Proportionen der Körperabschnitte zueinander.

10.2 Veränderungen der Körperform im Lauf der Entwicklung

Zu Beginn der Entwicklung, in der ersten Entwicklungswoche, ist ein Embryo als Zygote, Morula oder Blastozyste **kugelig**. In der zweiten und dritten Entwicklungswoche ist er zunächst eine runde, dann ovoide **Scheibe**. Die **definitive Körperform** entsteht in der vierten bis sechsten Entwicklungswoche durch zwei Einrollbewegungen, die man als **Abfaltungen** bezeichnet.

Eine dieser Einrollbewegungen verläuft in kraniokaudaler Richtung und ist durch das starke Wachstum des Neuralrohrs bedingt. Die zweite Einrollbewegung verläuft in lateraler Richtung. Über die Mechanismen, die zu dieser lateralen Abfaltung führen, ist nichts bekannt. In Summe führt die Abfaltung zur Entstehung des nach dorsal konvexen, walzenförmigen embryonalen Körpers. Das Entoderm wird von einer Platte an der Unterseite der Keimscheibe zu einem Rohr im Inneren des Embryos.

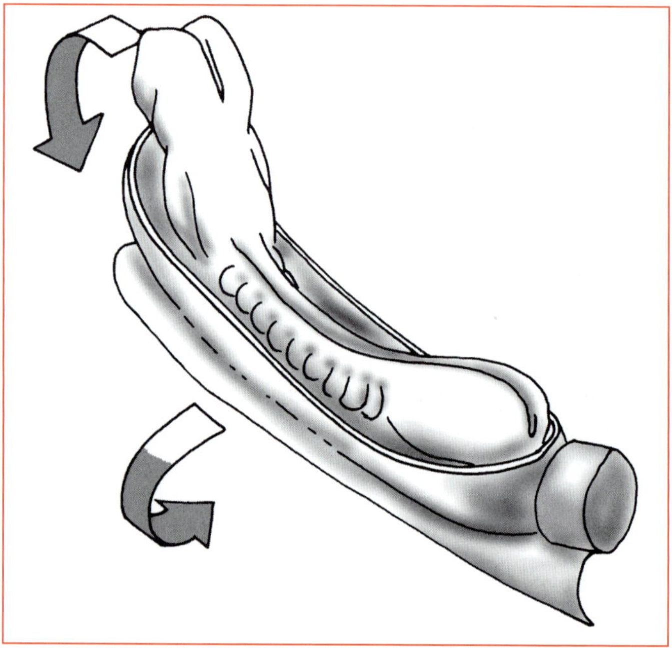

Abb. 92: Entstehung der definitiven Körperform durch die kraniokaudale und die laterale Abfaltung (Pfeile)

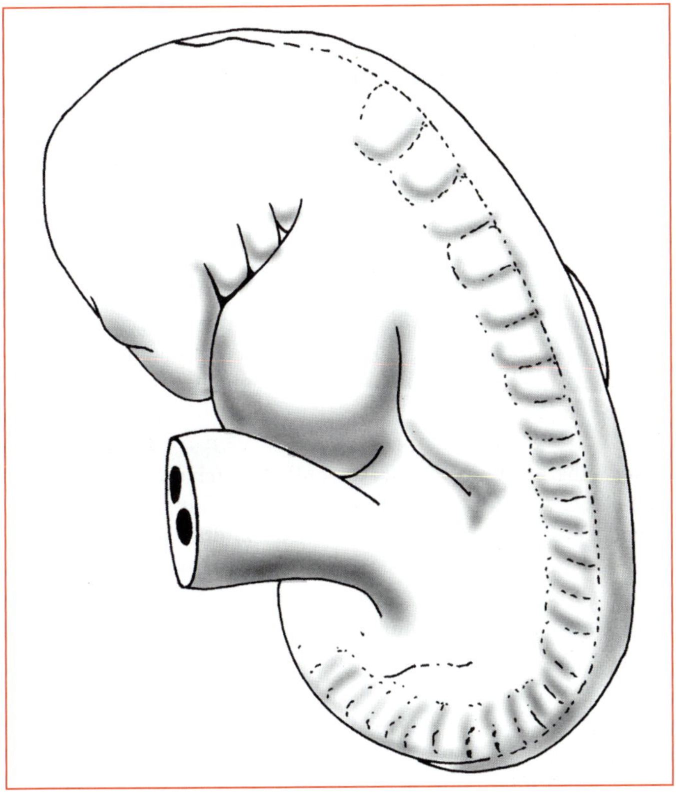

Abb. 93: Dorsolaterale Ansicht eines 28 Tage alten Embryos

Nachdem die definitive Körperform ausgebildet ist, ist der Kopf relativ groß. Danach wächst zunächst der Rumpf verstärkt und schließlich die Extremitäten.

10.3 Physiologische Besonderheiten während der Fetalperiode und der Geburt

10.3.1 Zirkulation

Die ersten Herzaktionen werden in der fünften Woche nachweisbar, die Pulsfrequenz beträgt zu diesem Zeitpunkt etwa 100 Schläge pro Minute. Bis zur achten Woche steigt dieser Wert auf

160 bis 180 und sinkt dann langsam ab. Der auch klinisch wichtige Normalwert bei Geburt beträgt **140 ± 20 Herzschläge pro Minute**.

Der Blutfluß im Fetus vor der Geburt unterscheidet sich von der Zirkulation eines Geborenen durch mehrere Besonderheiten:

- Der Plazentarkreislauf ist parallelgeschaltet. Blut fließt aus den Aa. iliacae in die Nabelarterien, durch die Plazenta, durch die Nabelvene und den Ductus venosus in die V. cava inferior.
- Der Lungenkreislauf ist weitgehend abgeschaltet. Das Blut fließt aus dem rechten Vorhof durch das Foramen ovale teilweise in den linken Vorhof (der nur eine geringe Menge an Blut aus den Vv. pulmonales erhält). Das Blut aus der A. pulmonalis fließt größtenteils durch den Ductus arteriosus in die Aorta.

Unmittelbar nach der Geburt verschließen sich die Nabelarterien und -venen, wodurch der Plazentarkreislauf abgeschaltet wird. Zunächst ist dieser Verschluß rein funktionell und durch die Kontraktion der Gefäßmuskulatur bedingt. Im Lauf der ersten Tage bis Wochen nach der Geburt werden die Gefäßlumina auch bindegewebig verschlossen.

Wenn das Neugeborene das erste Mal Luft holt, sinkt der Strömungswiderstand in der Lunge und der Blutfluß durch die A. pulmonalis steigt an. Zugleich verschließt sich der Ductus arteriosus, zunächst reflektorisch, schließlich geweblich. Aus der Lunge fließt mehr Blut in den linken Vorhof zurück, wodurch das Septum primum auf das Septum secundum gepreßt wird. Somit wird der rechte Vorhof zunächst hämodynamisch, später auch geweblich vom linken getrennt.

10.3.2 Atmung

Atembewegungen lassen sich bereits ab dem Ende des dritten Entwicklungsmonats nachweisen. In utero sind die Lungen flüssigkeitsgefüllt. Durch den Geburtsakt wird ein Teil dieser Flüssigkeit aus der Lunge gepreßt, der Rest wird in Blut und Lymphe resorbiert. Bei einer betreuten Geburt werden zudem die Atemwege des Neugeborenen üblicherweise abgesaugt. Für eine ausreichende Atmung nach Geburt ist die **Lungenreife** von entscheidender Bedeutung. Letztlich bedeutet das eine ausreichende Produktion an **Surfactant**. Zwar beginnt die Produktion dieses Phospholipids, das die Oberflächenspannung der gasaustauschenden Strukturen herabsetzt und dadurch für die Atmung von entscheidender Bedeutung ist, beim Menschen bereits in der 24. Entwicklungswoche, doch werden ausreichende Mengen erst ab der 28. Woche gebildet. Ab diesem Zeitpunkt sind Frühgeborene lebensfähig.

10.3.3
Bewegungen und Verhalten des Fetus

Fetale Bewegungen können ab dem Ende des zweiten Entwicklungsmonats nachgewiesen werden. Die ersten Bewegungen sind üblicherweise Streck- und Beugebewegungen des Rumpfes. Während des dritten Entwicklungsmonats kann man zahlreiche weitere Bewegungen beobachten, etwa des Kopfes und der Extremitäten. Im dritten Drittel der Schwangerschaft weist der Fetus einen ausgeprägten zirkadianen Rhythmus in seinem Bewegungsverhalten auf, der über den Kortikosteroidspiegel des mütterlichen Blutes gesteuert wird. Ist er gering, wie üblicherweise am Abend, so nimmt die Aktivität des Fetus zu.

Aufgrund elektroenzephalographischer Messungen kann mit einiger Sicherheit angenommen werden, daß Feten im dritten Schwangerschaftsdrittel phasenweise **schlafen** (REM-Schlaf). An Frühgeborenen läßt sich zeigen, daß eine Vielzahl von Reflexen, z. B. der Pupillarreflex oder Schutzreflexe, bereits in der Fetalperiode ausgelöst werden können. Auch reagieren Feten bereits in utero auf Schall.

10.3.4
Das Ungeborene als Patient

Bildgebende Verfahren

Die mit Abstand wichtigste Methode zur Beobachtung eines Kindes in utero ist die **Ultraschalluntersuchung**. Radiologische Verfahren werden wegen der Strahlenbelastung nicht mehr durchgeführt.

Amniozentese und Chorionbiopsie

Insbesondere bei Verdacht auf eine fetale Erkrankung oder Fehlbildung kann ab der 13. Woche eine Amniozentese durchgeführt werden. Dabei wird die Amnionhöhle punktiert und Fruchtwasser entnommen. Im Fruchtwasser befinden sich immer fetale Zellen, die in Kultur gebracht und für genetische oder biochemische Untersuchungen gezüchtet werden können. Bereits ab der sechsten Woche kann eine Chorionbiopsie zur Gewinnung embryonaler Zellen durchgeführt werden.

Therapeutische Maßnahmen

Bereits in utero können z.B. Bluttransfusionen oder auch Operationen zur Korrektur von Fehlbildungen mit Erfolg durchgeführt werden. Als besonders günstig erweist sich dabei die außerordentlich gute und meist völlig narbenfreie Wundheilungstendenz von Feten.

10.4 Geburt

Trotz intensiver Forschungen ist der Mechanismus, der die Geburt auslöst, nicht restlos klar. Im allgemeinen wird angenommen, daß das geburtsauslösende Signal vom Fetus oder der Plazenta kommt. Eine besonders wichtige Rolle scheint das **Prostaglandin F2** zu spielen.

Die Geburt beginnt mit der **Eröffnungsperiode**, die etwa zwölf Stunden dauert und durch die Erweiterung des Zervixkanals gekennzeichnet ist. Am Ende der Eröffnungsperiode platzen die Eihäute auf und das Fruchtwasser geht ab (**Blasensprung**).

Die darauf folgende **Austreibungsperiode** dauert üblicherweise etwa dreißig Minuten bis eine Stunde und ist durch eine intensive **Wehentätigkeit** gekennzeichnet. Dabei kontrahiert sich die glatte Muskulatur des Myometriums periodisch unter dem Einfluß des Hypophysenhinterlappenhormones **Oxytocin**. Nach der Geburt des Kindes wird innerhalb von Minuten die Nabelschnur abgeklemmt und durchtrennt (Abnabelung).

Die dritte Phase der Geburt ist die **Nachgeburtsperiode** oder **Plazentarperiode**, in der die Plazenta sich löst und geboren wird. Dieser Vorgang ist üblicherweise etwa 15 Minuten nach der Geburt des Kindes beendet.

10.4.1 Reifezeichen

Die körperliche Entwicklung eines Neugeborenen bei der Geburt wird nach gewissen Kriterien beurteilt, die als Reifezeichen bezeichnet werden:

- Länge 49–52 cm
- Gewicht 3000–3500 g
- Nägel Die Nagelplatten an Fingern und Zehen erreichen den freien Rand der Phalangen
- Skrotum Die Testes befinden sich im Skrotalsack
- Vulva Die Labia majora bedecken Klitoris und Labia minora

Im Laufe der Entwicklung bis zum Geburtstermin in der 38. Woche nach der Zeugung wächst ein Kind in utero bis zur Größe von 50 cm und einem Gewicht von 3–3,5 kg heran. Viele Verhaltensweisen und physiologischen Merkmale des postnatalen Lebens werden bereits in utero erkennbar. Die Geburt wird vermutlich durch ein fetoplazentares Signal ausgelöst. Unmittelbar nach der Geburt ändert sich die Blutzirkulation des Kindes, indem der Plazentarkreislauf abgeschaltet wird und die Lunge ihre Funktion als Atmungsorgan aufnimmt.

Kapitel 11

Sonoembryologie

von Christian Wilhelm

11.1 Einleitung

Das Prinzip der Sonographie ist das gleiche, das bei der Echolotung in der Seefahrt verwendet wird. Ein kurzdauernder Schall breitet sich in Flüssigkeit aus und wird an Oberflächen reflektiert. Aus der Zeit zwischen dem von einem Sender ausgesandten Impuls und von einem am gleichen Ort wie der Sender befindlichen Empfänger registrierten reflektiertem Impuls kann die Entfernung des reflektierenden Objektes ermittelt werden. In der Medizin werden Schallimpulse im Ultraschallbereich verwendet. Die Entfernung einer reflektierenden Oberfläche von der Schallquelle wird auf einem Monitor als Schnittbild sichtbar gemacht.

Durch die Einführung der Vaginalsonographie Ende der 80er Jahre wurde aufgrund der größeren Nähe zum Untersuchungsobjekt und des besseren Auflösungsvermögens im Vergleich zur abdominalen Sonographie eine Bildqualität erreicht, die man bis dahin nicht für möglich gehalten hatte.

Neben der Beurteilung der **Vitalität** des Embryos wurden biometrische Wachstumskurven der Chorionhöhle und des Embryos (sogenannte Scheitel-Steiß-Länge) erstellt, die unter Berücksichtigung der biologischen Variabilität eine ausreichend exakte Bestimmung des **Gestationsalters** erlauben.

Weitere wichtige Indikationen für die Ultraschalluntersuchung im I. Trimenon der Schwangerschaft sind der Ausschluß bzw. Nachweis von:

- Mehrlingen
- einer ektopen Gravidität
- Veränderungen von Uterus und Adnexe
- schwerwiegenden Fehlbildungen des Embryos

Aufgrund dieser Vorteile und der bis heute nicht widerlegten Sicherheit der Ultraschalluntersuchung wurde sie in die Mutterschaftsvorsorgeuntersuchungen im I. Trimenon aufgenommen.

11.2 Definition des Gestationsalters

Im klinischen Sprachgebrauch wird das Gestationsalter im Gegensatz zu den Zeitangaben in der Embryologie im allgemeinen nach dem ersten Tag der letzten Menstruation berechnet. So entspricht beispielsweise der 37. Schwangerschaftstag (SST) dem 23. Entwicklungstag, vorausgesetzt, die Konzeption fand am 14. Zyklustag statt.

Noch verwirrender wird die Angabe des Gestationsalters in Wochen und Tagen; hier setzt sich aber immer mehr der internationale Sprachgebrauch durch: Das Gestationsalter wird in vollendeten Schwangerschaftswochen (SSW) angegeben **plus** Tage in der darauffolgenden Woche. So bedeutet die Bezeichnung 5 + 2 SSW, daß sich die Schwangerschaft im 2. Tag der 6. SSW befindet. Dies entspricht insgesamt dem 37. SST bzw. dem 23. Entwicklungstag.

In der klinischen Anwendung hat sich eine Korrelation der Ultraschallbefunde mit den Schwangerschaftswochen bewährt. Im folgenden wird deshalb die Sonoembryologie zwischen der 5. und 11. SSW dargestellt.

11.3 Sonoembryologie zwischen der 5. und 11. SSW

11.3.1 **5. Schwangerschaftswoche** (4 + 1 SSW bis 4 + 7 SSW, 29. bis 35. SST)

Der früheste sonographische Nachweis einer intrauterinen Schwangerschaft gelingt in der 5. SSW mit der Darstellung der Chorionhöhle (Gestationssack), die in diesem Gestationsalter einen mittleren Durchmesser von 2–5 mm aufweist. Dieser Zeitpunkt entspricht im frühesten Fall dem Zeitpunkt der erwarteten Menstruation und kommt damit dem frühesten hormonellen Schwangerschaftsnachweis sehr nahe.

Differentialdiagnostisch ist dabei der sogenannte Pseudogestationssack bei einer Extrauteringravidität abzugrenzen. Dies ist eine Flüssigkeitsansammlung im Cavum uteri, die aber in der Regel weniger rund und weniger scharf abgegrenzt erscheint als die Chorionhöhle.

Die echodichte Abgrenzung der Chorionhöhle entspricht dem Trophoblasten. Ein weiteres typisches sonographisches Merkmal betrifft die meist etwas exzentrische Lokalisation der Chorionhöhle im hochaufgebauten Endometrium.

Aufgrund des begrenzten Auflösungsvermögens im Ultraschall (2–3 mm) lassen sich in der 5. SSW noch keine embryonalen Strukturen nachweisen.

Die beiden erwähnten diagnostischen Methoden – Ultraschalluntersuchung (US-Untersuchung) und biochemischer Schwangerschaftsnachweis (SS-Nachweis) – ergänzen sich dabei sehr gut: Größe und Wachstum der Chorionhöhle stehen in enger Korrelation mit Ausmaß und Anstieg des humanen Choriongonadotropin (HCG) im mütterlichen Serum. Dabei liegt der Schwerpunkt der US-Untersuchung mehr in der korrekten Lokalisation der Schwangerschaft, während durch wiederholte HCG-Bestimmung die Intaktheit und das Wachstum der Schwangerschaft beurteilt werden.

11.3.2
6. Schwangerschaftswoche (5 + 1 bis 5 + 7 SSW, 36. bis 42. SST)

Das für diese Zeitspanne der Gestation typische sonographische Korrelat ist der **Dottersack**, der eine typische siegelringartige Struktur zeigt.

Da der Dottersack embryonalen Ursprungs ist, kann mit seiner sonographischen intrauterinen Darstellung sowohl eine extrauterine Schwangerschaft als auch eine **Windeianlage** (Abortivei, Blighted ovum) ausgeschlossen werden.

Ähnlich wie bei der Chorionhöhle gibt es auch beim Dottersack zwischen der 5. und 10. SSW eine kontinuierliche Größenzunahme, die als diagnostischer bzw. prognostischer Faktor gewertet wird.

Die Chorionhöhle erreicht in der 6. SSW einen mittleren Durchmesser von 9 mm. Der Embryo faltet sich zu diesem Zeitpunkt vom Dottersack ab; am Ende der 6. SSW erreicht er eine Scheitel-Steiß-Länge (SSL) von 5 mm. Der primitive Herzschlauch beginnt am 37. SST zu schlagen. Etwa zwei bis fünf Tage später lassen sich durch das hohe Auflösungsvermögen der Vaginalsonden und durch den Einsatz der M-Mode (Time-motion, entspricht dem zeitgeschriebenen A-Bild) die embryonalen Herzaktionen nachweisen. Im weiteren Verlauf kommt es immer mehr zu einer „Distanzierung“ des Dottersackes vom Embryo; die extraamniale Lage des Dottersackes wird deutlich.

11.3.3 7. Schwangerschaftswoche (43. bis 49. SST)

Die Messung der Scheitel-Steiß-Länge (SSL) und damit die Sicherung des Gestationsalters sowie der Nachweis der embryonalen Herzaktionen und damit die Sicherung der Vitalität sind gerade in dieser Zeitspanne wichtig, da zu dieser Zeit Fehlgeburten besonders häufig sind. Gleichzeitig sind in dieser Woche erstmals Kindsbewegungen nachweisbar, wobei klappmesserartige Rumpfbewegungen noch vor den Extremitätenbewegungen erkannt werden. Dabei zeigt sich ein walzenförmiger embryonaler Echokomplex, ohne daß eine weitere sonomorphologische Differenzierung möglich wäre. Häufig befindet sich der Embryo in einer Beugung der Körperachse, was für die Messung der SSL insofern von Bedeutung ist, als dabei eine Streckbewegung abgewartet werden muß, bevor eine exakte Messung erfolgen kann.

11.3.4 8. Schwangerschaftswoche (50. bis 56. SST)

Das bis dahin walzenförmige embryonale Echo kann erstmals sonomorphologisch weiter differenziert werden, der kraniale Pol kann vom kaudalen unterschieden werden. Am kranialen Pol lassen sich die Gehirnbläschen erkennen. Der Herzschlauch liegt prominent unterhalb des Gesichts, und die Extremitätenknospen sind sichtbar *(siehe Abb. 94)*. Die bis dahin eher einförmigen Kindsbewegungen im Rumpfbereich werden unter Einbeziehung der Extremitäten komplexer.

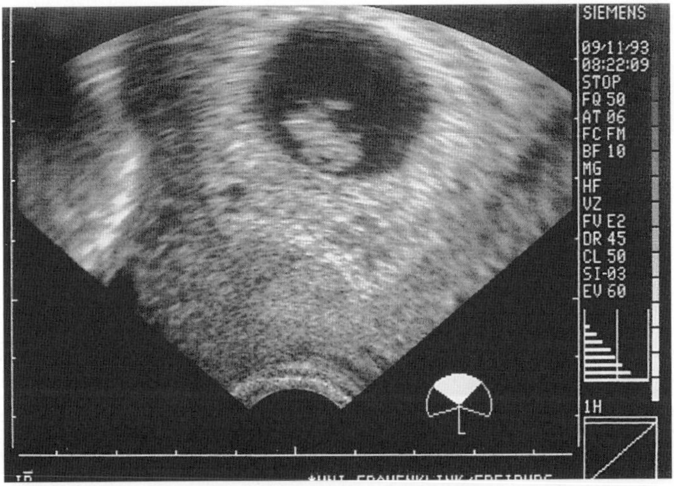

Abb. 94: 7 + 3 SSW, Längsschnitt, Gliederung in Kopf und Rumpf, Kopf rechts unten, Rumpf links darüber, Extremitäten strichförmig angedeutet

11.3.5
9. Schwangerschaftswoche (57. bis 63. SST)

Der Embryo richtet sich aus seiner bis dahin gekrümmten Lage auf. Die Gliederung in Kopf, Rumpf und Extremitäten wird deutlich *(siehe Abb. 95)*. Die Hirnventrikel sind noch nicht separiert. Man kann die äußere Kontur – dorsal und ventral – mit dem Neuralrohr erkennen und die physiologische Nabelhernie darstellen *(siehe Abb. 96)*.

11.3.6
10. bis 11. Schwangerschaftswoche (64. bis 76. SST)

Wachstum und Differenzierung schreiten rasch fort. Bei der Beurteilung der äußeren Kontur können durch Fehlbildungen verursachte Unterbrechungen erkannt werden: Enzephalozelen, Akranie und Anenzephalie *(siehe Abb. 97)*, Thorako- und Gastroschisis, fehlende Nabelschnursequenz, generalisierte Ödembildung *(siehe Abb. 98)*, Teratome. Aber auch die inneren Organe können zunehmend deutlich dargestellt werden. Aufgrund physikalischer Besonderheiten lassen sich zuerst flüssigkeitsgefüllte Hohlorgane, also Harnblase, Magen, Gallenblase, Herz und Nierenbecken, erkennen *(siehe Abb. 99)*. Die Ossifikation der langen

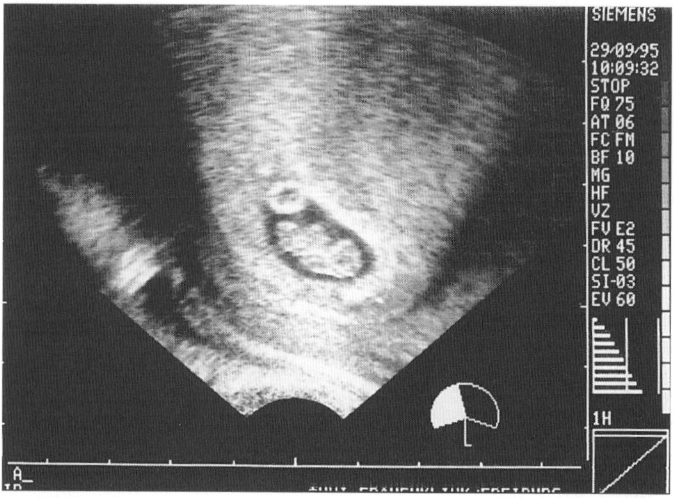

Abb. 95: 8 + 1 SSW, Längsschnitt durch den Embryo, Köpfchen rechts unten, Extremitätenknospen links oben sowie in der Mitte oben; prominenter, siegelringförmiger sekunddärer Dottersack (SDS)

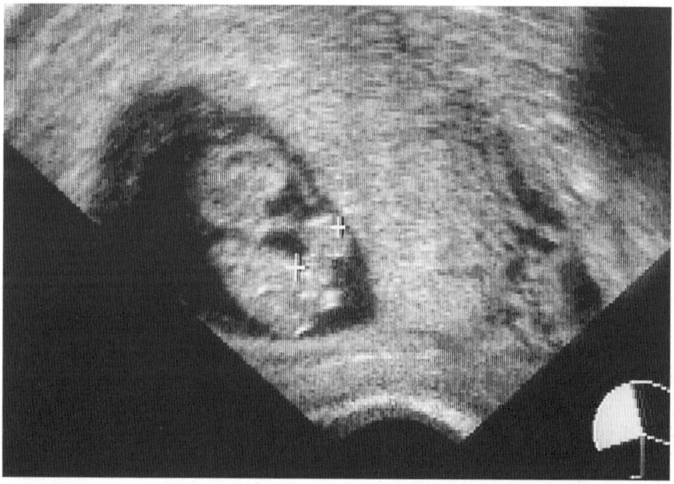

Abb. 96: 10. SSW, Längsschnitt, Köpfchen mit prominenter Stirn, intrazerebral echodichte Struktur, dem Plexus choroideus entsprechend, zwischen den Markierungen die physiologische Nabelhernie vor der vorderen Bauchwand

Röhrenknochen ist soweit fortgeschritten, daß sich proximaler und distaler Extremitätenanteil unterscheiden lassen, ebenso Wirbelsäule, knöcherner Thorax und Schädelkalotte. Die Hirnventrikel mit den Plexus choroidei nehmen nahezu vollständig das Innere des Gehirnschädels ein, das wachsende Großhirn läßt sich erst im II. Trimenon nachweisen. Im Bereich des Gesichtsschädels lassen sich die Orbitae und die Kieferanlagen

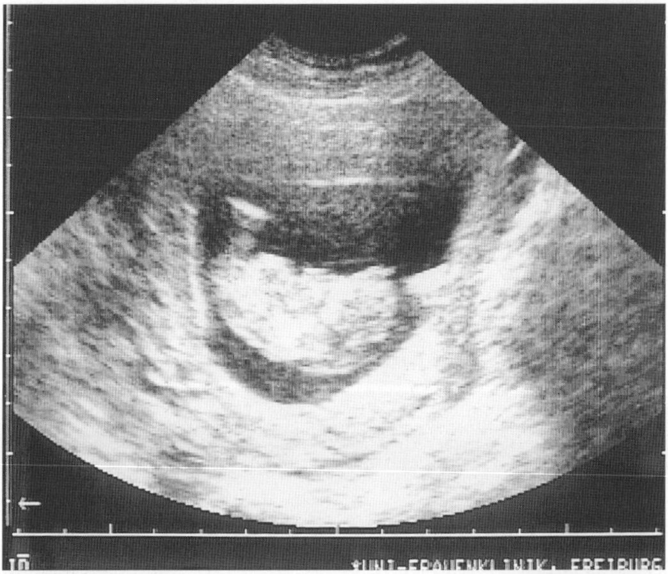

Abb. 97: 12. SSW, Längsschnitt, Anenzephalus, kaudales Rumpfende links mit angeschnittenem Oberschenkel nach oben, kraniales Rumpfende mit fehlender Darstellung des Kopfes

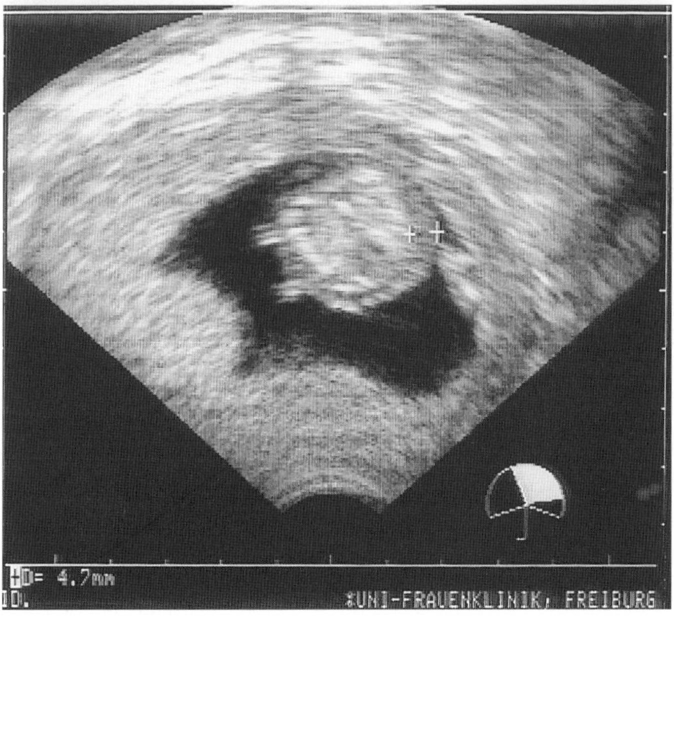

Abb. 98: 11. SSW, Querschnitt durch den Thorax mit gut dargestellten punktformigen, echodichten Rippen sowie Ossifikationszentrum des Wirbelkörpers oben; deutliches, 5 mm dickes Hautödem zwischen den Markierungspunkten

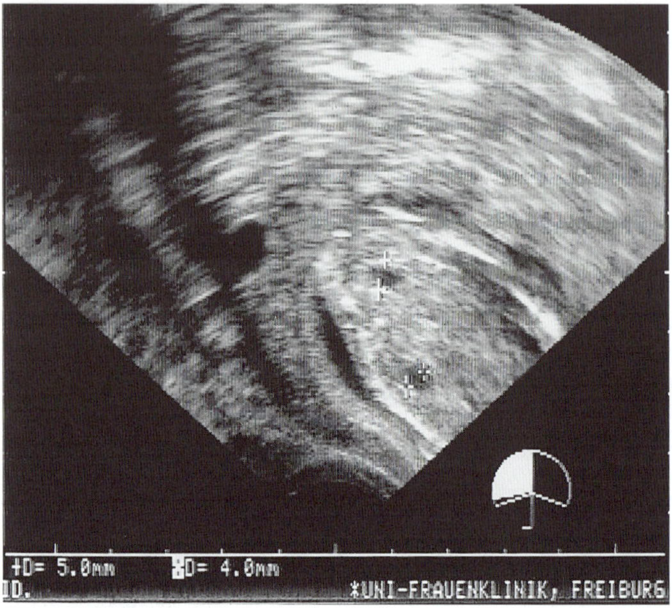

Abb. 99: 11. SSW, Längsschnitt, mittlerer und kaudaler Rumpfbereich mit zwei flüssigkeitsgefüllten Hohlräumen, Magen unten, Harnblase oben

nachweisen. Schwerwiegende Fehlbildungen wie Zyklopie und Teratome können diagnostiziert werden.

11.4 Mehrlingsschwangerschaft

Die Diagnose einer Mehrlingsschwangerschaft ist eine Domäne der Ultraschalldiagnostik im I. Trimenon. Dabei hat sich gezeigt, daß nur ca. 40% der sonographisch nachweisbaren Zwillingsanlagen auch zur Geburt von Zwillingen führen. Die tatsächliche Häufigkeit sogenannter **Vanishing twins** ist allerdings nicht bekannt.

Schließlich gelingt im I. Trimenon die Definition von **Mono- oder Diamnioten** wesentlich zuverlässiger als in den folgenden Schwangerschaftsdritteln. Dies ist deshalb von so großer Bedeutung, weil damit monoamniale Zwillinge als besonders schwerwiegendes Risiko rechtzeitig erkannt werden können. Schließlich können auch Verwachsungen der Zwillinge (**Pagusbildungen**) bereits in diesem Gestationsalter diagnostiziert werden.

11.5 Sonopathologie zwischen der 5. und 11. SSW

11.5.1 Störungen in der Frühschwangerschaft

Abortdiagnostik

In der Klinik unterscheidet man zwischen einem drohenden Abort (**Abortus imminens**), einem beginnenden Abort (**A. incipiens**), einem fortschreitenden Abort (**A. progrediens**) sowie einem inkompletten bzw. kompletten Abort und einem verhaltenen Abort (**Missed abortion**, *(siehe Abb. 100)*. Diese Einteilung läßt sich in der Ultraschalldiagnostik weitgehend nachvollziehen. Dabei ist allerdings zu berücksichtigen, daß das klinische Hauptsymptom der vaginalen Blutungen nicht immer ein entsprechendes sonographisches Korrelat hat.

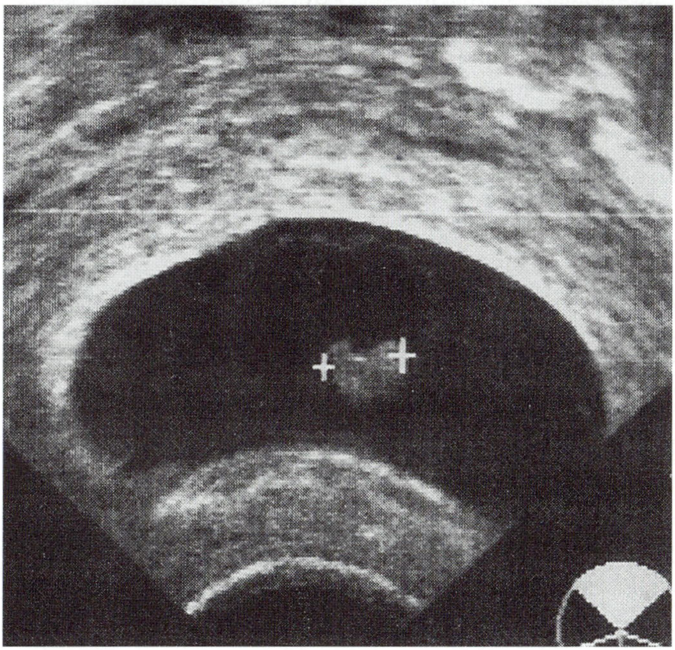

Abb. 100: 11. SSW, Längsschnitt durch den Embryo mit Bestimmung der SSL, Herzaktionen negativ, massive Diskrepanz zwischen Durchmesser der Chorionhöhle und zurückgebliebenem embryonalem Wachstum; Diagnose: Missed abortion

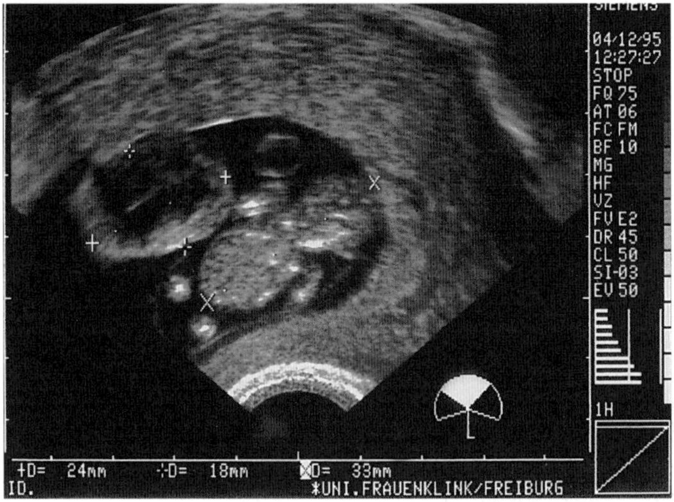

Abb. 101: 11. SSW, Längsschnitt, Fetus mit SSL (Markierungen), Kopf und Rumpf, alle vier Extremitäten, darüber siegelringförmig der sekundäre Dottersack links davon mit vier Markierungen: intrakavitäres Hämatom

Die weitaus häufigste Indikation zur Ultraschalluntersuchung sind vaginale Blutungen. Dabei kann die sonographische Untersuchung zu unterschiedlichen Ergebnissen kommen:

- intakte, zeitentsprechende Schwangerschaft ohne sonographischen Hinweis für die Blutungsursache
- intakte, zeitentsprechende Schwangerschaft ohne Blutung mit intrakavitärem Hämatom (siehe Abb. 101)
- retrochoriales Hämatom bei intakten, regelmäßigen Herzaktionen
- vollständiges retrochoriales Hämatom mit negativen Herzaktionen
- zusätzliche Entrundung und Dislokation der Chorionhöhle, zusätzliche Hämatombildung im isthmischen Bereich sowie Aufweitung des Zervikalkanals

Extrauteringravidität

In seltenen Fällen kann durch die Vaginalsonographie eine intakte extrauterine Gravidität nachgewiesen werden. Weitaus häufiger sind jedoch sonographische Befunde, die auch mit entsprechenden klinischen Zeichen einhergehen: massive Blutansammlungen intraperitoneal, besonders im Douglas-Raum, bei gesichertem Gestationsalter und positivem hormonellem Schwangerschaftsnachweis sowie die fehlende Embryonalanlage und/oder der fehlende Dottersack im Cavum uteri.

Windei (Mola hydatidosa, Blighted ovum)

Hervorstechendes sonographisches Merkmal einer gestörten Frühschwangerschaft im Sinne eines Windeis ist die leere Fruchthöhle, also der fehlende Embryo, der fehlende Dottersack sowie die Entrundung der Chorionhöhle *(siehe Abb. 102)*. Auch bleibt die Chorionhöhle bezüglich ihres Wachstums im Vergleich zur intakten Schwangerschaft zurück.

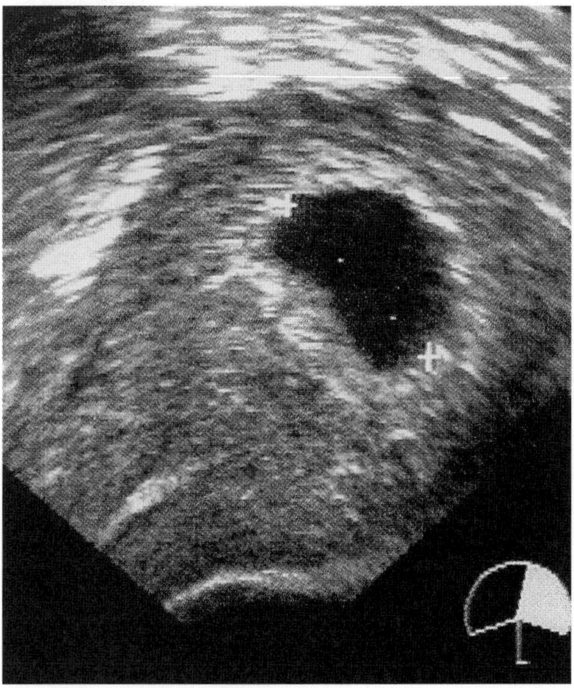

Abb. 102: 9. SSW, Längsschnitt, zwischen den Markierungen der quere Durchmesser der Fruchthöhle, entrundet bzw. halbmondförmig, fehlende embryonale Strukturen. Diagnose: Windei (Blighted ovum)

Blasenmole

In der Regel ist die Ultraschalldiagnostik der Blasenmole allen anderen diagnostischen Verfahren überlegen, da hier ein sehr typisches sonographisches Bild vorliegt: Das „Schneegestöberbild" ist ein Korrelat der vakuoligen Degeneration der Plazenta (*siehe Abb. 103*). In seltenen Fällen ist eine Abgrenzung zu frischen Hämatombildungen schwierig, insbesondere dann, wenn es sich um eine partielle Blasenmole handelt, wo eine Embryonalanlage nachweisbar ist. Hier hilft die Bestimmung des dann massiv erhöhten Schwangerschaftshormones in der Differentialdiagnostik weiter. Typisch für eine Blasenmole sind auch sogenannte Corpus-luteum-Zysten im Ovar, die eine solche Größe annehmen können, daß sie Ursache der ersten klinischen Symptome werden.

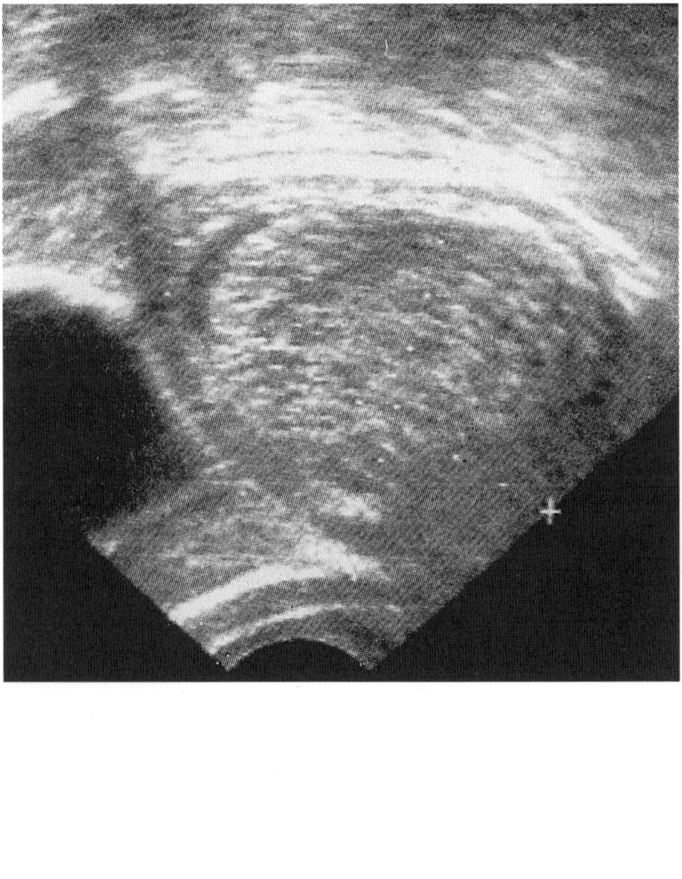

Abb. 103: 11. SSW, Längsschnitt, das gesamte Uteruskavum ist von punktförmig echodichten Strukturen ausgefüllt („Schneegestöber"); links davon die große zystische Struktur, der mütterlichen Harnblase entsprechend; Diagnose: komplette Blasenmole

Uterusanomalien

Fehlbildungen des Uterus sowie nachträgliche Veränderungen (Myome) können Ursache für gehäufte Fehlgeburtsbestrebungen, Blutungen und Schmerzen sein und schon von daher eine sonographische Untersuchung indizieren. Hier hilft die sonographische Diagnose durch die Lokalisation des Schwangerschaftsproduktes und das Ausmaß der Fehlbildungen bzw. dem Sitz des Myoms in der weiteren Planung und Betreuung der Schwangerschaft. So kann damit schon frühzeitig beispielsweise Art und Zeitpunkt der Entbindung festgelegt werden.

Fehlbildungsdiagnostik

Massive Extremitätenfehlbildungen (**Amelie**, **Dysmelie**) können am Ende der Embryonalperiode erstmalig erkannt werden. Auch Fehlbildungen der inneren Organe (Herz: AV-Kanal, Megazystis) können zu diesem Zeitpunkt diagnostiziert werden. Die Retraktion der physiologischen Nabelhernie ist im allgemeinen in der 12. SSW abgeschlossen. Die Diagnose eines **nuchalen Ödems** oder eines **zystischen Hygroms** gelingt ebenfalls in diesem Gestationsalter. Damit erhält man frühzeitige Hinweise auf chromosomale Störungen wie **Trisomie 21** oder **Ullrich-Turner-Syndrom**. Dabei muß aber die Tatsache berücksichtigt werden, daß sich das Amnion noch nicht vollständig an das Chorion angelegt hat und dies zu Fehlinterpretationen Anlaß geben kann.

Die Diagnose einer der schwersten, mit dem Leben nicht zu vereinbarenden Fehlbildung, des **Anenzephalus**, erfolgt heute – mit der frühzeitigen Integration der Ultraschallscreeninguntersuchung in die Mutterschaftsrichtlinien – immer häufiger bereits im späten I. Trimenon, so daß der früher weitaus häufigere Diagnostikpunkt im II. Trimenon, in dem die Mutter die Kindsbewegungen bereits spürt und damit durch den Schwangerschaftsabbruch stärker belastet ist, vermieden werden kann.

11.6 Zukünftige Entwicklungen

- Schwarzweiß- und Farbdopplersonographien ermöglichen eine bessere Beurteilung insbesondere von Veränderungen im kardiovaskulären System, sind aber im Rahmen der Ultraschallscreeninguntersuchungen obsolet, da durch höhere Schallintensitäten während der Embryonalperiode schädliche Nebenwirkungen nicht sicher auszuschließen sind.
- Dreidimensionale Ultraschalluntersuchungen können möglicherweise die Diagnose von schweren Fehlbildungen, insbesondere bei Veränderungen der äußeren Kontur, erleichtern.
- Transzervikale Embryoskopien sind wegen des Risikos einer iatrogen induzierten Fehlgeburt obsolet. Im Gegensatz zum Ultraschall können die inneren Organe mit dieser Methode nicht beurteilt werden.

Sachwortverzeichnis

B

C

D

E

I

L

T

U

V

W

hairy
HCG (Human chorionic gonadotropine, menschliches Choriongonadotropin)
HCG-Gen (Human chorionic gonadotrpine gen)
HGF (Hepatocyte growth factor = Scatter factor)
Hlx
HNF (Hepatic nuclear factor) [-3β]
Homöoboxgene [***HOM***: Drosophila, ***Hox***: Maus, ***HOX***: Mensch, ***Chox***: Huhn, ***Xhox***: Xenopus laevis (Amphibium)]
Hox (Homöoboxgene) [neue Nomenklatur: ***A-1***, ***A-2*** etc; alte Nomenklatur:***1.1***, ***1.2*** etc.]

IGF (Insuline-like growth factor) [-1, -2]
Immunoglobuline supergene family
Integrine
Interleukin [-3]
IPF [-1] (von pdx-1 kodiert)

KDR (=VEGFR-2)
Kollagen [IV]
Konnexin 43

L1
LAMP
lef [***-1***]
lim [***-1***]
lmx [***-1***]

MADS-Domäne
MBP (Myelin basic protein)
MEF (Myocyte-specific enhancer factor) [2-A, -B, -C, -D]
MHC (Major histocompatibility complex)
mix [***1***]
MRF[-4]
msh [***-C, -D***]
Msx [***-1***]
Myostatin (= GDF-8)
myf5
myoD